谨以此书献给中华人民共和国成立 70 周年!

《中国农大校报》
基本信息

Publication Name [刊名]	中国农大校报
Responsible Institution [主管]	教育部
Sponsored by [主办]	中国农业大学
Edited, Published & Distributed by [出版]	《中国农大校报》编辑部
National United Number [刊号]	CN11-0813/（G）
Editor-in-Chief [主编]	王勇
Deputy Editor-in-Chief [常务副主编/编辑]	何志勇
Proof-reader [校对]	刘铮

扫描二维码浏览以下内容：

CAU 新视线

牛小新融媒体实验室

《中国农大校报》移动手机版

中国农大校报·新视线
作品精选

纸 新视线

中国农大校报·新视线编辑部 编

中国农业大学出版社
·北京·

内容简介

本书为《中国农大校报·新视线》自 2012 年创办以来至 2019 年的精选作品,旨在追溯中国农业大学建校 110 多年的风雨历程,再现学校与新中国同行 70 年的峥嵘岁月,展现改革开放 40 年以来中国农业大学的发展风貌,呈现出新世纪尤其是党的十八大以来学校创新进取的新篇章。

这些不同类型的新闻作品,既有学校发展中的大事件,也有感动人心的校园小故事;既有校园里攀登科学高峰的专家学者,也有走出校园服务社会的典型人物;既有大师治学与论道,也有同学进步与情谊……

这本书既是献给新中国成立 70 周年的礼物,也是一本激发广大师生爱国爱校情怀、继承革命传统、传承红色基因、弘扬农大精神的好读本。

图书在版编目(CIP)数据

一纸新视线:中国农大校报·新视线作品精选 / 中国农大校报·新视线编辑部编. —北京:中国农业大学出版社,2019.9

ISBN 978-7-5655-2273-4

Ⅰ.①一… Ⅱ.①中… Ⅲ.①中国农业大学 – 校报 – 汇编 Ⅳ.①S-40

中国版本图书馆 CIP 数据核字(2019)第 197267 号

书　　名	一纸新视线——中国农大校报·新视线作品精选
作　　者	中国农大校报·新视线编辑部　编

策划编辑	童云	责任编辑	童云
封面设计	文渊之星		
出版发行	中国农业大学出版社		
社　　址	北京市海淀区学清路甲 38 号	邮政编码	100083
电　　话	发行部 010-62818525,8625	读者服务部	010-62732336
	编辑部 010-62732617,2618	出　版　部	010-62733440
网　　址	http://www.caupress.cn	E-mail	cbsszs@cau.edu.cn
经　　销	新华书店		
印　　刷	北京市庆全新光印刷有限公司		
版　　次	2019 年 9 月第 1 版　2019 年 9 月第 1 次印刷		
规　　格	787×1092　16 开本　21 印张　430 千字		
定　　价	78.00 元		

图书如有质量问题本社发行部负责调换

序 七与柒拾

——藏在文字里的"心视线"

□何志勇

　　2019 年是新中国成立七十周年的大庆之年。巧得很,《中国农大校报·新视线》也走进了第七个年头。

　　2019 年元旦前后,新旧交替之时,忽然就想到了一个词"七与柒拾"。翻开手头的《现代汉语词典》,"七"的解释是"六加一后所得的数目";"柒"则是"'七'的大写",也是"表示数目的文字"。而"拾"在读"十"音时不仅是"'十'的大写",还有"把地上的东西拿起来"和"收拾、整理"之意;"拾"还能读"涉"音,表达"轻步而上",《现代汉语词典》的词条"拾级",解其意和例句是"逐步登阶:我们拾级而上,登上了顶峰"。

　　新中国走过七十年,正是实现中华民族伟大复兴的中国梦的大写柒拾年。有幸在这个伟大的时代,以一纸《中国农大校报·新视线》记录农大人过去七年的逐梦故事,探寻农大人过去七十年与祖国共同走过的岁月足迹……元旦那天想到这些,激动地写了一小段文字,鼓励自己和读者:

　　"岁月不居,时节如流。"

　　今天是 2019 年的第一天,我们在静静的校园里,沐浴着新年的第一缕阳光。

　　昨天,国家主席习近平发表了 2019 年新年贺词,话语中充满了温情,他说:"我们都在努力奔跑,我们都是追梦人。"

　　今年,中华人民共和国将迎来七十周年华诞。于中国农业大学而言,2019 年也是一个不寻常的年份。

四十年前的今天,也就是 1979 年 1 月 1 日,辗转陕西延安、河北涿县(今涿州市)回迁北京的北京农业大学开始在马连洼(即现北京市海淀区圆明园西路校址)办学。这一年夏天将至时,北京农业工程大学也获准从河北邢台回迁北京办学。

　　时间倒推一年,1978 年 3 月 18 日,全国科学大会在北京人民大会堂隆重开幕,这是我国科学史上空前的盛会,从此迎来了"科学的春天"。捧回"全国科学大会奖",68 岁的农大人蔡旭兴奋不已:"我要抖擞余年,为实现农业现代化的宏图大略献全力!"

　　在这一年麦收时节,联合国农业发展基金会(I-FAD)副总裁阿金斯正在河北曲周的张庄考察,眼前既有千年盐碱地,也有农大高产田。他说:"到过很多发展中国家考察,没有一个地方像今天这样,给我留下如此深刻的印象!"

　　1969 年的 1 月,北京农业大学外迁行将开始。这一去一回,越过十年。

　　1959 年的 1 月,共青团中央的一位领导在山西洪洞考察时,遇到了下放于此的农大师生,他说:"黄土高原是锻炼人的好地方","农业大学出来的干部不但要懂生产,还要懂得人,就是要懂得农民的思想感情、喜爱和语言。"他还说:"我们要有历史的眼光。"

　　1949 年 1 月 1 日,中国人民解放军北平市军事管制委员会在京郊良乡成立。这一天,拒绝去南京的北京大学农学院院长俞大绂带领 38 名师生来到了解放区良乡。月底,师生们返回罗道庄院址,与各大高校师生们一道,迎来了北平和平解放。

　　1949 年 1 月,清华大学农学院订立了《今后工作计划大纲》。这年初,院长汤佩松还提交了《农学院概况报告》,拟订了解放后农学院的办学方案。

　　1949 年元旦这天,华北大学农学院的师生们正在准备远行。第二天,他们踏上征程,从山西长治启程,经潞城、涉县、冶陶、武安抵达邢台,又沿平汉线北上。11 天后,这支队伍到达河北石家庄。

　　七十年前的今天,一元复始,万象更新,所有的人都在路上努力奔跑。

　　七十年前的 9 月 10 日,中央决定将北京大学、清华大学、华北大学三所大学的农学院合并,成立北京农业大学。

　　七十年前的 10 月 1 日,中华人民共和国成立。这一天,北京农业大学 21 岁的大一新生黄辉白、24 岁的赵伟之,正与欢庆的人们一道从天安门广场走过;这一天,很多农大人站在天安门城楼上和人民领袖一起,迎接亿万中国人民新的历史篇章。这些农大人里,有不同时期的校长章士钊、孙晓村、陈漫远,北京农大首任校委会主任乐天宇、首任教务长沈其益,不同时期的校友梁希、蔡邦华、胡子昂……

　　这一年,一个高中生从湖北武昌文华中学毕业,考入了清华大学农学院。第二年,另一个高中生从北京潞河中学毕业,考入了北京农业大学。

　　1973 年夏天,这两个在农大求学、留校任教多年的年轻人相约南下,在盐碱肆虐的河北曲周安营扎寨,开始"改土治碱"的试验。从此,曲周人民记住了他们的名字:石元春、辛德惠。

1993年,他们的成果一举夺得国家科技进步特等奖,被誉为农业界的"两弹一星"!

2009年10月1日,一大批农大学子正在天安门广场上,行走在国庆六十周年阅兵大典的农业方阵里。一甲子岁月更替,国富民强,早已不是黄辉白、赵伟之那时的景象。

这一年,又有一批农大师生相约南下河北曲周。白驹过隙,十年后的今天,他们坚守的"科技小院"在祖国大地遍地开花……

历史,总在不经意处悄悄埋下伏笔,谱写灿烂篇章的,唯有努力奔跑的人们。

七十年前的今天,在京郊良乡、在清华园里、在北上征途,那些都在努力奔跑的农大人,应该也在沐浴着新年的阳光。

七十年后的今天,我们仍然在路上,一如诗人阿多尼斯所说:"你真正的凯旋,在于你不断地毁坏你的凯旋门。"

进无止境,又是一个新的开始,我们还要一起拼搏、一起奋斗。

"我们都在努力奔跑,我们都是追梦人。"

以梦为马,时光不负赶路人。

时光还可以再倒流,中国农大故事的起点在更早的1905年。2015年,是中国农业大学建校110周年的校庆之年。回想一下,也是在元旦辞旧迎新之时,站在2015年的门槛上,本想回眸一下过去的2014年,思绪却飘荡到更加久远悠长的时光中去了:

你好,2015。这是我们在新年的第一次相遇。

新年不只是岁岁晨钟暮鼓,也不只是那些流逝在记忆中淡淡的时光。辞旧迎新之时,不管你身在哪里,过着怎样的日子,都请接受我们最真挚的祝福。

地球村的2014,埃博拉病毒肆虐着非洲,马航MH370航班依然没有返航,刺骨的冰桶挑战温暖了世界……幸与不幸纠缠,嬉笑与怒骂并存。但不管怎样,过去的2014还是在理想与现实中擦出火花。在未来的某一天,我们再度回想起它的小心翼翼与细枝末节,那必会成为难忘壮丽旅程的前奏。

神州大地上的2014,雾霾掩盖不住"APEC蓝"的心愿;"依宪治国""新常态"让人眼前一亮;"大老虎"一次次被掀翻在地;户籍改革、单独二孩让无数家庭徜徉其间……太多的想象与故事在我们身边延续。流萤虽小,但宇宙间所有的光亮都是它的亲人,我们用自己的小故事完成时间对历史的书写。

校园里的2014,我们在国家科学技术奖励大会上又满载而归,获奖数名列全国高校第三;USNEWS全球大学排名第390位,全国第19位、农业科学领域第四位的名次让人惊喜;总理、总统、政府高级代表团纷至沓来,微博戏言"'特(别)多'总理访问农大";平安校园创建,让广大师生们拥有一个温馨的家园;新的领导班子产生,带领农大迎接充满希望的2015……在我们身边的那个2014,无须宏大叙事的描述,个人梦想的种子早已根植在你我心中，属于自己的波澜壮阔就在眼前。

你好，2015。道出这声问候，悄然间才发现：光阴之箭已经穿越年轮，抵达 2015。

打开农大人的"月光宝盒"，光阴之箭的起点是 1905。110 年前的那个十月里，一些事件正在静静地发生：我国第一条自建铁路——京张铁路开工，总工程师詹天佑从此闻名于天下；袁世凯在直隶省河间秋操，首次使用电报、电话进行联络……这个月，还有一件铭刻于农大人记忆深处的事情——京师大学堂农科大学正式创立。一些人、一些事、一些新技术，影响了后来的中国。

你好，2015。这是我们在 110 年后的相遇。

踏入 2015，站在校庆 110 周年的门槛儿上，新的梦想将在这个喜气洋洋的羊年里实现。

2015 年，也是媒体人记忆深刻的一年。这一年，传统媒体人突然发现人们的目光早已被"新媒体"所吸引。于是，从 2016 年春天开始，《中国农大校报·新视线》也努力实现着一个小小的 "新的梦想"——创办微信公众号"CAU 新视线"，推出卡通形象 "牛小新"——艰难尝试着走上"媒体融合"之路，期冀跟上时代发展的步伐：

我是牛小新，看到这期报纸时，我刚刚"满月"，请多关照！

2016 年 4 月 18 日，"CAU 新视线"公众号认证成功。19 日，牛小新在第一篇推送中与大家见面了。

这是一个吸引眼球"求关注"的媒体时代。电视、报纸、杂志，过去这些呼风唤雨的传统媒体，似乎在一夜之间失去了老大的地位；或许你连微博、微信还没玩转，VR、H5 等一大批新的传播技术和理念早已在众人的指间轻触、脑中盘旋。江湖还在，一众新媒体的小弟风头正劲，笑问老大们"廉颇已老，尚能饭否？"

传媒的江湖，早已是山雨欲来风满楼。很多纸媒，送走了 2015 年，却没能迎接 2016 年的太阳；很多传统媒体人，踏入新的领域迎来了人生又一个挑战。

象牙塔里的小世界，也是如此。2015 年岁末，在浓浓的雾霾笼罩下，全国高校校报年会召开了。

"高等教育自身的发展决定了高校校报永远有用武之地"，教育部社科司领导在会上给校报人打气："校报发展方式要创新，要坚持内容为王，与互联网做加法。"

"从全局看，高校校报依然在高校中发挥着不可替代的作用。"与会的国家新闻出版广电总局新闻报刊司领导也强调，校报要"在遵循新闻规律的基础上，以改革为动力，以创新为突破口，以融合发展为新增长点，努力实现新跨越。"

你手中的这份报纸一直在尝试改变。2012 年，《中国农大校报·新视线》创刊，先后出版《新闻网十周年特刊》《名家论坛十周年特刊》《110 周年校庆纪念特刊》；从 2014 年起，将二维码运用到报纸版面,让新闻得到多维度延伸……这些改变远远不够,今天,在一个全新的融媒体时代,我们必须再创新,必须从内容、编排、发行等环节全新策划,融入新媒体,让校报变成一张思想纸和文化纸,做有价值、有深度、有温度、有文化的新闻。

我来了,我是《中国农大校报·新视线》的形象代言人——想创新的牛小新,请多关注!

其实从"牛小新"甫入校园媒体江湖,就带着些许迷茫——在新媒体冲击下,传统纸媒感觉阵阵寒意扑面而来。而今,《中国农大校报·新视线》已走过七年,多少有些"七年之痒"的苦涩涌上心头。但转念一想,七年相对于柒拾年,也不过是"十指之一"了。再想一想,中国农业大学 110 多年的历史长卷里,在七十年前 1949 年的金秋时节,写下了最浓墨重彩的一笔。而在很多时候——

历史总在人们不经意的地方悄悄埋下伏笔。

1921 年 7 月,一个在未来改变世界、创造新中国的政党——中国共产党在上海悄然成立。毛泽东,这位后来改变了中国的伟人,此时还是风华正茂的青年。

这一年,来自湖南小山村的一个青年人,考入国立北京农业大学。在这里,这个名叫乐天宇的"湘伢子"认识了邓中夏等共产党员,开始学习马列主义。

1922 年,章士钊出任国立北京农业大学校长。毛泽东组织赴法勤工俭学时,他资助大洋两万元。在这群走出国门、探寻强国之路的青年人中,有一位"小个子"——后来,他成为中国改革开放总设计师——邓小平。

因缘际会,百年农大与国家、民族命运休戚与共。

有一句"心灵鸡汤"的文字:未来的你,一定会感谢现在努力的自己。机会总是留给那些有准备的人们,留给那些在路上努力奔跑的人们。掘金 110 年时光宝藏,砥砺七十年的岁月沧桑。三年前,"CAU 新视线"悄然而至;七年前,《中国农大校报·新视线》跃然纸上。今天,让我们再重温一下那时的发刊词:

2012 年 3 月 10 日,春暖花开的季节又悄悄来临。

在这个阳春三月的周末里,也许你在忙碌备课,也许你在温习功课,也许你在校园漫步,也许你在田间实验,也许你在郊游娱乐……,也许,此刻你正在翻阅这份报纸。

当你看到这段文字时,感谢你,感谢你把我们捧在手中,我们将把你记在心上。

这叠薄薄的报纸——《中国农大校报·新视线》——从今天起,就和你在一起。

我们想和你一起,以新的视角去观察我们的生活,看到你的成功,你的付出;你的欢笑,你的泪水。

我们想和你一起，以新的视野去审视我们的校园，了解她的辉煌，她的磨难；她的过去，她的未来。

　　我们想和你一起，以一颗真诚的心，体会你的心情，讲述你的故事，记录你的成长。

　　我们想和你一起，以一颗进取的心，开启新的视野，传递心的温暖，创造新的生活。

　　我们想和你一起，追逐你的理想之梦，绽放你的希望之花，装点你我的校园、共同的家。

　　从今天起，我们就和你在一起，我们将努力奉献给你——我们的师生：一个精彩的世界，一份多彩的传递。

　　一晃七年过去了，一切都在改变，也许唯一不变的，是我们的初心和使命。

　　"我们都在努力奔跑，我们都是追梦人。"

融媒体时代
校报重大主题报道的策划与创新
——以《中国农大校报·新视线》为例

新媒体的迅猛发展,冲击和重构了传统的高校校园传播格局,传统意义上居于"主流"地位的校报如何因应新形势,不断在坚守中创新发展,成为每一位校报人必须面对的命题。

近年来,中国高校基本形成了校报、校园网、电视为代表的传统媒体和以微博、微信为代表的新兴媒体等多种形态并存的校园新闻传播格局。微博、微信因信息传播范围广、速度快、容量大、形式新颖、阅读方便等优势,受到了师生的广泛关注和喜爱,俨然成为"新宠"。而校报则由于其固有的出版周期长、版面容量小、采编人员少等因素限制和师生信息接受习惯的改变,不可避免地出现了关注度下降、吸引力下降、影响力下降和存在感下降的窘境。

作为校园媒体中历史最为悠久的媒介形态,校报承载着校园的原创内容、思想品质和理性力量,其独特的价值仍不可替代。2012年,中国农业大学党委宣传部以"校报深、电视精、网络快"的校园新闻传播理念,推出了《中国农大校报·新视线》;2016年,又在校园媒体融合发展的新媒体语境下推出"CAU新视线"微信公众号。《中国农大校报·新视线》和"CAU新视线"携手深耕校园,融合创新,以做好重大主题报道为突破口,努力探索新媒体时代校报发展创新途径。

重大主题报道,主要是指围绕党和政府的重要决策部署、中心工作和时代主题所进行的报道。作为高校党委和行政机关报的高校校报,做好重大主题报道,既符合"围绕中心,服务大局,内聚人心,外树形象"的新闻宣传指导思想,也有助于强化和提升校报的内容生产力、舆论引导力、权威公信力和整体表现力，是在新媒体环境下拓展校报生存发展新空间的一条蹊径。

理念革新：有高度有深度，策划选题追求重

在新媒体时代，高校校报在时效性上远远不如网站、微博、微信等即时发布的速度快，但它却可以扬长避短通过一系列组合报道，从不同角度、不同层面去反映新闻主题，使新闻主题获得脉络更清晰、形式更丰满、全面而深刻的立体呈现。

《中国农大校报·新视线》聚焦重大题材，追求宏大叙事，坚持做有深度的新闻。"重大主题"从哪里来？在中国高校校报协会2018年年会上，演讲嘉宾引用《光明日报》记者的话，解答了这个疑问："不要站在学校主楼上策划新闻，而是要站在天安门城楼上策划新闻。"

科学研究是高校的重要职能之一，它不仅是衡量高校综合实力的一个重要标准，也是国家科技创新体系的重要组成部分。《中国农大校报·新视线》创刊时恰逢2012年度国家科学技术奖励大会召开不久，我们推出深度报道《至高荣誉——国家科学技术奖励的农大记忆》，回顾了科技奖励背后的农大故事，展现了农大人为国家科技创新做出的历史贡献。这一做法得以延续，《中国农大校报·新视线》每年都策划专题报道，在以人物专访、长篇通讯讲述获奖者的故事、解读获奖科研项目的同时，还推出了《国奖——中国农业大学新世纪国家科技奖励全览》《华章——中国农业大学〈细胞〉〈自然〉〈科学〉杂志科研论文掠影》《全国科技创新排行榜看农大》等系列深度报道。

每年一度的两会是国家政治生活中的大事，与每个人的工作、学习、生活息息相关，《中国农大校报·新视线》也多次辟专刊、专版对两会进行重点报道。报道内容上，既有农大代表委员、农大校友代表委员"两会建言录"，也有农大代表委员的"两会故事"，还有综述文章《农大人的两会记忆》等，全景式展现农大人在各个历史时期参加两会、共商国是的光荣历程和感人故事。

2012年9月15日，时任国家副主席习近平同志来到中国农业大学参加全国科普日活动并发表重要讲话，寄望学校"建成中国特色、农业特色的一流大学"。我们及时推出专刊，以消息、纪实、侧记等多种形式报道习近平同志来校参加科普日活动、参观农大科研成果、发表重要讲话的新闻全貌；以评论、观点、访谈等多种形式反映出广大师生认真学习习近平同志重要讲话精神、在国家科技创新大潮中勇担历史重任的决心。

2017年10月，举世瞩目的中国共产党第十九次全国代表大会召开。我们在会前推出"砥砺奋进的五年，喜迎党的十九大"专刊，会中开设"十九大时光"专版，会后持续开设"学习十九大，行逐中国梦"专栏，起到了营造氛围、宣讲和阐释政策、学习引领的作用。

"站在天安门城楼上策划新闻"，就要站在国家的高度去观察学校的事业。2015年，中国农业大学迎来110周年校庆，我们认为校庆不是"自嗨"，而应借机梳理学校在中国

农业科技发展史、高等农业教育史中的探索历程,反映学校为国家发展、民族振兴所做出的历史贡献。于是,《中国农大校报·新视线》精心策划推出40版校庆特刊,系统总结了学校与祖国同呼吸、共命运的发展历程和办学成就,重点传递"解民生之多艰,育天下之英才"的文化传统和农大精神。我们还深入采访、挖掘、整理历史文献资料,推出长篇特别报道《殷殷重望 世纪浓情——历届中央领导关怀中国农业大学纪事》,首次集中、全面、权威报道了新中国成立以来,毛泽东、邓小平、江泽民、胡锦涛、习近平等几代中央领导人深情关怀、殷切寄望学校发展的故事。这期特刊成为校庆活动期间师生和校友最喜爱的"礼物",一时"洛阳纸贵",在首印12000份的基础上,连续加印两次才满足了大家的需求。

聚焦七一建党节、聚焦《大学章程》、聚焦平安校园建设、聚焦研究生教育改革、聚焦大学思政……近年来,国家高等教育事业和学校发展中的重大事件都被《中国农大校报·新视线》以主题报道的形式进行重点关注,不仅让广大师生更加了解高教政策、学校发展,很多专刊也成为相关工作总结学习、会议论坛、评审报奖时的重要辅助材料。

一纸新视线,风行农大校园。

内容求新:有思想有温度,采访写作追求深

作为高校党委和行政机关报的高校校报,其宣传报道存在表面化倾向,内容往往以领导活动和会议新闻居多,报道模式化,缺乏思想和温度,给读者一种高高在上、刻板训导的感觉。这必然会导致读者,尤其是青年学生读者群体流失,从而降低校报影响力。早在2013年8月19日,习近平总书记在全国思想政治工作会议上,就曾批评一些媒体居高临下、空洞说教,照搬照抄领导讲话和政策文件,挖掘解读不够、生动鲜活不足,让群众敬而远之。

春风化雨,润物无声,重大题材和宏大叙事,也需要微观视角的温情表达。坚持"三贴近",追求思想性,做有温度、有新意的新闻,是《中国农大校报·新视线》的方法论——新闻报道有了温度,触及心灵,其思想才能被读者接受;有了新意,出彩吸睛,才能得以传播引领。

立德树人,加强高校教师师德建设、加强和改进大学生思想政治教育工作,为社会主义事业培养合格的建设者和接班人是高校的核心使命。2013年教师节期间正逢学校首届"大北农教学名师奖"揭晓,《中国农大校报·新视线》策划专刊聚焦师德建设,刊发通讯《"名师"荟萃,闪耀校园》,发表评论《今天,怎样做教师?》,发布《大北农"教学名师"谱》和《国家、北京市"教学名师"谱》。2015年9月10日迎来第30个教师节。我们以"爱国敬业,立德树人"为主题策划专刊,刊发综述文章和长篇通讯《精神与力量——教师节的校园感怀》《光荣与梦想——农大人记忆中的教师节》,走近典型人物,讲述典型故事,感动师生震撼心灵。2018年,配合学校本科教学评估工作,我们推出"课程育人"专刊,集

中报道 26 位教师把思政教育融入专业课教学课堂的好经验。这一组报道摒弃了"提炼总结材料、删减工作报告"的做法，均指导学生记者采写，以学生的眼光、学生的体验来讲述老师们的课堂教学，让读者身临其境，真实而有感染力。

每年开学季、毕业季，是师生校友和社会各界高度关注校园的时期，也是开展校情教育、学风教育的好时机。我们在延续开学迎新、毕业典礼常规报道的同时，适时采写相关深度报道。在 2012 年的《中国农大校报·新视线》毕业专刊中，我们通过大量采访，以长篇通讯《花开，在心灵深处》展现一批普通农大毕业生的成长故事；以图文综述《难忘，美丽的时光》勾勒出四年成长时间轴；收集百余名毕业生的笑脸和寄语，汇聚成《母校，我想对您说》。策划编辑迎新专刊、毕业专刊，已经成为校报坚持的传统，深入采写有思想、有温度、有感染力的新闻，制作精美、内容丰富、直抵学生心灵深处的毕业专刊，几度在毕业季"一纸风行"。

河北曲周，对于中国农业大学来说有着特殊的感情。1973 年，农大教师带着周总理的嘱托，深入盐碱肆虐的曲周建立实验站改土治碱。经过 20 多年努力，不仅把盐碱滩改造成"米粮川"，并辐射到整个黄淮海地区，一举改写了中国千百年来南粮北运的历史，获得了国家科学技术进步奖特等奖，培养了三位院士、数位校长、数百名教授和研究生。曲周实验站成为农大人"爱国、奉献、科学、为民"的精神高地。今天，以"科技小院"师生为代表，农大师生长期扎根农村一线学习成长、服务社会的好传统仍在延续。

2013 年，《中国农大校报·新视线》推出"曲周实验站 40 周年"专刊，讲述几代农大人和曲周群众水乳交融、艰苦奋斗的"曲周故事"；2016 年，结合曲周实验站成果在《自然》（*Nature*）发表之机，推出专刊解读科研成果、聚焦"科技小院谱写大文章"；2018 年，又以"弘扬爱国奋斗精神，建功立业新时代"为主题推出"曲周实验站 45 周年"专刊加印 30000 份广泛发行，以来自曲周"三农"一线的鲜活报道，带领读者"走进一段伟大的历史"，感受几代农大人在千年盐碱滩上的"温饱试验"和"小康试验"；2019 年 5 月，中央媒体集中宣传报道农大师生扎根曲周的事迹，我们再次推出 20 版"丰碑——传承'曲周精神'服务乡村振兴专刊"，成为全校师生、广大校友感受、传承"曲周精神"的生动教材。

报纸要从"新闻纸""信息纸"向"思想纸""观点纸"转变，就必须练好脚力、眼力、脑力、笔力，只有"四力"提升，才能策划、采写出有新意的好新闻。近年来，《中国农大校报·新视线》先后推出了迎新年专刊、书画艺术专刊、暑期社会实践专刊、"校长信箱"专刊，在这些主题报道中，我们坚持只把总结材料当作新闻线索，深入教学一线，走进师生生活，实地采访出稿件，推出了很多既接地气又有看头，领导认可、读者喜爱的好报道。

形式出新：逆碎片化阅读，聚零为整追求精

新媒体时代，碎片化阅读已经成为一种盛行的阅读方式，但传播碎片化不等于内容碎片化，内容提炼、角度选择、意图植入、标题制作，都成为影响传播效果的重要因素。在

碎片化阅读让信息传播变得"浅"和"薄"的当下，我们把报纸聚合集纳信息、深入全面报道新闻的功能发挥到极致，策划"厚"而"重"的精品报道，聚零为整逆势而上。

进入 21 世纪以后的十余年，中国农业大学跨越式发展、内涵式发展，这期间新闻宣传伴随学校发展也取得了很大进步。2012 年 11 月，在农大新闻网开通运营 10 周年之际，《中国农大校报·新视线》推出 20 版"中国农大新闻网十周年纪念特刊"。特刊总结出"年度主题词"，以精彩瞬间重现、重点新闻回放和"好新闻"回顾的形式，梳理了2002 年到 2012 年 10 年间学校发展中的大事，邀请曾经在新闻网和校报工作学习的师生撰写回忆文章，解读这些师生关注的大事背后的故事。特刊成为"北京高校宣传部长论坛"和"农大新闻网建设研讨会"等纪念活动的会议材料，既系统展现了学校发展取得的巨大成就，也展现出新闻宣传服务学校发展的独特作用，还展现了农大新闻采编队伍的精神风貌。

"名家论坛"是中国农业大学校园文化活动的品牌活动，是农大学生成长中的"必修课"，被媒体誉为"北京高校最有影响力的论坛之一"。2013 年 5 月，《中国农大校报·新视线》推出 20 版"名家论坛十周年纪念专刊"。 我们收集了大量珍贵照片和嘉宾题词，将诺贝尔奖获得者沃森·布劳格，中国杂交水稻之父袁隆平，文学家王蒙、余秋雨，航天英雄杨利伟、景海鹏，著名主持人白岩松、陈鲁豫等 200 余位著名人物的精彩报告和动人瞬间在纸上重现。我们还面向广大师生、校友征集了亲历名家论坛、感悟名家名言的文章数十篇，回顾名家论坛发展的历程，讲述"睹名家风采开阔视野，与大师对话启迪人生"——"我与名家论坛的故事"，引起了广大读者的强烈共鸣。有读者称赞说，这一期《中国农大校报·新视线》就是一部值得珍藏的"'名家论坛'《史记》"。

2016 年以来，我们突破纸质媒体的版面限制，在校报官微"CAU 新视线"发布了系列"聚零为整"的精品报道。2016 年 4 月 24 日，在首个"中国航天日"来临之际，我们策划了主题报道《看航天员与中国农大的约会》，聚焦学校在航天科技、航天科普等领域的工作。这一报道获得中国高校校报协会 2016 年度"好新闻"微博微信类一等奖。

2017 年 9 月，我们在迎接新生和校庆期间推出了"你不知道的农大"系列报道，通过《校门变迁史》《校歌变奏曲》《校训变更录》《校徽变形记》等系列推送作品，深度传递中国农大精神和校园传统文化。

我们深挖校园历史文化传统，从文献资料的蛛丝马迹中找寻有新闻价值的信息，把零碎的资料集纳整合，形成了"穿越"系列主题报道。在国庆期间，推出了"1949 年 10 月 1日 农大人正在参加开国大典"；在纪念长征胜利 80 周年之际，推出了"来自长征路上的你"系列报道；在运动会期间，推出了《穿越运动场，看看 100 年前的农大健儿有多帅》；在毕业季，推出了《瞧，宣统年间的毕业证！》《农科大学的首届学生》《新中国首批农大毕业生，到祖国最需要我们的地方去》等"穿越毕业季"系列报道。

在信息爆炸的新媒体时代，人们的注意力从纸质资料转移到电子世界中，碎片化阅读大大降低了阅读理解能力和思考深度,这对处于获取知识阶段的大学生来说,产生的消极影响十分明显。高校校报应当在碎片化的信息海洋中淘金,从"闹哄哄"的网络环境、"爆炸式"的信息资讯中选择有价值有思想的内容,精心策划,提炼加工,创作出彩吸睛的精品内容,深化思想引领,强化舆论引导。

传播创新:融合新兴媒体,立体呈现追求博

传统媒体与新媒体融合发展是大势所趋,但在融合过程中,纸质媒体不能"迷失自我"。我们在坚持"内容为王",坚守纸媒权威、主流发声的同时,要更新观念,拥抱互联网,拥抱新媒体,尝试新闻传播手段、内容呈现方式的创新。

早在 2015 年编辑《中国农大校报·新视线》110 周年校庆特刊时,我们就将二维码技术运用在版面中。通过扫描不同版面的二维码,读者可以收听校歌、观看学校宣传片,还可以欣赏校园内 20 多处人文景观的音视频介绍。小小的二维码,突破了报纸版面制约,拓展优化了阅读体验。在正常出版纸质报、手机移动报、网络电子报的同时,我们还针对一些偏远地区和海外校友在线阅读存在障碍的实际情况,专门制作了校庆特刊单机版手机报、电子报,以电子邮件、百度网盘、刻录光盘等方式突破网络屏障,向世界各地校友分享。

2016 年 4 月"世界读书日"期间,《中国农大校报·新视线》首次携手校报官微"CAU新视线"制作了 H5 作品《书香农大,院士荐书》,邀请学校 10 位院士向广大师生系统推荐 20 多部经典佳作。此后的读书日,继续制作发布了"青年书单"图表推送、"名师荐书"动画推送等新媒体作品,并整合内容编辑出版校报读书日专刊,开设"农大书橱"专栏等,形成了网上网下互动、形式丰富多彩的立体传播效果。

在 2017 年度国家科学技术奖励获奖人物报道、新当选中国工程院院士的人物报道中,我们在传统人物通讯报道的基础上,增加了人物专访微视频,在校报、校园网、微信同步发布。此前,我们在五一劳动节期间,制作发布微视频《老徐聊工匠精神》《校园,一个平凡的早晨》;在清明节和烈士纪念日期间,制作发布 H5 作品《缅怀农大英烈》;在毕业季,制作发布浓缩四年校园生活的沙画微视频《时光沙影》,成为毕业典礼开场视频;不定期制作校园风光延时微视频,在"微闻联播"等栏目发布。

新媒体拓展了校报的阅读空间、呈现方式,校报也博纳众采,搭建新媒体的聚合平台。2016 年 5 月,中国农业大学成立新媒体联盟;2017 年 5 月,新媒体联盟成立一周年。《中国农大校报·新视线》分别推出专刊,聚焦学校《媒体融合,网上网下形成"同心圆"》,发布校园微信公众号影响力排行榜,集中展示校园新媒体矩阵,重点推介新媒体优秀作品。这一系列专刊,不仅丰富了校报的内容,也进一步彰显了新媒体语境下校报的主流、权威地位。

达尔文在《进化论》中说:"能够生存下来的物种,不是那些最强壮的,也不是那些

最聪明的,而是那些对变化作出快速反应的。""物竞天择"这一自然铁律也适合于报纸,如果把报纸比喻成一个物种,报纸的进化演进是客观必然的,关键要找准自身的进化轨迹。

在《中国农大校报·新视线》创刊 7 年的摸索实践中,我们深刻认识到:在融媒体时代,校报应该摒弃"报道一切"的思想,重新定位,抓大放小,搞好重大主题新闻策划,体现校报核心竞争力,争夺主流话语权,与时代同行,讲好校园故事。

融媒体时代的重大主题报道,应该坚持内容为王。2015 年 12 月,习近平总书记在视察解放军报社时强调:"对新闻媒体来说,内容创新、形式创新、手段创新都重要,但内容创新是根本。"对于高校校报的受众来说,新闻关注度高不高,新闻价值大不大,都和校园的关联性、接近性有很大关系。校报一定要将校报属性、校园特色做足做全,深耕校园,这样才会更有传播针对性。

融媒体时代的重大主题报道,应该主动融合创新。2016 年 2 月,习近平总书记在党的新闻舆论工作座谈会上强调:"要推动融合发展,主动借助新媒体传播优势。"高校校报应该结合报道内容,充分利用整合各种新媒体平台特点,形成一次采集、多元发布,最大化满足各种用户的阅读口味。发布形式上也要大胆创新,融入各种新媒体传播手段,让新闻发布的内容和形式完美结合,从而达到最佳的宣传效果。

(本文是中国高校校报协会 2018 年度"高校校报好论文评选"征集作品,作者何志勇)

我们的校园

新视线人物

校园记录者

美文与悦读

精神与力量

殷殷重望　世纪浓情

——历届中央领导关怀中国农业大学纪事

□何志勇

历史总在人们不经意的地方悄悄埋下伏笔。

1921年7月,一个在未来改变世界、创造新中国的政党——中国共产党在上海悄然成立。毛泽东,这位后来改变了中国的伟人,此时还是风华正茂的青年。

这一年,来自湖南小山村的一个青年人,考入国立北京农业大学。在这里,这个名叫乐天宇的"湘伢子"认识了邓中夏等共产党员,开始学习马列主义。

1922年,章士钊出任国立北京农业大学校长。毛泽东组织赴法勤工俭学时,他资助大洋两万元。在这群走出国门、探寻强国之路的青年人中,有一位"小个子"——后来,他成为中国改革开放总设计师——邓小平。

因缘际会,百年农大与国家、民族命运休戚与共。

毛主席亲命农大校长

历经劫难,走过烽火连天日,历史定格在1949年10月1日。毛泽东主席在天安门城楼庄严宣告:"中华人民共和国中央人民政府今天成立了!"历史掀开了崭新的一页,亿万中国人民所共同拥有的今天,就从这一刻开始了。

在此之前的9月10日,中央决定将北京大学、清华大学和华北大学三所高校的农学院合并建立农业大学。16日,农业大学筹备委员会召开第一次会议,开始着手创建一所新中国崭新的农业大学。

新中国成立,农大人和全国人民一样怀着巨大的热情"建设一个新世界"。从宣布组成农业大学筹备委员会起,在短短的一个半月里,就顺利完成了三院合并搬迁。

1949年11月,北京大学农学院、清华大学农学院、华北大学农学院的近400名教职工、600余名学生,齐聚北京罗道庄(今海淀区玉渊潭、钓鱼台一带),开始了新生活。半年后,这所新中国第一所新型农业大学被正式命名为"北京农业大学"。

中央对新成立的农业大学赋予了重要的历史使命。1949年12月12日,教育部宣布了由25人组成的校委会,并任命华北大学农学院院长乐天宇担任校务委员会主任委员,北京大学农学院院长俞大绂、清华大学农学院院长汤佩松任副主任委员。17 日，教育部副部长钱俊瑞在农大校委会成立大会上说："今天全国范围内，以这样大的力量，办这样的学校是头一个。中央人民政府对这个学校方针与实施给以重大注意。我们建设这个学校，对中国农业及农业教育要树立新的榜样。"

如何把三所具有不同历史传统与特点的农学院真正团结起来，同心同德建设一所新型的社会主义农业大学？北京农业大学肩负光荣使命，又面临严峻考验。

新中国成立初期，党中央明确提出了建设新民主主义的教育方针和任务。1949 年 9 月，《中国人民政治协商会议共同纲领》中规定："人民政府应有计划有步骤地改革旧的教育制度、教育内容和教学方法。"这年 12 月和翌年 6 年，教育部先后召开第一次全国教育会议和第一次全国高等教育会议。"我们对文化教育的改革，应该根据《共同纲领》有计划有步骤地进行"，周恩来总理在讲话中指出，教育改革"要区别轻重缓急，分阶段有步骤地进行，在有些问题上要善于等待。"

《共同纲领》和两次教育会议制订的教育方针，为北京农业大学教育改革指明了方向。1950 年，乐天宇提出了"理论实际一致的新教育方针"，用"三位一体"的方法实践这个方针，把学校建设成"教育、生产、研究三位一体的一个新型的农业大学"。

这一年，北京农业大学在教育改革上迈出了重要一步，提出并实施新的教学制度，进行以课程设置和课程内容为核心的课程改革，实施农耕学习制。这些在新中国高等教育史上的首创之举，打破了旧教育中脱离实际的偏向，有的取得了显著成效，积累了宝贵经验，为中央和师生们所肯定。

但是，北京农业大学建校之初的探索道路上也出现了失误，产生了有违中央方针政策的偏差。在毛泽东、周恩来、刘少奇、朱德等中央领导的关注下，1950 年 11 月经中央批准，撤销了乐天宇校务委员会主任委员职务，调科学院工作。

早在长沙第一中学读书时，乐天宇就"经常与毛泽东同到杨昌济老先生处求教"，相识相知，从此结下了深厚的友谊，"在驱张运动中，他俩是密友；在农民运动中，他俩是战友；在陕北大生产运动中，他俩是挚友；在社会主义建设中，他俩是诗友。"离开农大后，乐天宇仍然与毛泽东保持着朋友的交往。

乐天宇调离后，经时任中央财经委员会薄一波副主任提名，陈云主任同意了农村经济专家、中央财经委员会计划局副局长孙晓村任北京农业大学校长的建议。

1951 年 9 月 3 日，经政务院通过并经中央人民政府委员会批准，中央人民政府委员会主席毛泽东亲自签发了《中央人民政府任命通知书》，正式任命孙晓村为北京农业大学校长。在此前的 1951 年 3 月，经中央批准孙晓村奉命先期赴任，在党中央的正确方针政策指引下，他克服困难，扭转危局，使北京农业大学工作走上正轨，学校面貌发生了深刻变化，开创了欣欣向荣的新局面。

1959 年 4 月 15 日的清晨，孙晓村接到主席办公室的电话，通知参加早晨七时在中南海怀仁堂的一个会议。这次会议,是全国政协第三届全体会议之前,毛泽东主持召开的一次最高国务会议,协商通过第三届全国政协委员、政协常委、政协副主席名单(草案)。在会上,无党派的陈叔通老先生发言,他建议全国政协常委名单中,党内同志再加一位章蕴,党外人士再增加一位孙晓村。毛泽东问:"孙晓村来了没有?"孙晓村立即站了起来。"你是北京农业大学校长,是五亿农民的领袖啊。"毛泽东很风趣地说:"陈叔通老先生的提议很好,我们就同意通过吧。"这一建议得到了会议代表的一致通过。

1959 年 4 月 29 日,中国人民政治协商会议第三届全国委员会第一次会议胜利闭幕。在这次会议中,北京农业大学校长孙晓村等 143 名新一届全国政协常务委员开始履职。

邓小平批示农大回迁

老人们也许会对中央人民广播电台的这段播音感到亲切而振奋:"现在全文播送中国共产党第十届中央委员会第二次全体会议公报。中国共产党第十届中央委员会于 1975 年 1 月 8 日至 10 日举行了第二次全体会议,会议讨论了第四届全国人民代表大会的准备工作,选举邓小平同志为中共中央副主席、中央政治局常务委员。"

历经风雨,1978 年 12 月 18 日,党的十一届三中全会胜利召开,这次会议实际上形成了以邓小平为核心的第二代领导集体。

也是在这一年,辗转延安、重庆、涿州、邢台等地办学的北京农业大学、北京农业机械化学院终于开始踏上了回迁北京的归程……

时间回到 1977 年 8 月 4 日,复出后的邓小平同志以中共中央副主席的身份召开科学和教育工作座谈会。华北农业大学①党的核心小组成员、原北京农业大学副校长沈其益教授应邀出席会议,作了题为《办好农业大学,为农业大干快上服务》的口头汇报和书面发言,还当面呈递了高鹏先、王明远、沈其益三人联名写给邓小平的信。信中深切陈述学校在"文革"中及后来搬迁中的遭遇,并提出了今后办学的设想和建议。

邓小平对沈其益的汇报和高鹏先等三人的联名信很重视。8 月 9 日,他在联名信上批示:"华主席、先念、登奎同志阅。在座谈时,他们谈得很激动,建议国务院派专人调查和处理。"

1977 年 8 月 29 日,国务院调查组遵照邓小平指示到校进行调查,11 月向邓小平呈送了《关于华北农大问题的调查报告》。报告中说:"如能利用马连洼条件,稍加修整,就能很快地开展工作。"

1978 年 2 月 23 日,农大党的核心小组再次给邓小平写信,"请求中央批准把学校迁回北京原址——马连洼办学。"1978 年 3 月 23 日,俞大绂、沈其益、熊大仕、周明牂、沈隽、彭克明、裘维藩等著名教授上书邓小平,请求"让国防科委把占用北京农业大学原址

---

① "文革"期间,北京农业大学曾外迁陕西、河北办学,在河北期间曾更名为"华北农业大学"。

的房子归还给我们""给我们一个最起码的工作条件"。

1978 年 4 月 22 日，邓小平在全国教育工作会议上说："粉碎'四人帮'以来，特别是改革高等学校招生制度和批判'两个凡是'以后，教育战线出现了许多新气象。"他还说："大家都希望教育工作有更快的发展，在这方面我们有许多问题要解决，有许多事情要做。"农业大学党的核心小组组长高鹏先在这次教育工作会议上呼吁："要敢于正视搬迁造成的损失和危害，才有解决问题的决心和勇气。""（我校）全体教职工一致认为，从根本上解决问题的办法是把马连洼原校舍还给我们。"

1978 年 5 月，俞大绂等 71 位教授、副教授联名给邓小平写信，请求中央："归还我校在马连洼的校舍，重整农业科学和教育事业，使我们能为农业现代化尽快做出贡献。"6 月 11 日，农大全体教职工写信给聂荣臻元帅。聂荣臻收到信后，于 1978 年 6 月 21 日写信给邓小平："原北京农业大学师资、设备都有相当基础，条件比较好。我同意来信意见，建议让华北农业大学搬回马连洼，并恢复北京农业大学名称。国防科委的两个研究所，可搬涿县与华北农大现址对调。办好一所重点农业大学，是促进农业现代化的一个重要措施。来信和我的建议，请一并阅示。"

邓小平在聂荣臻给他的信上批示："我认为比较妥当。华主席、剑英、先念、东兴同志阅后请方毅、瑞卿同志处理。"他还在聂荣臻信中写的"办好一所重点农业大学，是促进农业现代化的一个重要措施"这句话的下面画了一道杠，并在旁边批示三个字："这很对。"邓小平批示后，华国锋、叶剑英、李先念都"圈阅"了。方毅批示："告诉有关部门。"

7 月 2 日，罗瑞卿同志对国防科委政委李耀文作了如下批示："耀文同志：请按邓、聂副主席和我们今天面谈的与农大商量如何交接。科委两个研究所的同志，要对他们做好思想工作，要顾全大局。交时绝对禁止有任何破坏和本位主义行为。"

中央领导同志的批示，在当时农大还只是有所耳闻，还未见上级正式传达。在这期间，为了弄清情况，1978 年 8 月，俞大绂、沈其益、熊大仕、李连捷、蔡旭、裘维藩、沈隽、彭克明等教授第三次上书邓小平、叶剑英、聂荣臻和徐向前，恳请他们"在百忙中再给受破坏惨重的农业教育以关怀，使你们对北京农业大学的批示能够尽快贯彻落实。"这封信再次引起聂荣臻的重视，以"荣臻同志处"的名义，在 9 月 11 日函送邓小平办公处王主任："王主任：聂总请你把农大老教授的来信转呈邓副主席阅示。聂总讲，农大搬回北京办学的事，早经邓副主席和中央同志批准，并已责成国防科委贯彻和执行。九亿人的吃饭问题是比'上天'更重要更迫切的重要战略问题。但时过两月竟然毫无动静。农林部是否还不知道有此批示。看来，还须有个正式通知才好两家办理。请您转报为荷。"

1978 年 9 月 24 日，邓小平在聂荣臻的来函上批示："方毅同志阅，交农林部处理。"

历经周折，水到渠成。1978 年 11 月 29 日，正值为三中全会做准备的中央工作会议期间，国务院下发了国发〔1978〕248 号文件《国务院关于华北农业大学搬回马连洼并恢复北京农业大学名称的通知》，北京农业大学终于迎来曙光。

北京农业机械化学院的回迁,也得到了邓小平等中央领导的关心和支持。

1978 年 6 月,时任校领导向主管学校的农林部和教育部打报告,请求批准学校迁回北京原址办学,恢复北京农业机械化学院的校名。

1979 年 1 月,时任党委书记兼院长张纪光在西安向王任重副总理汇报学校回迁北京原址办学事宜。1 月 5 日,王任重听取汇报后,马上给邓小平写信,请国务院批准学校由邢台迁回北京原址办学,并请当时分管文教的副总理方毅转交。方毅接到信后,召集有关部委、北京农机学院、中科院负责人会议,专门研究学校回迁问题。

2 月 14 日,学校又将致农林、教育两部委的报告及学校请求中央政治局讨论批准学校迁回原址办学的报告一并呈送给中共中央政治局委员、秘书长胡耀邦。2 月 15 日,胡耀邦批示:"南翔(蒋南翔,时任教育部部长)、立功(杨立功,时任农林部部长)同志,这事无须政治局讨论,你们拍板就行了。"16 日,其秘书又向学校口头转达了胡耀邦的意见:"在邢台没有办大学的条件。北京农业大学也应迁回北京,因为涿州也没有办大学的条件。"

3 月 27 日,王任重带领教育、农业、农机及占用校舍单位主管部一机部等 6 位正副部长来到学校北京原校址视察,在现场召开会议研究北京农机学院迁回原址和占用校舍单位腾退校舍问题。

4 月 16 日,农业机械部根据视察情况向王任重和邓小平递交了补充报告。次日,王任重在报告上批示:"小平同志,我曾和农机部、一机部、教育部、农业部的负责同志一起到北农机去看过,确实如报告所述,把一个好端端的学校搞了个五马分尸,实在可惜,请你批准北农机迁回北京原址办学。"当日,邓小平批示同意后又作了"请华主席、各位副总理批示"的批语。到 4 月底,全部副总理都同意"华北农业机械化学院"由河北邢台迁回北京原址办学,恢复北京农业机械化学院校名。

5 月初,邓小平、王任重、华国锋的批示及其他各位副总理批示同意的复印件,由国务院办公厅下发各有关单位各一份。

1979 年 5 月 12 日,农业机械部根据以上批示正式下文通知北京农机学院由河北邢台迁回北京原址,并恢复北京农业机械化学院校名。从此,学校又一次获得了新生,全校师生无不为之欢欣鼓舞。

江泽民亲题农大校名

1989 年 6 月 23 日至 24 日,中国共产党第十三届中央委员会第四次全体会议在北京召开。江泽民同志在这次会议当选为中央委员会总书记,中国共产党第三代中央领导集体开始形成。

江泽民同志就任党的总书记后,在多次讲话中强调了科学技术的重要性,明确阐述了新的历史时期科技发展的基本方针,并对科技工作者以及广大知识分子提出了殷切的期望。

1990 年 5 月 29 日下午,初夏的中南海。江泽民、李鹏、乔石、姚依林、宋平等党和国家领导人在怀仁堂同 24 位科学家亲切会见,开怀畅叙,当面倾听他们的意见和建议,共商发展科技、振兴经济的大计。

土壤学家、北京农业大学校长石元春在发言中说,当前在科技队伍建设和人才培养方面存在的问题比较严重,主要表现在人才断层和人才培养等方面。他认为,十年"文化大革命",大学停办了十年,导致整整缺少了一代人,少培养了四五百万高级人才。现在,"文革"前培养的人大多已年过半百,很快都将陆续进入退休年龄。35 岁到 45 岁这个年龄段,本应该是科技队伍的中坚力量,可是现在却处在人才断层的低谷。这种状况,已经越来越严重地影响了教学和科研。"国家有许多重点建设工程,"石元春建言:"为 21 世纪培养人才和组建科技队伍的问题,也应作为一项重点建设工程来抓。"

"科技队伍建设和人才培养,关系到四化建设和国家的稳定与强大。世界性的经济和科技的竞争能力,实质上是人才的竞争。我们应当把这个问题提到战略高度上来认识,因为它关系到国家和民族未来的兴衰荣辱。"石元春一席肺腑之言,道出了在座科学家们的共同心声。

生物学家陈章良(后于 2002—2008 年担任中国农业大学校长)是参加座谈会的两名青年代表之一,他在发言中着重谈了如何充分发挥青年科技工作者的作用问题。他建议有关部门采取一些行之有效的措施,解决青年科技人员的工作与生活条件问题,同时应大力宣传科技界前辈们顽强奋斗、无私奉献的精神。

陈章良表示,今后五年、十年间对青年一代是至关重要的。尽管有困难和问题,但绝大多数青年人积极上进,有着为国家富强而奋斗的真诚愿望。只要国家政策稳定,有一个长期的科技发展规划,再加上老一辈科学家的传帮带,让青年人有更多机会挑重担,锻炼自己,相信祖国未来的科技事业是大有希望的。

听了大家的发言,江泽民发表了自己的看法,他说,解决人才断层问题的根本出路,在于加速培养造就青年科技人员。"大家反映科技人员待遇低的问题,的确到了非下决心不解决不可的时候了。"江泽民指出:"只要我们的政策对头,问题是可以逐步解决的。"

这年 6 月,原国家教委在制定全国教育事业十年规划和"八五"计划时,提出到 2000 年前后,重点建设 100 所左右高等学校,并要求将此事"当作面向'21 世纪'的大事来抓"。

1995 年,"211 工程"建设全面铺开。

这一年秋天,北京农业大学、北京农业工程大学合并组建成立中国农业大学,被列入国家首批"211 工程"建设学校,江泽民同志亲自题写校名。

胡锦涛寄望"世界一流"

在农大人心目中,以胡锦涛为总书记的党中央高度重视"三农"问题,关心农业科技领域的每一个新进展,关注和关怀中国农业大学的发展及农大学子的成长成才。农大人不会忘记:2009 年 5 月 2 日,胡锦涛总书记来到中国农业大学,同广大师生共迎五四青年节。

当天上午,胡锦涛首先来到学校校史馆,听取了校领导关于学校发展历史、学校科研成果的汇报。

随后,胡锦涛来到学校植物生产类实验教学中心基地,受到师生们的热烈欢迎。相关专业的同学们正在老师带领下紧张有序地进行测土配方施肥、野生稻生长观察等田间实验。胡锦涛饶有兴致地观看,不时询问有关情况。在测土配方施肥实验室,张福锁教授向胡锦涛介绍了测土配方施肥的研究及应用情况,并详细汇报了他在基层农村的调查情况。在作物遗传育种实验室,孙传清教授向胡锦涛汇报了所从事的野生稻的研究进展及取得的成果,以及水稻进化的研究情况。在植物生产类认知基地,国家级教学名师刘庆昌教授汇报了认知基地的功能和基地建设情况。胡锦涛称赞说:"将理论学习和实践很好地结合起来,你们做得很好! 有基地非常方便,能更好地给同学们提供实践的机会。"

在生命科学研究中心,武维华院士分别汇报了功能基因组平台和植物生理学与生物化学国家重点实验室所承担的主要科研任务。胡锦涛观看了玉米幼穗早期分化的扫描照片,仔细询问植物抗旱、抗盐等生物学基础研究的最新情况,他希望农业科研人员要瞄准世界农业科学前沿,有所发现、有所创新。

在和师生代表座谈时,胡锦涛发表了重要讲话。他深刻阐述了五四运动的历史地位,充分肯定了五四运动以来一代又一代青年为中国革命、建设和改革事业作出的突出贡献,精辟分析了当前国际国内形势,明确指出了当代青年的历史使命。"在开创祖国美好未来的征程上,青年学生责任重大、使命光荣。"胡锦涛向农大同学和全国广大青年学生提几点希望:"要把爱国主义作为始终高扬的光辉旗帜,要把勤奋学习作为人生进步重要的阶梯,要把深入实践作为成长成才的必由之路,要把奉献社会作为不懈追求的优良品德。"

胡锦涛对学校取得的成绩与发展给予充分肯定,他说,中国农业大学是现代高等农业教育的起源地,一代代农大人形成了"解民生之多艰,育天下之英才"的光荣传统,要"加快推进建设世界一流农业大学的步伐"。这成为农大新百年的最强大动力。

早在 2005 年 9 月 16 日,中国农业大学建校 100 周年庆祝大会暨世界农业论坛开幕时,胡锦涛就曾发来贺信,向全校师生员工致以热烈的祝贺和诚挚的问候。他在信中说,"中国农业大学历史悠久,有着光荣的革命传统和优良的校风",希望学校"深化教学改革,提高教育质量,增强自主创新能力,培养更多高素质人才,更好地为我国亿万农民群众服务,为建设社会主义新农村和全面建设小康社会作出更大贡献!"

更早一点,2004 年 2 月 29 日,胡锦涛主持中共中央政治局集体学习,内容是当今世界农业发展状况和我国农业发展。中国农业大学程序教授和时任农业部农村经济研究中心主任柯炳生教授(后于 2008—2017 年担任中国农业大学校长)进行了讲解,谈了他们对这个问题的研究体会。这次政治局集体学习中,胡锦涛强调:要牢固树立和切实落实科学发展观,深刻认识加快农业发展的重要性,增强发展农业的自觉性和主动性,始终坚持农业基础地位不动摇,始终坚持加强、支持、保护农业不动摇,大力建设现代农业,切实巩固农业基础地位。

2004 年 4 月 11 日,胡锦涛在位于陕西杨凌的国家水保中心视察,观看了中国农大水利与土木工程学院雷廷武教授、姚春梅副教授工作组正在国家重点实验室人工降雨大厅进行的"坡面土壤侵蚀机理研究"人工降雨试验。当场,胡锦涛向姚春梅副教授仔细询问了试验的设计、预期的成果、试验数据获取的情况以及在黄土高原综合治理实践中的应用情况。他在谈话中,充分肯定了水土保持科学研究的重要性和在生态环境建设中发挥的作用,并鼓励在场的科技工作者为黄土高原生态环境建设作出更大的贡献。

2007 年 4 月 23 日下午,中共中央政治局举行第四十一次集体学习,内容是我国农业标准化和食品安全问题研究。中国农业大学罗云波教授等进行讲解,并谈了对实施农业标准化和保障食品安全的意见和建议。

"谢谢两位专家。"下午 5 时许,主持学习的胡锦涛以谦和的话语结束了提问、交流。他说,实施农业标准化,保障食品安全,是关系人民群众切身利益、关系我国社会主义现代化建设全局的重大任务,"我们要从贯彻落实科学发展观、构建社会主义和谐社会的战略高度,以对人民群众高度负责的精神,提高对实施农业标准化和保障食品安全重大意义的认识,扎扎实实做好工作,切实实现好、维护好、发展好最广大人民的根本利益。"

2009 年的五四青年节前夕,胡锦涛与农大师生共迎五四青年节,对青年学生提出了殷切希望,并要求中国农业大学"加快建设世界一流农业大学的步伐"。一年后,农大师生向总书记汇报了一年来刻苦学习、勤奋工作、投身实践的情况。

2010 年 5 月 3 日,胡锦涛给中国农业大学师生回信,向青年朋友们致以节日的祝贺,勉励青年和青年学生在推进社会主义现代化的奋斗实践中书写美好的人生。

胡锦涛在回信中说,从你们的来信中了解到,一年来,中国农业大学认真践行服务"三农"的宗旨,教学、科研、管理等各项工作都有了新的明显进展;同学们通过刻苦努力,学业、品德、能力等方面都有了新的可喜进步,不少同学毕业后自觉到艰苦地方和基层一线去工作,以出色表现赢得了各方面的肯定。我为你们取得的成绩感到由衷的高兴。

胡锦涛指出,解决好"三农"问题是全党工作的重中之重,实现农业现代化是我国基本实现现代化的一项重要任务。这为农业院校赋予了重大责任,也为广大农科学子提供了广阔舞台。希望中国农业大学始终秉持"解民生之多艰,育天下之英才"的校训,下大气力提高教学水平、加强科研攻关、培育优秀人才,为发展现代农业作出更大贡献。希望中国农业大学的同学们牢固树立远大志向,努力掌握过硬本领,在热情服务"三农"的实践中建功立业,书写美好的人生。

习近平期待"一流大学"

2012年9月15日,秋高气爽,阳光明媚。习近平同志来到中国农业大学,参加全国科普日活动。

当日上午9时30分许,习近平等领导同志来到主题展览区,饶有兴致地观看了"舌尖上的变化""神奇的生物技术""农业物联网""食品安全监测"等与百姓生活息息相关的科普展板和实物,以及孩子们参加的科普实验互动体验活动。

在"现代农业窗口"展区,习近平参观了中国农业大学科研人员自主选育的抗虫、抗旱玉米,观看了农业物联网现场演示,并详细了解了我国农业高新技术的进展情况。习近平对在场的专家、群众和干部说,中国人多地少、人多水少,确保农产品有效供给,根本出路在科技。希望广大农业科技工作者不断提升我国农业科技自主创新能力和国际竞争力,在科教兴农和确保国家粮食安全方面作出更大贡献;希望广大科技工作者抓住机遇,让物联网更好地促进生产、走进生活、造福百姓。

在"青少年互动"体验区,孩子们在农大老师的指导下认真做着"维生素C哪儿去了"的小实验。当看到孩子们从实验中明白了科学道理,习近平高兴地说,这个科学小实验很有意义,希望同学们把小实验应用到家里,宣传给更多同学,从小养成良好饮食习惯。也希望老师们更多地开展符合青少年特点的科普活动,为青少年健康成长营造良好的社会环境。

在"全产业链保障"展区,习近平认真听取了现场农大专家关于食品安全检测知识的讲解,还和大家一起进行了牛奶三聚氰胺快速检测。他说,"民以食为天",食品安全是重大的民生问题。对食品安全问题,要在加强监管、严厉打击的同时,动员全社会广泛参与,努力营造人人关心食品安全、人人维护食品安全的良好社会氛围,不断增强公众对食品安全的信心。

这次科普日活动是首次在高校校园内举办。习近平说,高校是我们科学普及人力资源最丰厚的所在地,一定要动员利用高校的力量,"高校不仅抓教学、抓科研,还要抓科技普及,动员我们这些生力军,面向社会、面向基层、面向群众做好这个工作,我觉得从中国农业大学看到了这支力量的作用所在。"

"我们都是农业大学的'粉丝'。"在参加活动后的现场讲话中,习近平的这番话,让全场爆发出热烈的掌声和欢呼声。他说,中国农大是一所有着光荣传统的大学,中央高度重视学校发展——2009年,胡锦涛总书记视察农大、和师生座谈,并指示学校要"加快建设世界一流农业大学的步伐";1995 年,江泽民同志亲笔为中国农业大学题写校名。

习近平充分肯定,农大教书育人成果丰富,学校党的建设工作抓得很好。他希望农大一手抓教书育人,取得更高更丰硕的科研成果;一手抓高校党的建设,进一步提高高校党建科学化水平,相互促进,相得益彰,两手抓、两不耽误。他希望学校办得更好,"真正办成有中国特色的、具有农业特色的一流大学,这也是党和国家所需要的"。

习近平指出,我们党成立 100 周年时要进入创新型国家行列,到新中国成立 100 周年时要建成科技强国,这是一个宏伟的目标,"我们大家一起为这个目标而努力!"

春风化雨,滋润农大。半个多世纪以来,历届中央领导人对中国农业大学的发展都给予了亲切关怀和大力支持,更寄予了殷殷重托和深切希望。

诞生于内忧外患之时,成长于建国发展之际,辉煌于民族复兴之时。学校 110 年来的风雨历程,始终与国家、民族的命运息息相关、休戚与共。今天,建成有中国特色、农业特色的世界一流大学,是全体农大人的梦想,更是国家赋予我们的光荣使命;是党和国家对我们的殷切希望,也是学校一以贯之的战略部署。

学校走过了颠沛流离、困难重重的艰难历史,经历了重点突破、迅速腾飞的发展时期,即将进入攻坚冲刺、整体提升的新阶段,农大人对美好未来充满信心!

紧紧围绕国家"两个一百年"奋斗目标和实现中华民族伟大复兴中国梦的宏伟事业,立足于国家未来的战略需要和目前学校已有的发展基础和条件,中国农业大学提出今后发展的战略构想是:

——到建党 100 周年,在国家全面建成小康社会之际,学校综合办学实力稳居国内研究型大学前列,一批优势学科达到或接近世界一流水平,为支撑创新驱动发展战略、农业现代化建设和全面建成小康社会作出重要贡献,在农业和生命科学等领域的国际学术前沿发挥积极的引领作用。

——到新中国成立 100 周年,在实现中华民族伟大复兴梦想之时,全面实现建成具有中国特色、农业特色的世界一流大学的历史性奋斗目标,为国家发展、民族复兴发挥重要作用,为人类的营养与健康作出突出贡献,在国际学术前沿具有重要的话语权和影响力。

肩负着党和人民的厚望,农大人将牢记重托使命,向着建设具有中国特色、农业特色的世界一流大学的目标阔步前进。

资料来源:①文献纪录片:《新中国》,中央电视台,1999。②书籍:北京农业大学校史资料征集小组,《北京农业大学校史 1949—1987》,北京农业大学出版社,1995;中央文献研究室《缅怀毛泽东》编辑组,《缅怀毛泽东》,中央文献出版社,1993;王步峥,艾荫谦,赵竹村,《探索之路——中国农业大学跨越百年的办学历程》,中国广播电视出版社,2013。③报刊:全党全民都来重视科技——江泽民、李鹏等同科学家座谈侧记,《瞭望周刊》,

1990 年第 26 期;杨正国,毛泽东与友人乐天宇,《党史纵览》,2009 年第 9 期。④网络:中国农业大学档案馆网、中国农业大学新闻网等。

（原载《中国农大校报·新视线》2015 年 10 月 15 日）

1949 年 10 月 1 日
农大人正在参加开国大典
□何志勇

　　1949 年 10 月 1 日，举世瞩目的开国大典是中华民族历史上的重大事件，开辟了中国历史的新纪元。中国结束了一百多年来被侵略、被奴役的屈辱历史，真正成为独立自主的国家，中国人民从此站起来了，成为国家的主人。那么，举行开国大典时，到底有哪些农大人登上了天安门城楼，见证了 1949 年 10 月 1 日这个伟大的历史时刻呢？又有哪些农大人在开国大典的游行队伍中，走过天安门广场呢？

　　"全校师生员工参加中华人民共和国开国盛典。"就像《北京农业大学校史》记载的这样："在北平的（师生）参加天安门前盛典活动和当天晚上的提灯游行；分散在各地的（师生）参加当地所举办的盛典活动。"

　　在此前的 9 月 10 日，中央决定将北京大学、清华大学和华北大学三所高校的农学院合并建立新的农业大学。开国大典那天，"华北大学农学院在北平师生与原北大农学院、清华农学院师生，共同组织队伍，统一指挥，参加开国大典。"

　　1949 年，24 岁的赵伟之还是北京农业大学的学生。他在后来的回忆中说，9 月中旬，学校接到参加开国大典的通知，全校 4000 余名师生奔走相告，喜不自禁地投入紧张排练之中。学校特制了红底黄字的"北京农业大学"横幅，还制作了许多彩旗，精心排练了节目。大典的前一夜，同学们彻夜未眠。当时的学校位于北京西郊钓鱼台附近的罗道庄，距天安门广场虽然只有六七公里，但激动的师生们凌晨 1 点就往天安门广场进发。因沿途队伍太多，走走停停，直到 8 点钟才抵达天安门广场。

　　从此，赵伟之的记忆中留下了不可磨灭的历史画面——

　　到广场时，解放军海陆空三军受阅部队已在东西长安街站定。最好看的是骑兵方阵，马分红色、黑色、白色数种，一排一排站得整整齐齐，纹丝不动，让人啧啧称奇。下午 2 点多钟，广场喇叭里传出声音："毛主席、各级领导及民主人士已陆续走向天安门城楼。"全场几十万双眼睛齐刷刷地投向天安门，毛主席和其他中央领导沿天安门城楼两侧的梯道缓缓拾级而上。当毛主席快要登上天安门城楼之时，军乐队高奏《东方红》。顿时，天安门广场欢声雷动，"毛主席万岁"的口号声不绝于耳。当毛主席宣布新中国成立时，整个天安门广场沸腾了，欢呼声和掌声响彻云霄，"中华人民共和国万岁"的口号声此起彼伏，经久不息。"我们当时距主席也就百米远，看着主席高大的身影，听着主席洪亮的声音，同学们激动得热泪盈眶，抑制不住自己的感情，不停地跳跃欢呼。"开国大典的礼炮响过后，紧接着由朱德总司令下达阅兵令，在军旗的引导下，各受阅部队依次走过天安门，人民空军的"银鹰"也闪电般掠过天安门上空。阅兵式和群众游行一直持续到晚上9点多钟。同学们返校走过西直门时，仍可看见漫天的烟花，返回学校时已是晚上12点钟。返回学校后，同学们仍心潮澎湃，难以入睡。开国大典的盛况已深深地烙在了每个人的心中。

这一天，赵伟之特意在天安门广场买了一份当天的《人民日报》，他小心地折叠好，夹在书中，放在书架里。后来工作变动，下放农村，他也要把这张报纸带着，他说："我是开国大典的亲历者，祖国始终在我心中。"

那一天，北京农业大学的大一新生黄辉白也行走在开国大典的游行队伍中。

黄辉白，1928年出生在前英属砂拉越华侨家庭，青少年时期经历了世界大战，饱尝了逃难、失学的痛苦。1947年，他只身前往新加坡在陈嘉庚先生创办的南洋华侨中学求学。由于不满殖民统治者对爱国华侨的迫害，投入当地学生运动的黄辉白在祖国的召唤下，于1949年转道香港辗转到达北京。接着，他考取了北京大学，就读于农学院，不久归属于三校农学院合并后的北京农业大学园艺系学习。

入学后不久，黄辉白"满怀喜悦和激情"参加了开国大典的游行，亲身迎接了新中国的诞生。北京农业大学大师云集，实力雄厚，黄辉白也万分珍惜来之不易的学习机会。1953年，学业成绩优异的黄辉白毕业留校，全身心投入果树学的教育和研究中。十年"文革"浩劫后，黄辉白以农口最佳成绩考取赴美首批访问学者的资格，回国后转调华南农业大学任教，成为我国果树生理学奠基人之一。

1949年10月1日，从天安门广场走过的那个瞬间永远印刻在黄辉白的脑海里，他以自己献身科学的热情感染着学生，劝导同学们为国争光："每当在国际刊物上发表文章时，令我备感幸福的是，在我的名字后面能加注'中国'二字。"

当农大的同学们走过天安门广场时，他们的一些老师、校友们正在天安门城楼观礼台上，看着眼前沸腾的广场，更是心绪激荡。

据载，开国大典时登上天安门城楼的有600多人，这包括两种情况：一是新中国领导人、政协代表和候补代表；二是警卫服务人员、新闻记者及特邀人员等。在这些人员当中，农大人至少有8人，他们都是不同界别的中国人民政治协商会议第一届全体会议代表——

政党代表：中国人民救国会代表孙晓村，他后来在1951—1960年任北京农业大学校长。

团体代表：在中华全国第一次自然科学工作者代表大会筹备委员会的17名代表中

（正式代表 15 人、候补代表 2 人）有 4 位农大人，他们分别是北京农业大学第一任校委会主任乐天宇、教务长沈其益，1916—1923 年、1927—1928 年两度在国立北京农业大学任教并担任森林系主任的校友梁希，1924—1928 年在国立北京农业大学任教、当时最年轻的教授（时年仅 22 岁）蔡邦华。

军队代表：陈漫远是华南人民解放军 8 名正式代表之一。1949 年 9 月，正在筹划向西南进军的时刻，他接到了中共中央的命令赴京参加中国人民政治协商会议第一届全体会议和开国大典。新中国成立后，陈漫远逐步淡出军旅生涯，他历任广西省①委副书记、第二书记、第一书记，广西省政府副主席、代主席，广西军区第一书记、第一政委等职。1960—1965 年，担任北京农业大学校长兼党委书记。

特邀代表：在 75 名特邀代表中，有两位农大人，他们分别是：1922—1926 年先后担任北京农业专门学校、国立北京农业大学校长的章士钊，1919—1923 年在北京农业专科学校学习并毕业的校友胡子昂。

1949 年 9 月，孙晓村作为中国人民救国会代表之一，到北京参加政治协商会议第一届全体会议。会前，毛泽东主席接见孙晓村时说："你是研究农村经济的，你们办的《中国农村》刊物不错。"10 月 1 日，孙晓村参加开国大典，他的心情无比激动："当新中国的五星红旗冉冉升起在天安门的上空，毛主席庄严地宣告中华人民共和国成立的时候，真是激动万分。我既充满了革命胜利的民族自豪感，也深深体会胜利来之不易。这是共产党的坚强领导、无数革命先烈的流血牺牲才取得的。怎样把革命进行到底，怎样建设好新中国，是担在我们每一个人肩上的重任。对此，我应该竭尽全力，勇于承担。"

1949 年秋天，沈其益等一批科教、民主人士从香港辗转回到北京，不久就与梁希、乐天宇等人一道参加了中华全国第一次自然科学工作者代表大会筹备工作。在这期间，按照全国政治协商会议的规定，自然科学大会筹委会推选产生了全国政协委员 17 人，参加了 1949 年 9 月 27 日召开的政治协商会议，"讨论并通过中华人民共和国共同纲领、国旗、国徽、国歌和国家领导人"。

"我参加第一次政协会议，学习了许多重要文件，增长了新中国党的方针政策的知识，"沈其益后来回忆说："1949 年 10 月 1 日，在天安门城楼上参加中华人民共和国成立盛典、聆听毛主席讲话并庄严宣告'中国人民从此站起来了'，我目睹五星红旗在天安门前升起，心情万分激动和无上光荣。"

"参加这次会议，使我对中国革命的伟大事业和光明前途，加深了理解，增添了无比的信心。"参加了政治协商会议，在开国大典那天，胡子昂又应邀登上了天安门城楼观礼

---

① 1957 年 6 月，国务院作出关于建立广西僮族自治区的决定，并在同年 7 月召开的第一届全国人民代表大会第四次会议上通过相应的决议。1958 年 3 月 5 日，广西省改为"广西僮族自治区"。1965 年 10 月 12 日，经国务院批准，"广西僮族自治区"改名为"广西壮族自治区"。

台,见证了开天辟地的盛况。他的思绪不由自主地像过电影一样:从 1919 年进京赶考,到这 30 年的沧海桑田,再到这一刻站在天安门观礼台上,真是时光如梭,弹指一挥间啊!这时,一个洪亮的声音响起:"同胞们,中华人民共和国中央人民政府今天成立了!"这是毛泽东主席的声音。

胡子昂听了,激动万分,感慨万千,此时此刻,"个人的觉醒、国家的尊严、民族的自豪感,顿时填满胸间!"

《陈漫远传》记载了陈漫远参加开国大典时所见盛况和激动的心情:

10 月 1 日下午 3 时,陈漫远光荣地参加了隆重的开国大典。他作为解放军代表与国家领导人一起登上天安门城楼,亲历了这一光辉的历史时刻。他和齐聚在天安门广场的首都 30 万群众,共同亲耳聆听了毛泽东主席在天安门城楼上宣读中央人民政府公告。在万众一片欢呼声中,他亲眼看着毛主席在天安门城楼上按动电钮,升起了第一面鲜艳的中华人民共和国国旗。

紧接着,朱德总司令宣读《中国人民解放军总部命令》,并检阅了雄壮的海陆空三军队伍。

之后,声势浩大的群众游行队伍和花车浩浩荡荡地经过天安门城楼,向党和国家领导人致意,将盛大的庆典推向新的高潮。开国之日,举国上下,沉浸在无比欢乐的喜庆之中。

中华人民共和国的成立,标志着中国新民主主义革命已取得根本胜利,中国人民当家作主的时代已经来临。中华民族的历史由此开辟了一个新的纪元,进入了从新民主主义向社会主义过渡的时期。

10 月的北京依然炎热。参加了隆重的开国大典后,陈漫远漫步在长安街上,沉浸在多年浴血奋战后胜利的喜悦中,看到新中国成立后街道张灯结彩和人群中彰显的喜庆景象,感到浑身热血沸腾。

资料来源:①陆钦仪,《新中国北京高等教育的开拓者》,北京交通大学出版社,2002。②华北大学农学院院史编委会,《华北大学农学院史记(1939-1949)》,中国农业出版社,1995。③王秀柔,周新宇,《星光灿烂——广东科技人物(2)》,广东科技出版社,1994。④《偃师文史资料(第 19 辑)》,中国人民政治协商会议偃师市委员会文史资料委员会,2007.12。⑤赵永良,《无锡籍大学校长(书记)名录》,上海交通大学出版社,2011。⑥沈其益,《科教耕耘七十年》,中国农业大学出版社,1999。⑦庾新顺,朱永来,盘福东,《陈漫远传》,中共党史出版社,2012。⑧张惠舰,开国大典时哪些人登上了天安门城楼,《北京观察》,2013 年第 3 期。

(原载微信公众号"CAU 新视线"2016 年 10 月 1 日)

校庆日纪事
1905—2015
□何志勇

五月,北京的夏季已经悄然来临。这是一个好天气,蓝天白云下的校园里花红草绿,生机盎然,退休教师肖荧南兴致勃勃地用手机拍下了眼前这清新美丽的景致。

几天前,中国农业大学建校110周年校庆公告(第一号)正式发布了,肖老师在微信朋友圈里分享了一组美丽的校园图片秀,也分享了刚刚公布的校庆公告。

站在十二层楼家里的窗前,农大东区校园尽收眼底,他的思绪飞得很远……

罗道庄,风雨飘摇中的欢庆

"时间过得真快,一晃就是一个甲子。"1958年秋天,肖荧南考入北京农业大学农学系,开始谱写他与这所百年学府的一世情缘,"我们入学的时候,学校还在罗道庄。"

今天,在北京的版图上已经找不到太多有关罗道庄的标记,唯有海淀区翠微路上公交站牌上的三个大字——"罗道庄"——不知是否还能唤醒老人们模糊的记忆。

百十年前,中国的高等农业教育从1905年兴建农科大学——京师大学堂八个分科大学之一开始了。学校一度选址于卢沟桥畔瓦窑村,但"地势高旷、林泉缺乏,不甚合用"。1908年,重新选址在"林麓河渠之地",这样既适于建校又适于农事试验,包括望海楼以及罗道庄、蔡公庄的土地、水面,校园与农场的总面积达千余亩。

1912年11月11日,农科大学从大学堂总部所在地马神庙迁入罗道庄新址。以后每逢这天都要举行纪念活动。1914年学校章程中明文规定11月11日为本校纪念日。此后多年都在此日放假一天以示纪念。

据当时《晨报》报道,1920年11月11日,国立北京农业专门学校举行建校八周年纪念会(从1912年算起),"是日除成绩展览外,拟演剧、赛球以资娱乐,特备入场券千余张,分送各界",邀请北京市民前来自由参观。

1921年11月11日举行建校九周年纪念会,"是日有各种游艺、足球比赛、拳术、新剧、电影等。上午十时开演,下午十时止,并陈设各种标本、农具及农产品,任人阅览"。

1923年改为北京农业大学后,校庆纪念日改为3月8日,但处多事之秋,直到1927

年才举行过一次大规模的纪念,活动有:举行纪念会、文娱体育活动,开放标本室、农产品陈列室、试验室,另外还举办农民同乐会。

1929年以后的北平大学农学院时期,校庆纪念日恢复为11月11日,与北平大学建校纪念日(11月9日)相邻,校庆纪念活动更加隆重,规模更大。

1932年11月11日,在北平大学建校四周年纪念的喜庆气氛中,农学院又举行了建院二十三周年(从1909年算起)纪念仪式,并放假一天。

1933年11月11日,举行农学院建院二十四周年纪念大会,北平大学校长、各学院院长和毕业生代表惠临参加。此前,农学院毕业生为母校购置了大时钟一座,题写“自强不息”四字,置于农学院工字楼内。

1934年11月9日、11月11日,分别举行北平大学建校六周年与农学院建院二十五周年纪念活动。11日上午,北平大学校长、各学院院长和社会名流出席了农学院纪念会。这天还举办了文娱、体育活动和农产品展览比赛、西郊农民秋收同乐会。农产品比赛中,有六十多斤重的西瓜、三十多斤重的萝卜以及多头的大白薯,还有刺绣、木工产品共计千余件。同乐会上,放送留声机、国术、音乐、魔术、杂耍、跳舞、相声、双簧、秧歌和“五虎少林”等各种表演节目、游乐项目应接不暇。同乐会上还有戏剧表演,其中新剧有《画家之妻》《东方喜剧》《荒村凄景》,旧剧则是传统名段《坐宫》《捉放曹》《法门寺》等。

1936年11月9日,在农学院合并举行北平大学建校八周年与农学院建院二十七周年纪念活动。农学院将各系、场开放,任人参观。还组织了球类比赛,并在学院农村建设区举办了“农产品比赛”。

这是抗战全面爆发以前最后一次校庆纪念活动,农学院刊物《农讯》出版的纪念特刊,在《纪念感言》中提出了几个让人思考的问题:一、纪念校庆,不要忘了国难;二、“教育救国”,不可忽略农村破产;三、发扬“固有文化”,同时要尽量提倡科学;四、大学教育要“高深化”,同时要“普及化”。

后来,抗日战争全面爆发,学校西迁,校庆活动也随之中断。

新中国成立前,各历史时期,因体制、隶属变更,选择不同年份为建校元年。有时采用1909年,有时采用1912年,但纪念日多采用11月11日,并成为学院“双十一节”放假一日。采用“双十一”,还有一段趣谈,“十一月十一日”恰合汉字“士、土”,喻为知识分子与祖国大地紧密相连之意,校庆纪念日也悄然传递着那一代农大人的强国梦想和爱国情怀。

马连洼,新生北农大激情欢歌

1948年12月,平津战役打响。

此前的11月,北京大学红楼内举行了一场教职工大会,南京国民政府要员奉劝师生们快快离开北平,迁往台湾。北京大学农学院院长俞大绂和大家一起驳斥道:“不能留下学校(而不顾),我们不愿走!”

1949 年 1 月 31 日,北平和平解放。1949 年 9 月,中央决定将北京大学农学院、清华大学农学院与华北大学农学院合并成立一所新的农业大学,校址在罗道庄原北京大学农学院旧址。

1949 年 10 月 1 日,中华人民共和国成立,新中国诞生。

12 月 17 日,乐天宇为主委的校委会宣布就职;农业大学成立大会举行。教育部副部长钱俊瑞说:"今天全国范围内,以这样大的力量,办这样的学校是头一个。我们办这个学校,对新中国的农业和农业教育要树立新榜样。"

1959 年 12 月,北京农业大学校委会决定进行建校 10 周年庆祝活动,并决定 12 月 17 日为校庆纪念日。校庆日当天,各系举办了展览,反映新农大十年来的发展。

1958 年入校的肖荧南很快就开始了"下放劳动",这期间学校从罗道庄迁往马连洼。本科毕业后,他攻读研究生学位。毕业留校任教后不久,"文化大革命"的波澜冲击着校园。那一段时光,学校辗转迁徙,艰苦求生,"校庆日"似乎已经被遗忘。

1979 年,学校搬回北京。10 月 12 日,全国人大常委会委员长叶剑英为学校题写校名,学校决定将这一天作为校庆纪念日。11 月 21 日,学校隆重举行建(并)校 30 周年大会,还举行了"建(并)校 30 年成就展览"。

1989 年末到 1990 年初,经过一场建校纪念日期的讨论,确定 1905 年 10 月京师大学堂农科大学着手筹备之时,作为建校之始。

1990 年 10 月 9 日,"秋日明丽,蓝天无垠,我校师生和历届校友迎来了期盼已久的建校 85 周年纪念日。一大早,全校师生员工就身着节日盛装,满面春风地聚集在校前广场上,迎接参加校庆的校友和来宾。"当年的新闻报道说:"重逢的喜悦,热切的寒暄,校园里洋溢着喜庆的节日气氛。"

时任国家副主席王震,中共中央政治局常委、校友宋平分别发来贺信和贺词,农大师生校友备受鼓舞。

校庆主席台设立在新落成的图书馆平台上,时任校长石元春致辞说:"在当前新技术革命的挑战和我国改革开放形势下,学校正经历着一个由传统的农业大学向现代化的新型农业高等学府的历史性转折时期"。台下师生员工、历届校友和海内外嘉宾 6000 余人报以热烈的掌声。

这天晚上,"农大校园火树银花,笑语喧然,各种活动如奇花纷绽,令人应接不暇"。小灰楼南侧的喷泉盛装亮相,"五色喷泉冲天而起,在彩灯映照下如烟如梦,幻然有如仙境",让人"难忘今宵,难忘这灯海人海情海"。

校庆期间,学校主办的"农业教育现状与展望国际讨论会"圆满成功。这是新中国成立以来首次研讨农业教育的国际会议,来自我国和德国、日本、苏联、加拿大、美国、澳大利亚、新西兰、印度、菲律宾等 10 个国家、24 所高等农业院校的校长、专家教授参加会议。

1995 年,学校 90 周年校庆的主题是"腾飞——迈向 21 世纪!"10 月 8 日这天,用鲜花制作成的亭台、小桥、流水把大校门装饰得格外漂亮,彩色气球悬挂的巨幅红色标语让校园显现出一派欢快的节日气氛。

这两次盛大的校庆纪念活动让肖荧南记忆犹新。"我们班的同学都回到了母校。"此时已长驻河北曲周实验站工作的他,也专程赶回了北京。

在 90 周年校庆隆重的庆典上,时任校长毛达如讲话说,这所学校"已经成为一所以农科为主,综合性和多科性的著名的农业大学","全校师生正满怀信心地迎接更加光辉和新的发展时期的到来"。

在讲话中,毛达如通报了此前农业部宣布经国务院批准由北京农业大学和北京农业工程大学合并组建中国农业大学的情况。"这是农大发展史上的一个新的里程碑,"毛达如号召全校师生:"让我们团结起来,把握历史转折的时机,勇敢地迎接时代的挑战。"

小月河,流淌四十年农机记忆

1952 年 10 月,北京农业大学农业机械系与华北农业机械专科学校、中央农业部机耕学校、平原农学院合并成立北京机械化农业学院。10 月 15 日,在北京通州的双桥机耕学校举行了成立大会。

这年 11 月 26 日,学院整体迁入双泉堡小月河畔的新校园(即现北京市海淀区清华东路校址)。

"文革"期间,农业机械化学院也辗转迁徙,直至 1970 年代末才回迁北京。

1982 年 10 月 15 日,重生的北京农业机械化学院举行了建校 30 周年庆祝会和学术报告会,出版了科技成果汇编。

1985 年 10 月 5 日,学校更名为北京农业工程大学。15 日,学校邀请校友回校欢度 33 周年校庆,校友们"为把学校办成名副其实的重点大学,提出了很多好建议"。

1986 年 10 月,学校举办了农业工程学术报告和社会科学报告会庆祝建校 34 周年。农机工程系还举办了教学、科研展览会,受到各方好评。

1987 年 10 月 15 日,学校举行建校 35 周年庆祝大会。全国人大常委会副委员长王任重为学校题写了"团结、勤奋、求实、进取"的八字校风并为学校新落成的图书馆题名、剪彩。这天,国家教委发来贺信,肯定了学校对国家建设做出的贡献。农牧渔业部部长何康在讲话中说:"农业要上新台阶,要实现现代化,必须使生物技术与工程技术相结合,要搞集约经济离不开农业工程,搞规模经营离不开农业工程,今后对农业工程一定要加强。"

1992 年 10 月 15 日,建校 40 周年庆祝大会在大操场隆重举行,全国各地和海外的2000 余校友重返母校共襄盛举。

校庆期间,国务院副总理田纪云、农业部部长刘中一分别为学校题词:"今日农工大""建设符合中国国情的农业工程体系"。

为了庆祝校庆,学校还举办了北京国际农业工程学术讨论会,邀请了来自美国、英国、法国、俄罗斯、日本等 20 多个国家的 90 余名代表，我国各省（自治区、直辖市）包括台湾地区专家学者以及 1949 年前后归国的老一辈农业工程学者共 400 多人出席盛会。会议期间还举行了新中国首次大规模的 "海峡两岸农业工程交流研讨会"。海内外学者对这次学术讨论会给予很高的评价。

与此同时，学校还组织开展了历时 20 多天的 "校园文化节"，开展了丰富多彩的文娱活动。校庆期间，学校收到了香港校友会送给母校的特殊礼物——一辆汽车，还有校友为母校赠送了农业机械。校友和在校职工捐款成立了 "农业工程教育基金"。

在 40 周年校庆期间，农业部副部长洪绂曾为学校题词："工程与生物技术的结合是农业现代化的重要标志"。

三年后，1995 年新年伊始，洪绂曾来校拜年时，通报了关于北京农业大学、北京农业工程大学两校将要合并的情况。

大会堂，百年农大的世纪辉煌

1995 年，北京农业大学与北京农业工程大学合并成立中国农业大学。

2005 年，承载着农大人无限光荣与梦想，中国农业大学走过了 100 年的发展历程。

在这期间，东西校区悄然实现了实质性融合。一幢幢教学楼、科研楼、住宅楼、宿舍楼拔地而起，学校发生了翻天覆地的变化。

9 月 16 日，学校建校百年庆祝大会暨世界农业论坛在人民大会堂隆重开幕，6000 余名农大人和各届嘉宾共庆学校百年华诞。校园内，万余名师生及校友通过网络直播观看了大会实况。

学校百年校庆活动得到了党和国家领导人的高度重视。中共中央总书记胡锦涛、国务院总理温家宝先后发来贺信。

胡锦涛总书记在信中说，中国农业大学历史悠久，有着光荣的革命传统和优良的校风，"希望你们高举邓小平理论和'三个代表'重要思想伟大旗帜，认真贯彻落实科学发展观，深化教学改革，提高教育质量，增强自主创新能力，培养更多高素质人才，更好地为我国亿万农民群众服务，为建设社会主义新农村和全面建设小康社会作出更大贡献。"

温家宝总理亲笔复信 34 名自发为农民朋友编写 "三农" 科普丛书的学生，高度评价农大学子情系乡土、回报乡亲的赤子情怀，并欣然表示，"我从你们身上看到了当代大学生的希望"，"值此中国农业大学百年华诞之际，我谨向全校师生员工表示诚挚的问候和祝贺。"

校庆期间，全国人大常委会委员长吴邦国莅临视察和指导学校发展大计，期盼学校为构建社会主义和谐社会、建设社会主义新农村做出新的贡献，早日成为世界一流农业大学。

校庆日当天，回良玉副总理、陈至立国务委员等亲临会场祝贺并出席校庆相关活动，向全校师生员工致以热烈的祝贺和诚挚的问候，对学校发展寄予厚望。校庆期间，原中央领导同志宋平、李岚清等相继莅临学校,祝福学校百年华诞。

校庆日当晚,农大东校区学生 1 号公寓前广场成为欢乐的海洋,4000 余名师生校友齐聚于此,观看学校师生和众多明星共同献演的"金色的希望——中国农业大学百年华诞大型文艺晚会",为百年校庆再添一笔亮色。"今天大家在这里共庆百年华诞是为了农大明天的更好发展",时任党委书记瞿振元鼓励大家继续努力、再创辉煌。时任校长陈章良介绍说,校庆期间回到母校的校友达到两万人次,来访的外宾来自 81 个国家共 870 余人。他说农大历经风雨,百年同舟殊为难得,希望大家"珍惜友谊,携手共进"。

在举办校庆活动的一个月时间内,中国农业大学成功举行世界农业论坛等 13 场大型学术会议,4 位诺贝尔奖获得者、3000 多位专家学者共聚一堂,研讨世界和中国农业发展。学校学科建设、校园建设呈现崭新面貌,全校师生以优异的成绩、秀美的校园和丰富的活动,为学校的百年历史画上圆满的句号。

……

2008 年,已经在曲周实验站站长任上退休的肖荧南老师,回到了北京,他的家也从西校区老家属区紫苑搬到了东校区的新楼里,站在宽敞明亮的新居窗前,校园风光一览无余。

这一年,肖荧南老师的 1958 级同学们又一次回到母校相聚,纪念入校 50 周年。

光阴之箭穿越年轮,悄然抵达 2015。打开肖荧南的记忆之门,光阴的起点是 1958;打开肖荧南和农大人的月光宝盒,光阴的起点更是 1905。

《中国农业大学章程》第七十条记载着:"学校校庆日为 10 月 16 日",2015 年 10 月 16 日,中国农业大学将迎来 110 周年华诞。

在秋高气爽的金秋时节,农大人又一次相聚的日子,已经不远了……

资料来源:①书籍:中国农业大学百年校庆丛书编委会,《百年纪事 1905—2005》,中国农业大学出版社,2005;中国农业大学档案馆,《中国农业大学史料汇编 1905-1949》,中国农业大学出版社,2005;张仲葛,《中国近代高等农业教育的发祥——北京农业大学创业史实录 1905—1949》,北京农业大学出版社,1992;北京农业大学校史资料征集小组,《北京农业大学校史 1949—1987》,北京农业大学出版社,1995;王德人,潘大志,《北京农业大学年鉴(1990)》,北京农业大学信息中心,1991;北京农业大学年鉴编委会,《北京农业大学年鉴(1995)》,北京农业大学信息中心,1995;《北京农业工程大学四十年》编写组,《北京农业工程大学四十年》,北京邮电学院出版社,1992;李晶宜,江树人,《中国农业大学年鉴 2005》,中国农业大学出版社,2006。②网络:中国农业大学档案馆网、中国农业大学新闻网。

(原载《中国农大校报·新视线》2015 年 6 月 25 日)

解民生之多艰 育天下之英才

——中国农大推进中国特色、农业特色一流大学建设

□练玉春 陈卫国

2012年9月,时任中共中央政治局常委、中央书记处书记、国家副主席的习近平出席全国科普日活动,来到中国农业大学校园,他和学校负责人、师生亲切交流,对学校发展提出殷切期望。

五年来,按照总书记的指引,秉承"解民生之多艰,育天下之英才"的校训,植根中国大地,突出农业特色,围绕农业重大需求、关键技术开展创新研究和社会服务,培养有"三农"情怀、有知识能力、能承担责任的人才,成为学校发展的主线——

聚焦农业需求,创新科研服务社会

五年来,习近平总书记多次强调:"中国人的饭碗任何时候都要牢牢端在自己手上","全面建成小康社会,难点在农村","农业现代化关键在科技进步和创新"……

目标明确,中国农业大学师生们肩上的担子沉甸甸。

生物技术正在成为现代农业演进中先导性、关键性的力量。五年来,农大科技工作者脚步坚实,在"植物响应逆境胁迫的分子机制""重要性状基因克隆与功能分析""作物果蔬种质创新与分子设计育种""动物种质资源发掘、保存和利用""模式动物和动物克隆技术"等方面,加快自主创新研究和技术储备,追赶世界前沿水平。

以我国种植面积、产量第一的玉米相关研究为例,中国农大研究团队针对玉米优质基因发掘与分子育种技术的研究,被国际同行视为"分子育种中最成功的例子"。截至目前,全世界克隆的玉米油份数量基因、维生素A原基因各有3个,中国农业大学科研团队就各占2个。他们筛选的主效高油基因,利用功能分子标记辅助回交,可将我国推广面积最大的"郑单958"籽粒含油量提高26.5%;开发的维生素A原功能标记,开创了我国玉米分子育种技术对外输出的先例;首创新品种高维生素E优质甜玉米,应用生产三年来,为农民新增效益28亿元。

中国现代农业要走高产高效、优质生态的路,中国农大大批师生在这个共同目标下进行着探索:生物学院教授在探索作物适应干旱机理,水利与土木工程学院专家在研究

水资源持续利用,而农学院师生要从农艺栽培系统过程中寻找科学途径,资源与环境学院则致力于水土及养分如何更高效发挥综合效益……

为了让国人消费有质有量的肉蛋奶,中国农大师生在节粮型品种选育推广、精准配方与饲喂、规模化健康养殖、现代食品工程等全产业链中孜孜以求,既有明确分工,又有衔接协同。这样的格局同样体现在植物保护、动物防疫、农业装备、农业环境生态修复以及农林经济、农村区域发展各学科群落,中国农大汇聚全校的力量,努力用科技创新支持现代农业的发展。

一组数据能显示中国农业大学五年来的部分努力:6 位首席科学家、80 位岗位科学家在国家现代农业产业体系不同岗位开展工作;农大教授领衔的专家组,指导测土配方施肥技术应用面积近 14 亿亩,覆盖率 60% 以上;推广的保护性耕作技术,2012 年以来保持在亿亩规模;学校自主研发的玉米小麦新品种,2013 年以来年均推广面积 1300 余万亩、多产粮 4 亿公斤以上;"农大 3 号""农大 5 号"蛋鸡先后入选为国家主导品种,年均推广超过 8000 万只,覆盖全国 28 个省份;以高原捡粪机为代表的实用发明、以农业物联网为代表的新兴技术同时在生产一线发挥着作用;大批专家常年面向社会公众开展公益科普活动……

从 2013 年起,学校依托以前科技服务的工作基础,面向区域发展需求建立教授工作站。而今,全国 20 多个省份星罗棋布着"中国农大教授工作站",100 多位专家经常在站开展科技服务工作。

学校的师生们记得,40 多年来,在黄淮海大地上,学校的前辈们用科学改变那片土地的命运,新一代农大人要为现代农业书写新篇章。而视野放远,从太行山腹地到腾格里荒漠边缘、从新疆蔬菜基地到云南边陲村落,农大人带给乡亲们科技的种子,一起培育脱贫的花、结出致富的果。

把田野作课堂,在基层实践中培养人才

中国农业大学有 110 多年的历史,在办学过程中一直有着"教民稼穑"的传统。由于学科特点和学校特色,无论是哪个时期,都有一批批农大毕业生,走上了通往"最深沉的欢乐"的基层之路。

习近平总书记了解、关心中国农业大学。他在视察时肯定学校培养了大批农业科技人才,在服务社会、服务基层方面发挥了重要作用、取得了突出成果,明确提出希望把这些成功做法坚持下去。

学校认为,这是对中国农业大学办学育人的重要指引。农业人才培养,学好现代农业知识是应有之义,更要坚持和突出在实践育人中。"坚持下去",关键是让同学们从前辈科教工作者身上获得思想启迪和精神力量,对中国的农业、农村、农民饱含深情。

最近的五年,中国农大每年平均有 6000 余名同学参加寒暑假社会实践、志愿服务和

科普活动,足迹遍布全国31个省、市、自治区。本科生踊跃参加暑期社会实践小分队和寒假"我为家乡送信息"活动,研究生则广泛参与"百名博士老区行",学生党支部与农村党支部紧密对接红色"1+1"科技行动,学院发挥特色,开展"一院一品"活动。学校连续五年成功入选"首都高校社会实践先进单位",获得第十一届中国青年志愿者优秀组织奖。

2016年,学校发起全国农科学子"助力精准扶贫"联合实践行动——以国家扶贫工作重点县和集中连片贫困区所辖村庄(社区)为实践点,每年选定联合主题,开展调查实践和帮扶活动。在这样内容丰富的实践里,农大学生收获了30多项省部级以上荣誉,更烙下影响一生的精神印记。

学校多年坚持"把田野作课堂"。2015年,启动了"科技小院"专项,进一步引导年轻人进村驻院,在田间地头解难题、做研究。截至目前,中国农业大学建立或联合兄弟高校共建的"科技小院"80多个①,先后有30多名教师和200多名研究生进驻,平均每人每年驻村时间200多天。一茬茬从小院走出的毕业生,无论是社会贡献还是论文发表,都成为同龄人中的佼佼者。这学期,学校新增"精准扶贫创新人才培养"专项,15名研究生已经在导师带领下进驻深度贫困山区,他们将以扎根帮扶方式写作他们的"研究论文"。

五年来,每届毕业生中都有一大批同学,怀揣绿色的向往,选择直接到祖国西部和基层农村工作;越来越多同学踊跃参加选调生选拔到贫困地区去。他们说,在校期间的各种实践,让"解民生之多艰"的校训内化成自己内心最笃定的信念,祖国的大地上有我们的梦想和责任。

"早日建成有中国特色、农业特色的一流大学",是中国农业大学奋力前行的目标。办好这样的大学,服务中国社会和人民,是总书记对中国农业大学的指引,是社会对中国农业大学的期待,也是这个大学师生、校友心底共同的理想。

(原载《光明日报》2017年8月29日,

《中国农大校报·新视线》2017年10月15日转载)

---

① 截至2018年底,中国农业大学联合地方政府、科研院所、涉农企业在全国21个省(自治区、直辖市)建立了17个作物生产体系的120多个科技小院。

红旗漫卷　峥嵘岁月

——中国农业大学党史回顾

□党轩

中国共产党成立以来,走过波澜壮阔的 95 年光辉历程,党团结带领全国各族人民,经过艰苦卓绝的斗争,推翻了帝国主义、封建主义和官僚资本主义的反动统治,建立了人民当家做主的新中国,确立了社会主义基本制度,发展了社会主义的经济、政治和文化;党在建设时期,开辟了中国特色社会主义道路,形成了中国特色社会主义理论体系,确立了中国特色社会主义制度,取得了举世瞩目的辉煌成就,为实现社会主义现代化开辟了广阔前景。

在我们党 95 年的光辉史册里,北京高校党的发展和建设是其中熠熠生辉的一页。党的思想准备、干部准备,党的诞生、发展和壮大,都与北京高校息息相关。中国农业大学党的发展和建设也是其中浓墨重彩的一笔。今天,让我们一起回顾这红旗漫卷的峥嵘岁月——

党组织创建

中国农业大学是全国最早传播马克思主义的一个重要阵地,是最早成立党支部的高校之一。在十月革命的影响下,1919 年 5 月 4 日,北京爆发了伟大的反帝反封建爱国运动。五四运动极大冲击了帝国主义和封建主义,促进了马克思主义在中国的广泛传播。次年十月,李大钊同志亲自组织了北京共产主义小组;紧接着,北京社会主义青年团成立,邓中夏、高君宇等青年团团员,在李大钊同志领导下,组织各校进步青年学习马克思主义,培养骨干,发展组织。

1921 年,在邓中夏同志帮助和指导下,当时农大在读学生成立社会主义研究小组。次年按照邓中夏的建议,以这个小组为基础,吸收新成员,建立社会主义青年团农大支部。在北京地委指导下,这个支部进一步发展。农大团支部成立以后,通过农业革新社、农民夜校等形式,将农运、工运工作作为自己的任务,并随着成员增多不断扩展工作范围和实际影响。

1924 年 1 月,根据中共北京地委通知,全体团员除一人外全部转为党员,成立党的支部,并开始发展新的党员。党员队伍壮大至 20 多人。这是农大党的建设的开始,当时的农大支部也是我国高校中最早的一批党的基层组织。

农大党支部创立以后,短短三年左右,党员发展到 50 多人,学生中党员比例约为 1/4。由于农大地处当时的"城乡接合部",学校党组织和党员积极深入农村,开展农民运动,帮助建立了京郊第一个农村党支部;深入到长辛店的工人中,宣传党的思想。农大党组织成为北京地区有影响、有战斗力的革命堡垒。

在 20 世纪 20 年代后期,党的活动处于低潮时期。根据形势发展的需要,许多党、团员分赴全国各地,有的投身工运或农运,有的去地方创建党组织,也有的去西北军、黄埔军校开展党的工作。还有一批批党员,在极为恶劣的环境中坚持斗争,在斗争中成长。

抗日战争全面爆发后,无论内迁后方、还是留在沦陷区的共产党员,在烽火连天的战争岁月,在轰轰烈烈的爱国民主和民族救亡运动中,始终勇敢地走在运动的前列,为民族的解放事业写下了可歌可泣的篇章。

在新中国教育事业中

新中国成立后的第 4 天,《人民日报》报道了"华大北大清华三校农学院将并组农业大学"的消息。当时国家教育部尚未组建,华北高等教育委员会代行职责,由副主任钱俊瑞任筹委会主任,"接受各方面的建议与要求,决定将华大、北大、清华三校农学院合并,组成为一个全国性的农业大学"。这年 12 月,农业大学成立。共和国首任教育部部长马叙伦,副部长钱俊瑞、韦悫到会祝贺。钱俊瑞说:"今天全中国范围内,以这样大的力量,办这样的学校是头一个。中央人民政府对这个学校方针与实施给以重大注意,我们建设这个学校,对中国农业及农业教育要树立新的榜样。"

1950 年 6 月,成立仅 7 个月的中央人民政府教育部召开了第一次全国高等教育工作会,讨论新中国高等教育建设方向:进一步发展高等教育的主要任务是"为经济建设服务",明确要在全国范围内有计划统一地进行院系调整。全国工学院调整方案 1952 年 4 月公布,其中的北京农业机械化学院,由农业部副部长张林池任建校规划小组组长,以由北京农业大学机械系、北京机耕学校及农业专科学校为基础筹建。在我国农业工程教育史上,这样的学校同样是"头一个"。

以此为起点,学校进入了创建社会主义新大学、培养社会主义建设者和接班人的历史阶段。农大党组织团结带领广大师生艰苦创业,不懈地探索中国式的社会主义办学道路,逐步形成了适应社会主义建设需要的高等农业教育新体系。

新中国成立后的 17 年里,农业大学、农业工程大学共培养 1 万多名优秀人才,大多数长期奋斗在农业生产第一线,成为我国农业生产的骨干力量,涌现出一批农业科技英才和领导骨干人才,16 人成长为"两院"院士。学校成为发展先进农业科技的重要基地,一大批先进科技应用于农业生产,产生了很大的经济和社会效益。在此期间,由于"左"的错误的干扰,学校发展也历尽艰难曲折。特别是遭受"文革"十年浩劫,学校几遭灭顶之灾。但是，无论遇到什么样的困难，广大党员都坚守信念不动摇，以不同的方式抵制"左"的错误，经受住了考验，带领广大师生从下放、搬迁到恢复、重建，一步一步迎来了拨乱反正的曙光。

党的十一届三中全会以后，学校步入稳定发展时期。学校党委团结广大师生，探索中国特色社会主义大学办学规律，逐步建立健全党委领导下的校长负责制，真正实现了学校工作以培养人为根本任务，以教学、科研为中心的战略转移，建立了以农、工为特色，多学科共同发展的学科体系，形成了包括本科生、硕士生、博士生和成人教育在内的完整的人才培养体系，人才培养质量不断提高，科学研究水平跨上新的台阶，社会服务能力不断提升，国际交流与合作不断展开，学校综合实力稳步提升。

创建世界一流大学

1995 年 5 月 24 日，国务院批准北京农业大学与北京农业工程大学合并组建成立中国农业大学，这时距离中共中央、国务院决定全国实施科教兴国战略的时间不到三周。对再次组建新的农业大学，党和国家非常重视：时任中共中央总书记、国家主席江泽民亲自题写校名，国务院总理李鹏等领导同志题词祝贺。这年 9 月 13 日，农业部正式宣布新组建的学校党政领导班子；11 月 20 日，学校隆重集会，中国农业大学正式挂牌成立。

自中国农业大学组建之初，学校就与"一流大学"的目标和使命紧密相连。1995 年，国务院负责同志在中国农业大学成立大会上代表国家提出将学校办成国内一流、世界一流大学的殷切期待；2009 年 5 月 2 日，胡锦涛同志视察学校时提出"加快建设世界一流农业大学步伐"的要求；2012 年 9 月 15 日，习近平同志来校视察时要求学校"早日建成有中国特色、农业特色的一流大学"。

建成有中国特色、农业特色的世界一流大学，是全体农大人的梦想，更是国家和人民赋予学校的光荣使命；是党和国家对我们的殷切希望，也是新时期学校党委领导团结全校师生共同奋斗的目标。2003 年，在中国农业大学第一次党代会上，提出力争到 2020 年把学校建设成为世界一流农业大学的"三步走"战略；二次党代会提出了实现学校综合办学实力再上新台阶，争取跻身全国高校前 20 位之列，成为国内一流、国际知名的研究型大学的目标。令人骄傲和自豪的是，经过全校师生的努力奋斗，这一目标已经顺利实现，确立了学校在高教体系和国家发展中的地位，形成了自己的办学理念和办学传统，保持着锐意进取、不断发展的良好势头。

潮平两岸阔，风正一帆悬。中国农业大学第三次党代会紧紧围绕国家"两个一百年"目标和实现中华民族伟大复兴中国梦的宏伟事业，立足国家未来战略需要和学校发展基础条件，提出了今后发展的战略构想。面对美好未来，我们充满信心！

（原载《中国农大校报·新视线》2016 年 6 月 30 日）

至高荣誉
——国家科学技术奖励的农大记忆
□何志勇

早春二月,正午的阳光照耀在人民大会堂庄严的国徽上,折射出灿烂的光芒。

2012 年 2 月 14 日,平日宁静的大会堂东门外广场,此刻熙熙攘攘。中共中央、国务院刚刚在这里隆重举行 2011 年度国家科学技术奖励大会。走出大会堂的人群里,不时有人举起手中的相机,按动快门——镜头中尽是春光明媚的笑脸。

在这些笑脸中,我们又一次看到了熟悉的身影——中国农业大学食品学院李里特教授、动科学院呙于明教授分别主持,资环学院李国学教授、农学院王志敏教授分别参与的科研项目又为学校捧回 4 项国家科技大奖。

至此,进入新世纪的 11 年里,中国农业大学累计获得国家科学技术奖 46 项。

历史光荣榜

在中国农业大学档案馆四楼的一隅, 大大小小的奖励证书和奖杯陈列在档案柜里,静静地讲述着一个个奋斗的故事。

早在 1955 年,我国就发布了《中国科学院科学奖金暂行条例》,决定对重大科技成果进行奖励;1984 年,又设立了当时国家科学技术最高奖项——国家科学技术进步奖。

从 1984 年到 2000 年,1 项国家科学技术进步特等奖、4 项一等奖、18 项二等奖、20 项三等奖,还有在自然科学奖、技术发明奖、星火奖等 9 项国家奖励中获得的一大批荣誉证书、奖杯被收入了档案馆。

在这些奖励证书和奖杯中,分量最重的,无疑是 1993 年获得的国家科学技术进步特等奖——黄淮海平原中低产地区综合治理的研究与开发。

今天,当农大师生来到河北曲周时,这里已然是一片沟渠成网、土地成方、绿树成行的米粮川。

历史上,这一带却是另一番景象。据史书记载,黄淮海平原早在 2000 多年前就已形成了盐碱地。公元前 300 多年,战国时的西门豹就"引漳水灌邺",同"斥卤"作斗争。

由于自然条件复杂,春旱夏涝,土碱水咸,盐碱地成了千年"痼疾"。于是,这个我国最大的平原,虽然是重要的农业区,但也一直是我国最大的中低产田地区,成了盐碱旱涝重灾区。

1973 年,抱病主持北方抗旱会议的周恩来总理下了决心:科学会战,综合治理黄淮海平原。

这一年,一批农大人来到了河北省的低产穷县——曲周县最苦最穷的"老碱窝"张庄大队安营扎寨,开始了黄淮海平原的旱涝盐碱综合治理试点工作。在这里,他们住的是漏雨漏雪漏土的土屋,吃的是粗高粱拌粗盐粒干辣椒,但这群农大人立下誓言:不治好盐碱就不回家!

十数年如一日艰苦奋斗。从此,曲周的土地一年比一年好,生态环境一年比一年改善,粮棉产量和人均收入大幅度增长,村里的破土房变成了新砖房,农民愁容换新颜。

在这段漫长的实验过程中,这群农大人组织了黄淮海平原旱涝盐碱综合治理区域的研究、黄淮海平原农业发展战略的研究、黄淮海平原水均衡分析等一大批课题,取得了一大批成果。

20 世纪 80 年代末,农大师生会同全国千余名科技人员,投身黄淮海平原大开发战役。在这场亘古未有的大会战中,32 万平方公里范围内的 1800 万公顷耕地得以改造。从此,盐碱地变成米粮川,我国南粮北运的历史从此一去不复返。

今天,当你走进曲周实验站,眼前已是漂亮的高楼,楼里是现代化的实验设备。你只能从展厅的图片里找到当年的盐碱地和老一辈农大人曾经住过的那几间小破房。

当然,你一定会看到那块石碑:"改土治碱　造福曲周"同样的石碑,曲周老百姓也树立在了北京的农大校园,走近它,你会看到铭刻的一串串姓名。

心怀国家使命,农大人获得了国家和人民赋予的最高荣誉。

新世纪辉煌

1999 年 5 月,国务院颁布《国家科学技术奖励条例》,正式设立国家最高科学技术奖、国家自然科学奖、国家技术发明奖、国家科学技术进步奖和中华人民共和国国际科学技术合作奖 5 个奖项,每年评选一次,并召开全国科学技术奖励大会,由国家主席亲自颁奖。

从 2001 年至今,中国农大共获得国家科学技术奖励 46 项,其中国家自然科学奖二等奖 2 项,国家技术发明奖二等奖 3 项,国家科技进步奖一等奖 2 项、二等奖 39 项。2001 年至 2010 年获奖总数(42 项)在全国高校同期排名第 6 位。

2003 年 2 月 28 日,在 2002 年度国家科学技术奖励大会上,"农大 108"玉米选育与推广项目荣获国家科学技术进步一等奖,这时,"农大 108"已在全国 24 个省(自治区、直辖市)推广种植 1.57 亿亩。"连发达国家都攻克不了的难题,你能解决吗?"也许,没有人会理解当年面临质疑时,"农大 108"发明者许启凤教授的执着与信心从哪里来。

虽然从 1973 年开始的艰难育种研究,漫长而寂寞,他却始终坚守而坚强:"不能保持一颗平常的心,还怎么能有心情去专心致志地做研究呢?我实在舍不得把时间和精力用在与科研无关的事情上。"

也是在 20 世纪 70 年代,陈文新院士将科研目标锁定在根瘤菌－豆科植物共生体系上,她走遍全国 32 个省(自治区、直辖市,包括台湾地区)700 多个县开展豆科植物结瘤情况调查,采集根瘤标本 7000 多份,建立了目前世界最大的根瘤菌菌库,发现了一批珍贵的根瘤菌种质资源。

时隔 30 年后的 2002 年 2 月 1 日,陈文新步入人民大会堂,她主持的"中国豆科植物根瘤菌资源多样性、分类及系统发育研究"荣获国家自然科学二等奖。

从 20 世纪 60 年代开始,全世界开始关注低聚木糖的制备方法,大家公认玉米芯是理想的制备原料。然而,玉米芯在我国农村大多当柴烧掉或遗弃。

早在 1989 年,日本一家公司就取得低聚木糖制备关键性突破,一直垄断技术和生产,获得高额利润。1994 年,李里特在日本学术交流时得知,日本正从中国大量进口玉米芯制备低聚木糖。从此,李里特带着他的团队,开始破译玉米芯"宝藏"密码。十年磨一剑,2007 年,李里特主持的"玉米芯酶法制备低聚木糖"项目获得 2006 年度国家技术发明二等奖。

我国企业利用这一技术建成了年产万吨低聚木糖工程项目,打破国外技术垄断,成为世界最大规模低聚木糖生产企业。

在 2011 年度国家科学技术奖励大会上,李里特又以"嗜热真菌耐热木聚糖酶的产业化关键技术及应用"项目,再次获得国家科技进步二等奖。从 2008 年到 2010 年,仅山东一家企业应用相关技术就实现新增利税 1.35 亿元,消耗玉米芯 10 万吨以上,为农民直接增收 8000 万元。

40 多项国家科学技术奖励,无一不凝聚农大人长期坚守的辛劳,无一不是面向国民经济建设主战场,攻克重大技术难题造福于社会。

未来有信心

在不久前刚刚出炉的"2012 中国大学重大科技奖励排行榜"上,中国农大排名全国第 14 位,北京第 3 位,较前一年度分别上升 3 位和 2 位。

中国校友会网发布的这一榜单,选取了 1978 年以来我国大学获得的国家自然科学奖和国家技术发明奖二等奖以上、国家科学技术进步奖(均为通用项目)一等奖以上奖励、中国专利奖金奖和中国标准创新贡献奖一等奖等数据,是衡量我国大学科技贡献能力的重要尺度,是反映大学知识创新、技术创新与成果转化能力的重要标志。

"感觉压力很大。"荣誉属于过去,站在新世纪第二个 10 年的门槛上,分管科研工作的李召虎副校长在不同场合作出了这样的表示。

的确,压力越来越大。"2011 年度国家科技奖评审更严了",《科技日报》的文章称:国家科技奖励坚持少而精、高标准的原则,评审标准非常严格,并对获奖项目数量适当控制。2007—2009 年, 每年获奖项目数量与当年科技成果比例降至 1%以下,2010 年为 0.9%,至 2011 年则下降到 0.88%,获奖项目数量占比减少趋势今后将更加明显。

压力还在于,中国农大在发展,同行也在进步。与综合院校比,也许中国农大的科研领域面显得窄;与其他农林高校比,也许他们更能举全校之力专于一长。

不过,在刚刚举行的中国农业大学春季干部会上,李召虎副校长报告中的一组数据却传递出信心:全校承担科研项目的专任教师比重,35 至 45 岁年龄段比重为 55.5%,35 岁以下年龄段比重为 51.7%。

人是根本,奖励的背后往往是十几年甚至几十年的积淀。"十一五"期间,中国农业大学进一步落实人才梯队战略,师资队伍建设不断加强,队伍素质明显提高。有了人,有了后备军,就有了希望。

中国农业大学的基础也很强,走在内涵式发展的道路上,学校抓重点学科建设,抓学科重点方向、重大科研项目、重点实验室和基地建设,近年来办学特色和学科优势明显增强。

因此,综合研判面临的机遇和挑战,学校"十二五"规划提出:"争取平均每年获得国家级科研奖励 3 项以上,国家级科研奖励累计数量在全国高校中排名前十位。"

我们相信这一目标能够实现。

（原载《中国农大校报·新视线》2012 年 3 月 10 日）

国奖
——中国农业大学新世纪国家科技奖励全览
□宗禾

2013 年新年伊始,一年一度的国家科学技术奖励大会在北京人民大会堂隆重举行。

在这次盛会上,中国农业大学共获得国家科技奖 8 项,在全国高校获得国家三大科技奖励通用项目统计排序中名列第 4 位;在全国高校为第一完成单位获得国家三大科技奖励通用项目统计排序中,与中国人民解放军第二军医大学等 19 所大学并列第 13 位。

新世纪以来,2001—2012 年度中国农业大学共获得国家科学技术奖励 54 项,在全国高校排名中名列第 6 位。

今天,我们一起回顾这 12 年来中国农大获得的国家奖励,从中凝聚前进的力量:

2001

自然科学二等奖:

中国豆科植物根瘤菌资源多样性、分类及系统发育研究(陈文新,主持)

项目在对我国豆科植物结瘤情况进行全面调查和根瘤采集的基础上,系统地对根瘤菌多样性、分类和系统发育进行了研究。先后组织全国 20 个省(自治区、直辖市)的微生物学工作者 100 余人,完成了全国 32 个省(自治区、直辖市,包括台湾地区)近 700 个县不同生态地点根瘤菌资源调查,采集根瘤标本 7000 多份,包括豆科植物 100 多属、600 多种,新发现结瘤植物 300 多种;分离、纯化、确认、保藏根瘤菌 5000 多株,其数量和所属寄主种类居世界首位。建立现代细菌分类实验室,对近 2000 株菌进行了 100 多项表型和遗传型性状分析与分类研究,发现了一批珍贵根瘤菌种质资源。描述并发表根瘤菌新属 2 个,新种 7 个,占 1984 年以来国际发表新属的 1/2,新种的 1/3,还完成了 7 个新种的研究。建立了世界最大根瘤菌资源数据库。通过综合分析,获得对豆科植物－根瘤菌共生关系的新认识,否定了传统的根瘤菌"寄主专一性"和植物"互接种族"概念,并提出根瘤菌接种选种的新见解。

科技进步二等奖:

畜禽遗传资源保存的理论与技术(吴常信,主持)

主要花生病毒株系、病害发生规律和防治(蔡祝南,参与)
北方旱农区域治理与综合发展研究(参与)

2002

科技进步一等奖:
优质高产杂交玉米品种"农大108"(许启凤,主持)
  "农大108"杂交玉米新品种是历时20年选育成功的优质高产玉米品种。其突出特点是稳产性好,适应性广,具有高产、抗倒、抗病、抗旱等特性,从1998年到2001年,"农大108"玉米每年推广种植面积都以1200万亩速度递增。到2002年,"农大108"播种面积达1.57亿亩,已成为全国粮食作物中年种植面积最大的玉米品种。
科技进步二等奖:
旱地农业保护性耕作技术与机具研究(高焕文,主持)
猪优质高效饲料产业化关键技术研究与推广(李德发,主持)

2003

技术发明二等奖:
猪高产仔数FSHβ基因发现及其应用研究(李宁,主持)
科技进步二等奖:
黄淮海平原持续高效农业综合技术研究与示范(郝晋珉,主持)

2004

科技进步二等奖:
梅花鹿、马鹿高效养殖增值技术(冯仰廉,参与)

2005

自然科学二等奖:
提高作物养分资源利用效率的根际调控机理研究(张福锁,主持)
  项目创建了VA菌丝际养分动态和植物根分泌物活化养分能力的定量化等一系列根际研究新方法。这些方法已成为国际同行广泛采用的经典方法。在方法创新的基础上,研究发现缺铁缺锌都能诱导禾本科植物分泌铁载体,而铁载体能高效活化铁、锌、铜等元素;发现VA菌根真菌可使作物吸收土壤磷的范围扩大60倍,菌丝具有酸化和分泌酸性磷酸酶的作用,对植物吸磷的贡献潜力高达70%。这一发现揭示了菌丝际养分活化的机理,将根际研究深入菌丝际水平;发现根际互作是间套作体系养分高效利用的关键过程,禾本科与豆科作物间作使豆科作物结瘤固氮能力提高了近2倍,为高产高投入体系仍能充分利用共生固氮菌的生物学潜力提供了科学依据,也为研究作物生态系统地下生物相互作用机理提供了新模式,为挖掘利用间套作等我国传统农业之精髓提供了新的理论指导。

科技进步二等奖:

优质玉米自交系综3和综31的选育与利用(戴景瑞,主持)

新型秸秆揉切机系列产品的研制与开发(韩鲁佳,主持)

2006

技术发明二等奖:

高油玉米种质资源与生产技术系统创新(宋同明,主持)

玉米芯酶法制备低聚木糖(李里特,主持)

科技进步二等奖:

动物性食品中药物残留及化学污染物检测关键技术与试剂盒产业化(沈建忠,主持)

微生物农药发酵新技术新工艺及重要产品规模应用(宋渊,参与)

荒漠化发生规律及其综合防治模式研究(李保国,参与)

2007

科技进步二等奖:

棉花化学控制栽培技术体系的建立与应用(李召虎,主持)

精准农业关键技术研究与示范 (汪懋华,参与)

益生制剂及其增效技术研究与应用(计成,参与)

工厂化农业(园艺)关键技术研究与示范(马承伟,参与)

花卉新品种选育及商品化栽培关键技术研究与示范(赵梁军,参与)

2008

科技进步二等奖:

猪健康养殖的营养调控技术研究与示范推广(李德发,主持)

协调作物高产和环境保护的养分资源综合管理技术研究与应用(张福锁,主持)

防治重大抗性害虫多分子靶标杀虫剂的研究开发与应用(高希武,参与)

名优花卉矮化分子、生理、细胞学调控机制与微型化生产技术(段留生,参与)

2009

技术发明二等奖:

鸡分子标记技术的发展及其育种应用(李宁,主持)

科技进步二等奖：

北方一年两熟区小麦免耕播种关键技术与装备(李洪文,主持)

商品包装、储运安全关键技术研究与应用(罗云波,参与)

都市型设施园艺栽培模式创新及关键技术研究与示范推广(赵冰,参与)

吉林玉米丰产高效技术体系(刘慧涛,参与)

粮食保质干燥与储运减损增效技术开发(李栋,参与)

南方蔬菜生产清洁化关键技术研究与应用(刘西莉,参与)

2010

科技进步一等奖：

矮败小麦及其高效育种方法的创建与应用(孙其信,参与)

科技进步二等奖：

牛和猪体细胞克隆研究及应用 (李宁,主持)

农业化学节水调控关键技术与系列新产品产业化开发及应用(杨培岭,主持)

主要作物种子健康保护及良种包衣增产关键技术研究与应用(刘西莉,主持)

芽孢杆菌生物杀菌剂的研制与应用(王琦,主持)

青藏高原牦牛乳深加工技术研究与产品开发(任发政,主持)

干旱半干旱农牧交错区保护性耕作关键技术与装备的开发和应用(张学敏,参与)

2011

科技进步二等奖：

肉鸡健康养殖的营养调控与饲料高效利用技术(呙于明,主持)

嗜热真菌耐热木聚糖酶的产业化关键技术及应用(李里特,主持)

有机固体废弃物资源化与能源化综合利用系列技术及应用(李国学,参与)

冬小麦节水高产新品种选育方法及育成品种(王志敏,参与)

2012

科技进步一等奖：

中国小麦条锈病菌源基地综合治理技术体系的构建与应用(马占鸿,参与)

技术发明二等奖：

基于胺鲜酯的玉米大豆新调节剂研制与应用(段留生,主持)

科技进步二等奖：

苹果矮化砧木新品种选育与应用及砧木铁高效机理研究(韩振海,主持)

都市型现代农业高效用水原理与集成技术研究(杨培岭,参与)

猪鸡病原细菌耐药性研究及其在安全高效新兽药研制中的应用(曹薇、李保明,参与)

优质乳生产的奶牛营养调控与规范化饲养关键技术及应用(杨红建、李胜利,参与)

P3 和 P4 实验室生物安全技术与应用(赵德明,参与)

畜禽粪便沼气处理清洁发展机制方法学和技术开发与应用(董仁杰,参与)

2013

自然科学二等奖:

广义协调与新型自然坐标法主导的高性能有限元及结构分析系列研究(傅向荣,参与)

科技进步二等奖:

干酪制造与副产物综合利用技术集成创新与产业化应用(任发政,主持)

干旱内陆河流域考虑生态的水资源配置理论与调控技术及其应用(康绍忠,主持)

保护性耕作技术(李洪文,主持)

苹果贮藏保鲜与综合加工关键技术研究及应用(胡小松,主持)

滨海盐碱地棉花丰产栽培技术体系的创建与应用(段留生,参与)

旱作农业关键技术与集成应用(潘学标,参与)

主要农业入侵生物的预警与监控技术(李志红,参与)

2014

科技进步一等奖:

流域水循环演变机理与水资源高效利用(康绍忠,参与)

科技进步二等奖:

奶牛饲料高效利用及精准饲养技术创建与应用(李胜利,主持)

新型天然蒽醌化合物农用杀菌剂的创制及其应用(倪汉文等,参与)

滴灌水肥一体化专用肥料及配套技术研发与应用(李光永等,参与)

2015

技术发明二等奖:

基于高性能生物识别材料的动物性产品中小分子化合物快速检测技术(沈建忠,主持)

科技进步二等奖:

小麦抗病、优质多样化基因资源的发掘、创新和利用(孙其信,主持)

生物靶标导向的农药高效减量使用关键技术与应用(高希武,主持)

大豆中抗营养因子钝化降解关键技术及在畜禽饲料中的高效利用(谯仕彦,主持)

"农大3号"小型蛋鸡配套系培育与应用(杨宁,主持)

荣昌猪品种资源保护与开发利用(尹靖东,参与)

西部干旱半干旱煤矿区土地复垦的微生物修复技术与应用(李晓林,参与)

2016

技术发明二等奖:
玉米重要营养品质优良基因发掘与分子育种应用(李建生,主持)
科技进步二等奖:
中国荷斯坦牛基因组选择分子育种技术体系的建立与应用(张勤,主持)
中国葡萄酒产业链关键技术创新与应用(段长青,参与)
农药高效低风险技术体系创建与应用(高希武,参与)
东北地区旱地耕作制度关键技术研究与应用(陈阜,参与)

2017

技术发明二等奖:
生鲜肉品质无损高通量实时光学检测关键技术及应用(彭彦昆,主持)
科技进步二等奖:
番茄加工产业化关键技术创新与应用(廖小军,主持)
青藏高原特色牧草种质资源挖掘与育种应用(张蕴薇等,参与)
高光效低能耗 LED 智能植物工厂关键技术及系统集成(宋卫堂等,参与)
作物多样性控制病虫害关键技术及应用(李隆等,参与)

2018

自然科学二等奖:
黄瓜基因组和重要农艺性状基因研究(金危危等,参与)
科技进步二等奖:
月季等主要切花高质高效栽培与运销保鲜关键技术及应用(高俊平,主持)
半纤维素酶高效生产及应用关键技术(江正强,主持)
高效瘦肉型种猪新配套系培育与应用(王爱国等,参与)
主要蔬菜卵菌病害关键防控技术研究与应用(刘西莉等,参与)

(原载《中国农大校报·新视线》2013 年 3 月 25 日,2013 年以后内容为本书编者增补)

华章
——中国农业大学《细胞》《自然》《科学》杂志科研论文掠影

□宗禾

■2005 年 7 月 6 日,中国农业大学动物医学院刘金华教授为第一作者、第一通讯作者单位论文在《科学》(Science)杂志在线发表,于 8 月 19 日在《科学》杂志版发表,在世界上首次描述水禽群体可以感染 H5N1 禽流感病毒,并引起大量的水禽死亡。

科学家对病毒基因组序列的分析表明:代表禽流感病毒高致病率的"毒力岛"在这些毒株中是存在的,如血凝素的富含碱性氨基酸的酶切位点;神经氨酸苷酶 20 个氨基酸的缺失与病毒复制有关的重要蛋白 PB2 氨基酸上的突变。

科研小组对其中的一个分离毒株进行了实验动物(小鼠、鸡)的感染实验,发现对这两种实验动物是高致病性的。该研究成果根据所感染水禽的迁徙路线以及病毒基因组的分子分析发现,该病毒可能是经过了重排的一种病毒,而且有可能是通过这种迁徙鸟从东南亚带到青海湖的,以上研究虽然暂时还不能说明病毒的确切来源,但也提示应该加强对这些水禽携带病毒的情况进行广泛的检测,以寻找流感病毒重排与变异的一些分子规律,进而为我们预防与控制禽流感提供重要的分子依据。

■2005 年 8 月 12 日,中国农业大学资环学院陆雅海教授论文以 Report 形式在《科学》杂志发表。陆雅海在水稻土生物化学和微生物学方面开展了系统研究,对稻田甲烷释放与植物根系分泌作用紧密相关的发现,已被国际学术界广泛引用,在阐明稻田甲烷释放机理上有重要意义。为了理解水稻根系分泌过程和调控因子,他用稳定同位素示踪技术深入研究了水稻光合碳在地上−地下部的分配规律,发现水稻光合碳通过根系分泌作用快速向土壤微生物转移的现象。这为定量化研究水稻光合碳对温室气体释放和土壤有机质积累提供了重要基础。

陆雅海用现代分子生态技术和稳定同位素示踪技术相结合的手段研究了水稻根际碳循环的关键微生物种群和功能,用 RNA 稳定同位素探针技术在水稻根系发现了一组新古菌的产甲烷功能。

■2006 年 6 月 30 日,中国农业大学植物生理学与生物化学国家重点实验室武维华教授研究组论文在《细胞》(Cell)杂志发表。这项研究成果,被评为"2006 年度中国高等学校十大科技进展"之一。

　　该项研究表明，模式植物拟南芥根细胞钾离子通道 AKT1 的活性受一蛋白激酶 CIPK23 的正向调控，而 CIPK23 的上游受两种钙信号感受器 CBL1 和 CBL9 的正向调控。植物根细胞钾离子通道 AKT1 是植物细胞自土壤溶液中吸收钾的主要执行者。在拟南芥植物中过量表达 LKS1、CBL1 或 CBL9 基因以增强 AKT1 的活性，能显著提高植株对低钾胁迫的耐受性。基于研究结果，提出了包括 CBL1/9、CIPK23 和 AKT1 等因子的植物响应低钾胁迫的钾吸收分子调控理论模型。该项研究结果在认知植物钾吸收利用的分子调控机理方面有理论科学意义。

　　■2006 年 10 月 19 日，中国农业大学生物学院张大鹏教授研究小组关于 ABA 受体 ABAR 的研究报告在《自然》(*Nature*) 杂志以 Article 形式发表。这项研究成果，被评为 "2006 年国内十大科技新闻"之一。

　　生长素、赤霉素、细胞分裂素、乙烯和脱落酸等植物激素参与调控植物生长发育的全过程，脱落酸掌管着植物气孔运动和种子发育等。研究表明，当植物处于干旱时，体内的脱落酸会自动增加，以帮助叶面关闭气孔，控制水分流失，从而战胜干旱；当种子发育到接近成熟时，脱落酸又会控制种子的休眠和萌发，使其不在植株（树）上或恶劣的环境下发芽。

　　此外，研究还发现，脱落酸也是调节幼苗生长、植物对逆境适应能力的一个生命攸关的化学"信号"。同其他植物激素等化学"信号"一样，脱落酸实质上是一个细胞"信号"的转导过程。这一"信号"首先通过细胞受体被识别，最终导致植物的生理效应。在此之前，科学家也曾发现过一种脱落酸受体，然而仅限于知道脱落酸对植物开花和侧根形成的控制。对控制植物种子发育、气孔以及对干旱适应性的脱落酸受体，一直是未解之谜。张大鹏教授发现的是 "一种参与叶绿素生物合成的蛋白质的脱落酸受体"，他将这种蛋白质命名为"ABAR"。分子克隆研究发现，ABAR 是参与叶绿素合成和质体—核信号转导的蛋白质，其名称为"镁螯合酶 H 亚基"。

　　■2010 年 2 月 19 日，中国农业大学资环学院张福锁教授团队关于"中国的土壤因为化肥而变酸"的研究论文在《科学》杂志发表。

　　张福锁教授团队通过深入系统的研究，首次全面报道了自 20 世纪 80 年代以来我国主要农田土壤出现显著酸化的现象，并且发现氮肥过量施用是导致农田土壤酸化的最主要原因。研究者收集了 2000—2008 年发表的所有有关表层土 pH 的数据及 6 组土壤的 1980 年及 2000 年另外两组数据。对所有这些数据的分析显示，从 1980—2000 年，在中国的主要作物生产地区的土壤酸化有了大幅的增加。这种大规模土壤酸化可能会威胁到农业的可持续性，并会影响营养物质的生物化学循环以及土壤中的毒性成分。

　　■2010 年 10 月 15 日，中国农业大学农业生物技术国家重点实验室夏国良教授课题组和美国杰克逊研究所 John Eppig 教授课题组合作研究论文发表在《科学》杂志上。该项研究证实:卵泡中的颗粒细胞分泌 C-型钠肽及其受体 NPR2 是控制卵母细胞成熟的重要因子。这篇论文的通讯作者是夏国良教授,第一作者则是其弟子张美佳副教授。

现代生物技术在动物繁殖及人类辅助生殖的应用中,成熟卵母细胞的质量至关重要。以往研究发现,正常卵巢卵泡中的卵母细胞一直停滞于减数分裂的前期,不能成熟,只有在促性腺激素周期性排卵前峰的作用下才能成熟和排卵。卵母细胞成熟的机制一直是生殖生物学研究的重点。什么原因抑制了卵母细胞的成熟,一直是一个未解之谜。夏国良教授课题组、John Eppig 教授课题组的研究结果证实,C-型钠肽及其受体 NPR2 缺失将导致卵泡中卵母细胞的提前成熟。这一研究为揭示卵母细胞成熟的分子机制提供了重要的理论依据,对于揭示促性腺激素精确调控卵母细胞成熟与排卵的同步化以及雌性的正常受精等机理具有重要的生物学意义,为今后人类卵巢早衰和卵巢多囊症的发病机理研究提供重要的理论参考;同时也为动物高效繁殖技术的应用奠定重要基础。

■2013 年 2 月 28 日,中国农业大学资环学院刘学军、张福锁教授等研究论文《中国氮沉降显著增加》在《自然》杂志发表。该研究成果揭示过去 30 年 (1980—2010 年)我国出现了区域性大气活性氮污染、氮素沉降以及农田与非农田生态系统"氮富集"加剧的现象。研究提出,实现氮肥和畜牧业等农业源氨的减排,是当前中国控制氮素沉降的主要立足点;大幅度减少各种化石能源等非农业源活性氮的排放已越来越迫切。

■2013 年 9 月 12 日,中国农业大学生物学院李珊等在《自然》杂志发表论文,报道了肠道致病菌毒力效应蛋白 NleB 家族通过 N-乙酰葡萄糖胺单糖基化修饰宿主死亡结构域中一个保守的精氨酸抑制死亡受体介导的炎症和死亡信号通路,可促进病原菌在宿主体内的生存和繁殖。

通过大量细菌感染和体外生化实验发现,NleB 可以高效修饰多个在死亡受体通路中起关键作用的接头蛋白(TRADD,FADD 和 RIPK1),部分修饰 TNFR1 和 FAS 等死亡受体本身,但不能修饰不含有保守精氨酸的死亡结构域蛋白 Myd88 和 IRAK1。其中对 FAS 的修饰位点正是在自身免疫性淋巴细胞增生综合征(ALPS)中有高频率突变的位点。研究表明 NleB 最主要的功能实际上是通过阻断死亡结构域介导的 DISC(death inducing signaling complex)复合体的形成,从而抑制 TNFα,FAS ligand 和 TRAIL 等死亡受体配体诱导宿主细胞凋亡和坏死。在小鼠感染的实验中,作者还发现 NleB 糖基转移酶活性的缺失导致细菌不能在肠道中有效定殖。结合此前的研究,这项研究表明对肠致病大肠杆菌来说仅仅抑制 NF-κB 炎症通路不足以帮助病菌实现宿主体内定殖,还需要抑制死亡受体介导的免疫防御通路。

该项研究首次报道病原菌可以直接作用于死亡受体复合物,展示了一种全新的病原菌毒力作用机制,揭示了肠致病大肠杆菌如何通过抑制天然免疫实现在宿主体内有效定殖的分子机制。更为重要的是,N-乙酰葡萄糖胺这种翻译后修饰以前一直被认为只发生在丝氨酸/苏氨酸上。这项研究首次报道了在精氨酸上也可以发生 N-乙酰葡萄糖胺修饰,这项研究也暗示精氨酸 N-乙酰葡萄糖胺化这种新型蛋白翻译后修饰可能广泛存在,在调节信号转导中发挥重要作用。

■2013 年 12 月 20 日,中国农业大学理学院张葳葳等在《科学》杂志发表高压物理领域关于"钠氯间反常计量化合物"的研究成果。NaCl 是一种典型的离子化合物,在化合物形成过程中,Na 失去最外层电子以保证满壳层,成为 Na^+,Cl 得到这个电子,最外层满电子,成为 Cl^-,这就是八配位原则,它告诉我们,1:1 的 NaCl 是 Na 和 Cl 之间唯一能够稳定存在的化合物。这篇文章首先用理论方法预测得到,在 Na 和 Cl 之间,除了 NaCl——食盐外,在高压下,化合物 Na_3Cl,Na_2Cl,Na_3Cl_2,$NaCl_3$,$NaCl_7$ 也可以稳定存在。根据理论预测,研究人员在实验室高温高压条件下,合成了 Na_3Cl 和 $NaCl_3$ 两种化合物,这颠覆了经典化学理论对 NaCl 是 Na 和 Cl 之间唯一化合物的认知。该项研究表明,即便是在耳熟能详的教科书体系——Na-Cl 体系中,尚有不为人知的崭新化学现象。并预示,在行星内部、地壳内部同理可能存在违反基本规律的类似化学现象。这类科学研究有助科学家理解地球、行星相关的反常现象。科学家评论说,"Na-Cl 间反常化合物的发现,将会激发对其他离子化合物体系的研究兴趣,为相图方面的科学探索打开广阔空间。"

■2014 年 2 月 5 日,中国农业大学资环学院土地资源管理系孔祥斌教授有关我国耕地质量可持续利用与保护的文章在《自然》杂志发表。该文题为"中国必须保护高质量耕地",阐述了中国耕地资源质量保护面临的问题和严峻挑战,提出中国必须守住存量高质量耕地、转变耕地保护政策,并实施以粮食主体功能区的耕地保护策略,才能控制优质耕地占用,促进耕地资源的可持续利用,保障中国粮食安全。

文章指出,中国在耕地数量保护方面取得了显著的成效。为了 13 亿人口的吃饭问题,中国提出了"坚守十八亿亩耕地红线"的耕地资源数量保护的政策。第二次全国土地调查主要数据显示,全国耕地 20.31 亿亩,比第一次土地调查的耕地面积多出 2 亿亩,这表明中国耕地占补平衡保护政策的实施对耕地资源数量保护方面起到了显著作用。

基于长期在耕地质量利用理论机理与实践研究的基础上,孔祥斌指出了中国耕地资源在数量增加背后却隐藏着严重的质量问题。他认为,虽然中国耕地数量保护效果显著,但是中国耕地资源质量保护方面却十分堪忧,并可能对未来的粮食安全产生巨大影响,"中国必须重新审视耕地资源保护政策。"他提出了耕地质量保护的对策:必须将存量高质量的耕地优先划定为永久保护的基本农田,尤其是东部经济发达地区和大都市的周边耕地,以有效遏制优质耕地的流失;禁止开发中国北方的边际土地;划定粮食生产主体功能区;实施中低产田改造与质量提升。只有守住优质耕地资源,才能留给子孙后代可持续的粮田。

■2014 年 8 月 23 日,中国农业大学资环学院张福锁教授团队在《自然》杂志发表论文《以更低的环境代价获得更高的作物产量》。文章指出:世界农业正面临保障粮食安全和减少环境代价的双重挑战。长期以来,张福锁教授领导的团队建立了土壤-作物系统综合管理的理论与技术并进行田间验证。在三大粮食作物主产区的 153 个点/年数据结果表明,土壤-作物系统综合管理使水稻、小麦、玉米单产平均分别达到 8.5、8.9、14.2 吨/公顷,实现了最高产量的 97%~99%,这一产量水平与国际上当前生产水平最高的区域相当。更为重要的是,与当前生产体系相比,土壤-作物系统综合管理在大幅度增产的同时,并不需要增加氮肥的投入,大幅度提高了氮肥的效率。在水稻、小麦和玉米上,土壤-作物系统综合管理氮肥偏生产力(每公斤氮肥生产的籽粒)达到 54~57,41~44,56~59,活性氮素及温室气体排放大幅度降低。到 2030 年,我国农业只要实现这一产量水平的 80%,而保持 2012 年的种植面积,就可以不仅保证直接的口粮消费,而且保证不断增长的饲料粮需求;同时,减少活性氮损失 30%,减少温室气体排放 11%。

自然出版集团中国区总监,《自然》杂志执行主编尼克·坎贝尔博士表示:"这篇研究论文代表着令人激动的和开拓性的农业科学研究,我们相信这项研究会吸引全球性的关注,在中国也不例外。"同时认为,这项研究的众多中国研究者来自全国 13 所科研院校,"非常好地展示了中国的农业科学研究团体如何达成了具有全球意义的成就。"《自然》编辑部专门在中国召开了新闻发布会,国内外 150 多家媒体及网站对该研究结果进行报道和转载。

■2016 年 9 月 8 日,中国农业大学资环学院张福锁教授团队在《自然》杂志发表研究论文《科技小院让中国农民实现增产增效》。小农户技术转型是全球可持续发展的巨大挑战。张福锁教授领导的团队建立了科技小院模式,通过产量差分析、农户参与式技术创新、农户组织模式创新与技术扩散途径创新等,系统破解了小农户增产增效的关键限制因素,并实现了县域尺度的增产增效。科技小院入驻五年之后,曲周农民知识水平大幅提高,高产高效技术采用率从 2009 年的 17.9% 提高到了 53.5%,全县粮食单产实现了试验基地产量水平的 79.6%(2009 年为 62.8%),全县粮食总产增长了 37%,养分效率提高 20% 以上,农民收入增长了 79%,曲周一跃而成全国粮食生产先进县。研究团队已在全国 21 个省(区、市)建立了 81 个科技小院,探索不同区域、不同优势作物、不同经营主体条件下农业转型的技术、应用模式和区域大面积实现的途径,取得了丰硕的成果。

美国科学院院士、斯坦福大学教授 Vitousek 和 Matson 认为科技小院模式非常重要,提供了农民与科学家交流、农民创新、不同服务主体协作的平台。《自然》杂志生物学主编 Francesca Cesari 认为"科技小院为中国小农户缩小产量差所提出的方法,突出了在农业科学家和小农之间建立自由的信息流的重要性,可以为世界其他有条件提高产量的地区提供模板。"国际小农户可持续发展研究专家基里尔(K.Giller)教授对科技小院这种扎根农村助推农户增产增效的创新模式感到无比兴奋,他认为这是迄今为止国际上关于大面积推动小农户增产增效的典型成功案例,是全球提高粮食产量、减少环境污染的重要途径。国际产量差研究发起者之一的 Van Ittersum 教授认为科技小院在大规模改变小农户生产方式方面取得了突破性进展。

■2016 年 12 月 1 日,《细胞》杂志发表了中国农业大学生物学院李向东教授课题组与中国科学院微生物研究所高福院士团队合作的寨卡病毒最新研究发现——寨卡病毒在小鼠模型中可以引起睾丸损伤并最终导致雄性不育。这一发现从新的角度揭示寨卡病毒影响人类健康的可能性。

寨卡病毒是单股正链 RNA 病毒,属于黄病毒科。近两年的研究发现,寨卡病毒可能存在性传播的传播方式。临床研究发现,寨卡病毒在感染者的唾液、尿液及精液中存在,并且在精液中能够长期存在。

通过研究,科学家发现寨卡病毒能够通过腹腔注射的方式特异感染 I 型干扰素受体敲除小鼠的睾丸和附睾,并引起睾丸充血、缩小。从病理上可以看出寨卡病毒引起小鼠睾丸炎和附睾炎。从免疫荧光的结果可以看出,寨卡病毒能够特异感染睾丸中的管周肌样细胞和精原干细胞。另外,随着时间推移,寨卡病毒会被小鼠清除掉,但病毒造成的睾丸损伤并没有随时间增加而恢复,最终引起雄性小鼠不育。有研究猜测 AXL 可能是寨卡病毒的进入受体,通过免疫组化的方法,科学家检测出睾丸附睾的 AXL 表达较高而精囊腺、前列腺中表达很少。科学家通过曲细精管注射的方式建立野生小鼠睾丸感染模型,结果与敲除鼠结果基本一致。

这一研究结果证明寨卡病毒能够感染睾丸干性细胞并引起睾丸、附睾炎,并导致睾丸不可逆的损伤。这一发现找到寨卡病毒通过精液传播的科学依据,提示寨卡病毒对男性健康的影响及性传播的危害需要引起世界范围关注。

■2019 年 8 月 16 日,美国《科学》杂志在线发表了中国农业大学农学院田丰教授课题组的研究论文,该研究从玉米野生祖先种大刍草中克隆了控制玉米紧凑株型、密植增产的关键基因,建立了玉米紧凑株型的分子调控网络,为玉米理想株型分子育种、培育密植高产品种提供了理论和实践基础。《科学》杂志同期刊发了美国科学院院士 Sarah Hake 撰写的评论文章。这篇论文是我国玉米领域的首篇 CNS(即《细胞》《自然》《科学》三大学术期刊)主刊论文。

(原载《中国农大校报·新视线》2013 年 3 月 25 日,2013 年以后内容为本书编者增补)

农大人的两会记忆

□何志勇

又是一年春天里，全国两会如期而至。中国农业大学 3 位政协委员，20 余位校友代表、委员相聚首都，共商国是。

时光倒流。1949 年 10 月 1 日，毛泽东主席在天安门城楼庄严宣告："中华人民共和国中央人民政府今天成立了！"

在此之前的 9 月 21 日，中国人民政治协商会议第一次全体会议在怀仁堂隆重开幕。热烈的掌声，持续了五分多钟。

作为第一届自然科学代表大会筹委会推荐的代表，北京农业大学沈其益教授参加了这次会议。

"讨论并通过中华人民共和国的共同纲领、国旗、国徽、国歌和国家主要领导人。"沈其益在回忆录中写道，还学习了许多重要文件，增长了新中国和党的方针政策的知识，并于 1949 年 10 月 1 日在天安门城楼上参加中华人民共和国成立大典，"我目睹五星红旗在天安门前升起，心情万分激动和无上光荣。"

那一刻的激动和光荣，同样深深印刻在时任北京农业大学校务委员会主任委员乐天宇的心里。

参加这次盛会的另外两位代表，后来成为北京农业大学的两任校长——校长孙晓村、校长（兼任党委书记）陈漫远。

1949 年 9 月，孙晓村作为中国人民救国会代表之一，应邀出席了中国人民政治协商会议第一届全体会议。毛泽东主席接见他时说："你是研究农村经济的，你们办的《中国农村》刊物不错，你后来还搞救国会，这是一个爱国的人应当做的事。"毛主席的几句话令孙晓村倍感亲切，受到极大鼓舞。10 月 1 日，孙晓村也应邀参加了中华人民共和国开国大典，在天安门城楼上聆听了毛主席向全世界的庄严宣告。

1951—1960 年，孙晓村出任北京农业大学校长。1954 年，第一届全国人民代表大会和第二届全国政治协商会议召开，北京农业大学校长孙晓村、副校长沈其益作为全国人大代表，熊大仕教授、俞大绂教授作为全国政协委员参加了两会。

1959 年 4 月,毛泽东主席主持召开第 16 次最高国务会议扩大会议,在协商通过第三届全国政协委员、常务委员、副主席候选人名单时,毛主席对孙晓村说:"你是北京农业大学校长,是五亿农民的领袖啊。"因此,孙晓村担任第三届全国政协常务委员的提名,是由毛泽东主席亲自主持通过的。

孙晓村先后担任第一、二、三届全国人民代表大会代表,第一届全国政协委员,第三、四、五、六届全国政协常务委员,第七届全国政协副主席。

新中国成立以来,中国农业大学先后有 60 多人(次)、数百位校友担任历届全国人民代表大会代表、全国政协会议委员,为民请命,为国建言。

时光如梭,与共和国同龄的新农大与新中国同呼吸,共奋进。

在 2006 年的全国两会上,"三农"问题是重点。胡锦涛总书记出席了农业组的座谈会。这次座谈会,没有安排全国政协委员、中国农业大学教授杨志福发言。会议结束,委员们与胡总书记握手时,杨志福从第二排挤上前,握住胡总书记的手说:"总书记,我想向你反映农民兄弟的一个要求———取消农业户口与非农业户口的区别,实现政治上的平等……"胡总书记说:"噢,你说的是户籍改革问题。""是。""这个问题很重要,中央正在研究。"

2007 年全国两会期间,温家宝总理听取经济界、农业界的讨论。因为眼疾,没办法准备讲稿,杨志福最终没有被列入发言名单。71 岁的杨志福急了,他想在换届前抓住最后的机会,向总理建言。于是,他委托工作人员打印了个条子,交给主持会议的陈耀邦委员(原农业部部长),请他转交给温总理。

3 月 4 日下午,分组讨论进行到最后时,温总理说,"我看了杨志福委员的纸条,这位从事农业教育 50 年的老委员很让我感动,我一定要给他这次发言机会。"

让温总理感动的纸条这样写着:"好多农民朋友给我打电话,向我反映社情民意,我希望给我最后一次机会,向总理反映农民要我说的话。"

这一次,杨志福发言的题目是:敢问中国农业发展路在何方?他讲了我国贫瘠的耕地资源现状、水资源现状,讲了传统农业向现代农业转变过程中的问题,更讲了农民的喜与忧。

在发言动情处,杨志福多次落泪,温总理一边听取发言一边沉思。

杨志福讲完后,温总理说,杨老是带着对农民的感情、对农业的忧患意识讲话。温总理郑重对在场的所有委员表示,一定要重视农业问题,对基层农民的问题要下大力气解决。

……

2015 年,又是两会,农大人一如既往,正在发出自己的声音。

(原载《中国农大校报·新视线》2015 年 3 月 15 日)

爱国敬业　立德树人

——写在教师节来临之际

□何志勇

风吹稻浪,五谷清香。在收获的金秋时节,我们迎来了第 30 个教师节。

1985 年,第六届全国人大常委会第九次会议通过了国务院关于建立教师节的议案,决定将每年的 9 月 10 日定为教师节。教师节的设立,对于提高人民教师的社会地位,在全社会弘扬尊师重教的优秀传统具有重大意义。

国将兴,必贵师而重傅。教师是教育事业的支柱,是科教兴国战略的实施者,肩负着培育社会主义事业建设者和接班人的崇高使命。教师在传播人类文明、启迪人类智慧、塑造人类灵魂、开发人力资源等方面发挥着重要、关键的作用。

作为中国现代高等农业教育的发源地和排头兵,中国农业大学经过百年的探索与积淀,已经发展成为一所以农学、生命科学和农业工程为特色和优势的研究型大学。百年来,她始终与民族共命运,与时代同进步,长期以来聚集了一大批学术名师,培养了一大批优秀人才,创造了一大批重要学术成果,为推动国家发展、社会进步、民族振兴做出了重要贡献。

国以人立,教以人兴。在中国农业大学这个校园里,有一大批爱国敬业、诚信友善的优秀学者和教师兢兢业业做学问,孜孜不倦育人才,他们的学术境界和高尚品格深刻影响了一批批农大学子,他们的优良传统和学术理念薪火相传,凝聚成农大特有的学术文化灵魂。

在烽烟四起的战争年代,他们毅然归国,一句"祖国需要我"是最厚重的理由。在社会主义建设时期,他们甘于寂寞、勤于探索,取得累累硕果。汤佩松、娄成后、阎隆飞的植物生理学理论,俞大绂的植物病理学理论,林传光、裘维蕃的植物病毒学理论,熊大仕的兽医寄生虫病学理论,孙渠的耕作学理论,汤逸人的家畜生态学理论,黄瑞纶的农药科学理论,彭克明的农业化学理论,曾德超的农业工程系统理论……这些开创性的研究,奠定了新中国相关学科在国际研究中的地位。

20 世纪 50 年代,中国农业大学科研团队开创了新中国小麦育种的先河;首次成功提纯赤霉素,将我国植物生产激素研究的一个领域带入世界先进水平;60 年代研制的

"乐果""1605""1059"等农药被列入当时主要的农药品种；70年代开始的黄淮海平原综合治理重大项目使5000万亩盐碱滩变成了米粮川，一举改变了中国南粮北运的历史，获得国家科技进步奖特等奖；新世纪前后培育成功的"农大108"高产优质玉米，占全国玉米播种量的10%，获国家科技进步奖一等奖。农大系列高产小麦品种、高油玉米品种、生物体细胞克隆及转基因技术、动物传染病检查检疫技术、免耕深松耕作机具与技术、节水机具与灌溉技术……还有一大批科研成果也处于国内领先水平，产生了重大经济效益，为国家科技进步、社会发展做出了巨大贡献。

近30年来，中国农业大学形成了"老中青，传帮带"的教师队伍，中青年学者渐成学校教学科研的中坚力量。新一代农大人继续坚持"顶天立地"的科研理念，一大批优秀学者活跃在国内外学术舞台上，不断在基础科学研究和应用科学研究领域取得新的成绩，面向国家发展的重大需求，解决"三农"发展的重大问题而不遗余力。

中国农业大学吸引了无数学界精英孜孜执教，百年来为国家培养了数以万计各类高级专业人才。章士钊、沈尹默、王观澜等历史名人先后执掌学校，一大批国家一、二、三级教授，知名院士先后执教农大校园。他们之中，有中国农学界的开拓者和奠基人，有在政治、经济、科研和教育事业做出过重要贡献的著名人士，有为中国革命做出了突出贡献的革命家。高山仰止，景行行止。他们以高尚的人格、丰富的学识、博大的胸怀影响、感染着莘莘学子。他们情系乡土、忧患苍生、淡泊名利、志存高远、学而不厌、诲人不倦的爱国敬业情怀，影响着一代代农大人执着前行。

"我教了18次的遗传学。近18年来，我没有调过一次课，没有让他人给我代过一次课，没有迟到过一次。"国家级教学名师刘庆昌在学生们眼中是一丝不苟的严师，他对学生说："'可能'这个词不能用在科研上。在科学研究的问题上，一就是一，二就是二。"

参天栋梁需要用心血栽种，用汗水浇灌，用精神培育。还有更多的农大教师，诚信立身，友善学生，他们常年坚守在教学岗位，关注学业，启迪智慧，带领同学们攻破一个又一个的学术难关；关心生活，陶冶情操，为同学们提供物质上的支持和心理上的指导。

十年树木，百年树人。百余年来，农大教师怀着执着和热爱，爱国敬业，立德树人，因材施教，默默耕耘，无私奉献着……

今天，我们迎来了第30个教师节，这个节日的主题是"坚持立德树人，带头践行社会主义核心价值观"。中国农业大学拥有一支爱国敬业、诚信友善的教师队伍，这个充满活力、竞争力和创新能力的团体，这支面向世界、开创未来的生力军，必将为建设世界一流农业大学、实现中华民族的伟大复兴再创辉煌！

（原载《中国农大校报·新视线》2014年9月10日）

精神与力量
——教师节的校园感怀
□何志勇

第 30 个教师节就要来临。当这个数字一年年增加,"教师"这两个字的分量,在我们心中愈积愈重。

连日的秋雨洗净了天空,也洗礼了心灵。走在雨后气清景明的中国农业大学校园,当清晨的第一缕阳光照在脸上,轻轻舒一口气,这清晨宁静的校园景致让人思绪万千……

校园里,他们化身雕像

俞大绂先生的雕像正对着初升的朝阳。他静静地坐在长椅上,深邃的目光,流露着思考。在他的膝上,厚厚的书卷抚于手下——在他丰富的著作中,这是哪一部呢? 也许是《植物病理学和真菌学技术汇编》吧!

时光倒流,在那个知识分子受迫害、挨批斗的年代。俞大绂先生已近八十高龄,眼疾腿病缠身,看书走路都很困难。但他却拖着病躯在一间仓库里收拾出半间屋大的一块地方,把一个废弃的厕所当作实验室,一面写书,一面进行关于赤霉菌遗传、变异的研究。

1977 年 9 月,《植物病理学和真菌学技术汇编(卷二)》终于出版,这时距离卷一出版的日子,已经过去了整整 20 年。

道路的另一侧,阳光从树林间穿过,光影在李连捷先生半身像上轻轻摇曳。恍惚间,让人想起了那句话:"土壤的地质学派这顶帽子好像总是在他的头顶上晃来晃去,但是他并不自卑和气馁。"

那是一段尘封的历史。20 世纪 50 年代,在"学习苏联"的"一边倒"的路线影响下,苏联以意识形态控制学术思想的风气流传到我国。李连捷先生成为批判土壤地质学派的"靶子"。在当时的政治气氛和学术专断的环境中,李连捷先生坚持真理,坦诚直言"不能让伪科学理论继续支配着祖国的土壤科学"。

"文革"期间,李连捷先生一家三口挤在一个单间里,度日艰难。可是,学生却在他的简易小书架看到了英文版《土壤地质》。"您现在还在看这本书吗?""为什么不看? 土壤的地学基础是永远的!"他一生走遍祖国大江南北,八十高龄时还坚持野外考察。

1975 年,他冒雪赴南山科考。有人问他图什么？他以一首七律诗答道:"敢将冬茅化鲜乳,不让寸草空仰天。岁暮晚年争朝夕,白发苍苍益壮年。"行千里路,读万卷书,这也许是他坚持真理的底气所在和力量源泉。

阳光穿过树叶的间隙,霞光满地。蔚蓝的天空下,两排挺立的毛白杨,默默注视着学子们匆匆的脚步——静静的树影中,跃动的人影,仿佛是跳动的音符,光影变幻间,似乎奏响了又一天欢快、悠扬的乐曲。

路的那一头,辛德惠先生默默"倾听"着这光影变奏的乐章。

这尊由河北省曲周县老百姓为辛德惠先生塑造的铜像连同基座共高 2.7 米,象征着他在曲周的 27 年风雨岁月。就在旁边,曲周老百姓在另一块汉白玉石碑上篆刻了八个大字"改土治碱,造福曲周"。

同样的一块汉白玉石碑也屹立在 500 公里外的曲周实验站,辛德惠先生长眠在那块石碑不远处的小树林里。

"辛教授跟我们一起在地里干活,一起吃大锅饭,一起睡草房喝苦水。大太阳底下,他的背晒得整个都是水泡。他就这么一直干,一直到身上的水泡都晒下去了,皮掉了一层,也从来没有停歇过。""老碱窝"张庄村老支书赵文如今已经过上了衣食无忧的好日子,和许多老百姓一样,他也会来到墓前回忆与辛德惠先生一起战天斗地的那些"苦日子":"看到有这样的教授,能不尊敬、能不爱戴吗？"

走过安静的旧教和土化楼,过几天这里又会书声琅琅。若干年前,老先生们站在这三尺讲台,放眼望去,也是一张张青春求知的面庞。

农学楼西,蔡旭先生静静地屹立在松柏枝旁,他的手中挂着拐杖,拿着帽子,遥望远方,他还在牵挂那一块实验地吗？

1946 年从美国学成归来,蔡旭先生做出人生中最重大的抉择——当老师,讲授作物育种学、麦作学,开展小麦育种科学研究。

"文革"期间,学校外迁陕北,一些师生得了"克山病",蔡旭先生也未能幸免。他带病回北京休养,可当途经学校小麦育种试验所在地洛川时,年过花甲、身患疾病的他却在此停留了近一个月对育种材料作了详细观察。离开了小麦育种,他简直无法生活。到家后,他拉着老伴把屋后那块半分大的荒地整理出来,又搞起了小麦育种试验。

他一看到小麦,就像着了迷。有一回,他在实验地观察苗情,从早晨看到中午,同事提醒他吃饭,他说:"快完了,一会儿就走。"下午两点半,同事回来上班,他还在地里。他不但拒绝了同事让他休息的建议,还让同事找来帮手接着干。

1985 年夏天,蔡旭先生积劳成疾住进了医院,发烧谵语,他念叨的还是"昌平、通县……小麦增产措施……"他向助手索要小麦试验材料查看,助手婉拒说等病好以后再送来,他失望叹息:"唉,我今晚没法睡觉了。"他抱病撰写了《加强育种和良种繁育体系建设,把种子工作搞活》的报告。这份用最后生命完成的报告末尾的日期是"1985 年 11 月

7日",一个月后他静静安息。

"给我一粒种子,我能改变整个世界。"往南走几步,农学楼和玉米中心大楼的拐角处,另一位育种老师李竞雄先生也许会有这样的豪情——在"李竞雄时代",他率领中国玉米育种专家成功地把我国与美国等发达国家之间育种能力和水平30多年的差距缩短为10至15年。

李竞雄先生是美国康奈尔大学的高才生,1948年他学成毅然归国,投身祖国农业科研教育事业。1981年3月,他加入中国共产党。历经风雨,终于圆梦,67岁的老人长舒胸襟:"志同应当道合,落叶必须归根。""人生要有信念,要爱党、爱国、爱人民,有了信念才有动力,才能艰苦奋斗。要为实现自己的信念坚韧不拔,不计其他,坚持奋斗到底。"

这份信念,让李竞雄先生和许多老一辈农大人一样,书写出恢宏多彩的人生篇章。

记忆中,他们存驻人心

"捧着一颗心来,不带走半根草去",陶行知先生的这句诗是教师的写照。我们身边的师者何曾不是"捧着一颗心来",远去时,他们却永远留驻在我们心里。

那是2006年的初春,校医院输液室来了一位满头银发的老先生。

也许是春天的缘故,当时在医院输液室打点滴的人真不少,还有几个小孩子,一直在哭哭闹闹。这位老先生,戴着一副眼镜,左手手背插着输液管,右手握着一支铅笔,在旁边椅背和大腿上架起的厚厚的书本上不停写写画画,旁若无人。一位耄耋老人这样孜孜不倦,争分夺秒,着实让人心灵震撼。

将近中午的时候,老先生的座位不见了人影,只有一摞书还敞开放在椅子上。他把书忘在这了吗?一会儿工夫,只见老先生右手高高托举着输液瓶,缓步走了进来,回到座位,又看起了书……这位老人,是曾德超先生。

"他大约不知道享受为何物。他喜欢喝点酒,大多时候是到楼下的小铺买一小瓶二锅头。理由是喝不出酒的好坏。有一次闲谈,他说从未吃过老北京的小吃,其时他已经在北京定居近六十年,可见对这种事情并不在意。"中国农业大学人文与发展学院徐晓村老师追忆:"曾先生口不臧否人物,偶有涉及,也是对上下钻营、追名逐利之辈的不以为然。在他个人,对于名利看得是很淡的。新中国成立前夕,他在西北,联合国(战后救济总署)资助的一笔钱落在他手里,是黄金。兵荒马乱,他怕丢了,便整天带在身上。听说解放军到了西安,专程赶去将黄金上缴。"

那是2008年的初夏,5月12日的汶川大地震震动了全国人民的心。农大绿园小区里,一位98岁高龄的老先生在电视机前看着新闻也是忧心忡忡。

几天后,他得知学校正在为地震灾区捐款时,他找来秘书"责问"为什么不告诉自己,并决定捐款支援灾区重建家园。

看着这笔钱——有10元,有50元,有100元,每1000元用一个小包包着,10个小包

1万元整——秘书知道这是老先生平时积攒下来给孙子结婚的钱。"先捐了，灾区更重要。"老先生淡淡地说："我没做什么，只能做这点小事情,这也是应该的。"

就在这年年初,我国南方大部分作物主产区遭遇了多年不遇的暴雪、冷冻灾害。冰雪灾害后如何尽快恢复农业生产？他联合其他几位教授紧急发出建议："育苗移栽是解除暴灾后大田作物生产的有效措施。"

这位老人,是娄成后先生。

时间再倒流,1934年,在外国的实验室里,他正在做着敏感植物电生理与生物钟的研究。这时的国内,日本侵略者节节进犯,国土沦陷,民族灾难深重。"我是中国人,祖国需要我！"这句话成了他回国的唯一理由。

新中国成立初期,由于粮食匮乏,作物生产被放在了最重要的位置。因此,他当时研究的"植物感应性"课题处于低潮。但就像爱护自己的孩子一样,他始终没有放下,更没有放弃。执着地坚持使得高等植物执行"神经－肌肉机理"的结构和表达都获得了依据,他带领着团队用实验响亮地回答了达尔文的猜想！

还有很多的农大师者,在这个特殊的日子让我们忆起,他们高大的背影,永远存在我们深深的脑海里,不曾远去。

在路上,他们精神指引

"记得在您的书房一角,有一把麦子被存放在一个塑料盒子里。直到入院前您每天还坚持观察植物生长、做实验。在您书房的阳台上,还有一排南方小葱,旺盛地生长着,这是您用来做物质再分配实验的。您的生命和这些您热爱的生物同在,您生命不息、战斗不止的精神将永远激励我们前进。"2009年10月,娄成后先生远行而去,学生们在论坛上这样追忆着。

"先生很忙,但一有时间就约我们去他家里聊天。这样可以了解各人的学习基础、兴趣和想法,同时也介绍国内外的学科发展情况。他很赞赏英国剑桥大学的方法,在抽烟斗和交谈中出学问。"作为新中国成立后李连捷先生培养的第一批研究生,农大土壤学专家林培教授回忆说："恩师的教育模式对我影响很深,我带研究生时也是如此。"

"'全心全意为人民服务'是辛德惠先生的座右铭,开始我们觉得似乎有点'讲大话',当他去世后我们整理他的日记,才知道'为人民服务'是他的心声。"郝晋珉教授接过老师的接力棒,在曲周工作生活了十多年。"辛先生总是不断地教导我们,人生的价值就是为人民服务,名利都是身外之物,坚持始终必成正果,为人民服务其乐无穷。辛先生的言传身教,激励我们坚持了下来,在改变曲周落后面貌的历程中实现了自我价值。"

"想想当年石元春先生、辛德惠先生,在我们现在这个年纪的时候,他们在哪里？他们蹲在曲周农民的地里呢！"张福锁教授曾不止一次对团队师生们如是说。2009年,他带领着一批师生再一次扎根曲周,延续"曲周精神",创建"科技小院",在新的历史时期为高产高效创建活动提供科技支撑。

辛德惠先生的战友石元春院士把40多年来几代农大人深入基层、聚焦民生、艰苦奋斗、无私奉献、开拓创新、服务民生的"曲周精神"总结成8个字——"责任、奉献、科学、为民"——这也是农大精神的重要内容与具体体现。

"全校师生要学习曲周精神,弘扬曲周精神,践行曲周精神。"在2013年11月举行的"曲周精神宣讲会"上,中国农业大学党委书记姜沛民号召全校师生"学习老一代农大人身为民先、淡泊明志、乐于奉献的高尚品格,艰苦奋斗、贴近群众、脚踏实地的工作作风,认真严谨、尊重规律、求真务实的科学态度,锐意进取、敢为人先、勇于探索的开创精神,呕心沥血、孜孜以求、实践育人的执着追求。"

"我校的核心使命,是解决十几亿人的吃饭问题。"在第30个教师节来临之际,又一批新的教师将踏上这个神圣的岗位。柯炳生校长寄语这些"农大精神和品格的传承者"们,"低调务实,是我校的历史传统","担当使命,需要有一种自信精神。"

我们要继承和发扬的农大精神和品格是什么?早在2011年10月,校长柯炳生在俞大绂先生诞辰110周年纪念会上的讲话就已经给予了回答:

我们要学习俞先生等老一辈科学家的爱国报国精神,把个人的理想与社会的需要密切联系在一起,树立起强烈的责任感和使命感。为了我国农业的现代化,为了我国十几亿人口的粮食安全、食品安全和可持续发展,我们要不懈地努力奋斗,培养出更优秀的人才,研发出更优异的成果,无愧于中国农大的地位和使命。

我们要学习俞先生等老一辈科学家勇于探索创新的科学精神,站在前人创建的基础上,不怕困难,不怕挑战,向着科学的未知领域,筚路蓝缕,孜孜以求。俞先生历经战乱和社会动荡时期都能够取得那样杰出的成就,我们在今天如此优越的条件下,就更有充分的信心和信念,敢于去攀登科学的高峰,去创建世界一流的成果。

我们要学习俞先生等老一辈科学家脚踏实地的传统作风,严谨科学,求真务实。不受各种社会风潮干扰,坚守住大学的清净和安静,要抵制喧嚣浮躁、投机取巧、哗众取宠和形式主义。当领导的,不图虚名,多做实事;当老师的,踏踏实实,严谨治学;当学生的,老老实实,静心求学。

师魂永铸,风范长存。这是教师的精神支点和力量源泉,是教师内心的道德律令和头顶仰望的星空。

今夜,秋雨洗礼的天空,星光无比灿烂。

(原载《中国农大校报·新视线》2014年9月10日)

光荣与梦想

——农大人记忆中的教师节

□何志勇

一年一度的教师节又到了。

"现在同学们佩戴的校徽不是长方形的了，是我们漂亮的校标。"已经退休的洪莉老师舍不得相处了一辈子的学生，又"返聘"回到了学工部，经历了无数次开学典礼的她，听到 2014 级新生们唱校歌时，还是激动不已。

"走进办公室就会发现桌上多了几束鲜花、几张贺卡。"回想起度过的那些教师节，她的脸上洋溢出幸福的笑容。

时间飞逝，转眼间已迎来了第 30 个教师节。在中国农大校园里，过去的那些教师节都是怎样度过的呢？让我们一起来回望这些充满光荣与梦想的日子。

1985，难忘的第一个教师节

1985 年 9 月 10 日，全国各地学校纷纷举行师生员工大会，热烈庆祝新中国诞生以来第一个教师节。

这一天，时任农牧渔业部部长何康、副部长朱荣分别来到当时的北京农业大学（现中国农业大学西校区）和北京农业机械化学院（现中国农业大学东校区）与学校师生们共祝首个人民教师的盛大节日。

在中国农业大学档案馆，我们看到了 1985 年 9 月的一份学校《简报》，以"空前的盛会"记录了教师节大会的盛况。

时任校长安民在讲话中希望全体教师树立崇高理想，自尊、自重、自强、自爱，做社会主义精神文明的传播，把学生培养成有理想、有道德、有文化、有纪律的新一代。

何康向全体奋战在农业科教战线的老师们表达节日问候，并进一步指出，祖国需要"四化"，"四化"需要人才，人才来自教育。他在大会宣布了一个让农大人兴奋不已的消息：国家计委批准了人大呈报的《设计任务书》，根据任务书有关章节，到 1990 年农大在校生预计可达 4500 人，教职工总数增加到 3100 人，基本建设净增 36 万平方米，国家投资总额增加到 8600 万元。

当何康谈到 8600 万元总投资将全部在农牧渔业部的资金中解决并保证解决时，教职工报以热烈的掌声。

1988，曲周百姓校园立丰碑

1988 年 9 月 10 日，美丽幽静的北京农业大学校园里迎来了一群特殊的客人。

专程从河北省曲周县赶来的 20 多位干部农民，挥锹镇土，将一块铭刻着"改土治碱造福曲周"八个大字的汉白玉石碑立在了校园。

15 年前的秋天，学校的 10 多位教师，离开繁华的京城，来到曲周北部的盐碱区，对旱涝盐碱进行综合治理。15 个春秋里，数百名教师风里来、雨里去，终于使 28 万亩茫茫盐碱滩变成一片绿洲。当地粮食单产由 1972 年的 68 公斤提高到 130 公斤，人均收入从不足 50 元提高到 367 元。

就在这次教师节前不久的 7 月底，国务院做出了表彰奖励参加黄淮海平原农业开发实验的科技人员的决定，党和国家领导人接见了石元春、辛德惠、王树安等 16 位获表彰农业科学家代表，并"希望更多的科技人员为农业的开发建设贡献智慧与力量"。

这年秋天，以曲周改土治碱经验为蓝本的"黄淮海战役"——黄河、淮河、海河平原农业综合开发工程——正式打响，农大掀起了"下海"潮。

这个教师节，还有 200 多名农大师生是在黄淮海度过的。

1996，中国农大首迎教师节

1995 年 9 月的教师节后，时任农业部部长刘江率队来校，主持召开北京农业大学和北京农业工程大学干部大会，宣布两校合并为中国农业大学。

1996 年 9 月 10 日，中国农业大学迎来了合并后的首个教师节。学校举行盛大的庆祝大会和文艺演出，时任校长毛达如、党委书记艾荫谦等学校领导在庆祝大会上向全校教职员工致以节日的问候。

庆祝大会上，阙月美、肖荧南等 11 位从事教育工作 30 年的教师，获得霍英东教育基金青年教师奖的韩振海，全国优秀青年体育教师李红，北京市爱国立功竞赛标兵汪崇义、洪莉、王运刚等一大批优秀教师代表获得了隆重表彰。

这是一个欢庆的节日，北京人民艺术剧院等 6 个文艺团体的艺术家们为农大师生带来了精彩的节目，学校还为教职工放映了一场电影《四渡赤水》。

2001，迎接"深刻伟大的变革"

2001 年 9 月 9 日，中国农业大学隆重举行庆祝新世纪第一个教师节大会暨授予姜春云同志名誉教授、名誉院长仪式，授予时任全国人大常委会副委员长姜春云同志中国农业大学名誉教授和农村发展学院名誉院长的荣誉称号。

姜春云为大会作长篇报告,他回顾了中国农业的发展历史,阐明了中国农业正在经历一场伟大变革及这次变革的特征和本质,分析指出实现中国农业新变革的关键在于科技创新和人才培养。他在报告中强调,学习、实践和创新是培养高素质人才的必由之路,要求全体农大人以改革创新精神把中国农业大学办成一流的大学。

新的世纪,新的期待,农大人正在迎接深刻而伟大的变革。

2005,百万元重奖科研创新

2005 年的教师节恰逢中国农业大学百年华诞,教师节在迎校庆的热闹氛围中,更增喜庆色彩。

9 月 9 日,中国农业大学举行庆祝教师节暨中层干部大会,表彰奖励教育教学、科学研究、管理等方面的优秀教师和教育工作者,并为随即举办的建校百年庆祝活动再次进行"思想总动员"。

这次大会循惯例对"杰出教师""优秀教师"和"优秀班主任"等先进教师代表进行了表彰。更加引人注目的是,为激励广大教师积极投身科研创新,推动学校研究水平进步,中国农业大学研究决定分别给予在《科学》(Science)杂志发表论文的作者动物医学院刘金华、资环学院陆雅海各 50 万元奖励。

这一年,中国农业大学实现了《科学》杂志发表科研论文零的突破。从 2005 年到 2012 年,学校已累计在《科学》《自然》(Nature)和《细胞》(Cell)等国际顶尖学术期刊发表高水平论文 8 篇,在 2013"中国大学《自然》和《科学》杂志论文排行榜"上名列全国高校第 7 位。2013 年至今,中国农业大学又有多篇科研成果在《科学》《自然》等国际顶尖学术期刊上发表。

2007,星光灿烂教师节之夜

2007 年 9 月 10 日晚,"春暖 2007——爱在教师节"大型公益演出节目在中央电视台财经频道(CCTV-2)播出。

此前的 9 月 7 日,中国农业大学"2007 年新生入学典礼暨教师节庆祝大会"在刚刚竣工不久的体育馆举行。大会结束后,中央电视台"春暖 2007"栏目组在这里摄制了"爱在教师节"主题演出活动。时任全国人大常委会副委员长成思危,中国农业大学党委书记瞿振元、校长陈章良与 6000 余名师生员工一起参加了节目录制。

这是一个星光灿烂的夜晚。节目录制中,成思危讲话说,国家的发展离不开教育的发展——经济能保证我们的今天,科技能保证我们的明天,只有教育才能保证我们的后天和将来。

陈章良朗诵了温家宝总理的诗,勉励师生们"仰望星空",用知识改变命运,关心国家命运,为整个民族的繁荣富强而奋斗。

这个教师节热闹非凡——中国京剧院来到学校举行了教师节专场慰问演出；恰逢农大舞蹈协会成立二十周年，"庆祝教师节暨农大舞协成立二十周年文艺演出"隆重献演，老师们尽展才艺，载歌载舞庆祝自己的节日。

……

30年，更多的节日，印刻在我们的脑海。30年时光，让崭露头角的青年，变成华发满头的长者，他们甘于奉献，默默坚守在教书育人、立德树人的教坛，无愧于教师这个神圣的称谓。每当教师节一次次如期而至，他们感受到的是光荣的事业，梦想的实现。

百年来，农大教师们用时光谱写了一篇光荣与梦想的华章。

明天，将是新的辉煌！

（原载《中国农大校报·新视线》2014 年 9 月 10 日）

"曲周精神"是一种什么样的精神

□姜沛民

　　在全国上下深入开展"不忘初心、牢记使命"主题教育和"辉煌七十年 奋进新时代"宣传活动中,中国农业大学扎根河北曲周46年服务乡村振兴的感人故事,深刻展示了几代农大人爱国奋斗、科学报国的精神和情怀。

"曲周精神"是农大百年红色基因的继承发扬

　　农大在曲周的46年,是在党的领导下,一辈辈农大人坚定理想信念、致力于科学报国百年历史的缩影。曲周精神不是无源之水,而是农大百年精神积淀的突出表现,有着深厚的历史渊源。

　　(一)"曲周精神"源头始于"五四精神"和"红船精神"。早在1919年五四爱国运动前后,农大学子就积极响应李大钊同志号召,组织农林讲演团深入农村开展宣讲,坚定地走在五四运动前列,创办《醒农》刊物、"农业革新社"和农民夜校,并于1921年成立社会主义研究小组、1924年成立党支部,"五四精神""红船精神"在农大落地生根,成为百年农大深厚的红色基因和精神传统的源头。在新民主主义革命时期,15位农大学子为革命壮烈牺牲。为国奋斗,已积淀成为农大精神的宝贵红色基因。

　　(二)"曲周精神"直接传承"延安精神"和"南泥湾精神"。农大第一任党支部书记乐天宇同志,20世纪40年代参与创办延安自然科学院生物系,广大师生多次实地考察,三下南泥湾,直接向中央提出开发南泥湾的建议,积极投身边区农场开发和农林牧业建设,成为"延安精神""南泥湾精神"的实践者和传承者。在新中国成立之际,华北大学农学院、北大农学院、清华农学院等组建了新的人民的农大,乐天宇同志担任党总支书记。爱国奉献,成为农大精神的鲜亮底色。

　　(三)"曲周精神"深深植根"永久奋斗精神"和"创新精神"。新中国成立之初,戴芳澜、俞大绂等一批科研工作者身怀满腔报国之情,带领农大人开创"人民的农大",掀开了崭新篇章。20世纪50年代,农大一批专家征战西藏和西北、东北等边疆农业资源考察,留下了感人肺腑的"永久奋斗精神"和"创新精神"。农大奋力向科学进军,既在传统优势学科的前沿领域实现重点突破,也在基础学科领域和原创性研究方面取得重大进展,还在京郊大地赢得小麦亩产翻番的光荣业绩。长期爱国奋斗、科学报国的精神传统已成为农大精神的重要内核。

"曲周精神"是农大师生积累的宝贵精神财富

几代农大人与河北曲周县基层党员干部和广大农民群众,在46年的艰苦创业中积累起了具有丰富时代内涵的宝贵精神财富。

(一)把责任扛在肩上、科学报国的爱国精神。"曲周精神"的核心是爱国精神,爱国之情、报国之志已融入"改土治碱 造福曲周"、融入整个农业农村现代化的伟大奋斗之中,融入农大人的血脉,从曲周走向黄淮海、走向石羊河、走向黑土地,走向全国各地建设200多个野外场站、教授工作站和科技小院。

(二)把接力棒抓在手中、攻坚克难的奋斗精神。从大革命时期的农民夜校、抗战烽烟中的南泥湾、新中国成立后京郊大地的"小麦会战",到黄淮海平原盐碱综合治理,吨粮田、"农大108",直到脱贫攻坚、农业绿色发展和乡村振兴,一代代农大人始终把接力棒牢牢抓在手中,坚毅地跑好接力赛,稳稳地传好接力棒。

(三)把担当刻在心头、敢为人先的创新精神。农大人时刻牢记国家粮食安全的使命担当,在当下的"双一流"建设中,农大正面向解决农业重大问题和农业科技基础问题,不断提升自主创新能力和服务国家重大战略的能力,以创新型的成果为国家为人民作出更大贡献。

(四)把力量拧在一起、胸怀大局的协作精神。农大人在曲周的长期实践,不是一代人的奋斗,更不是一个单位的单打独斗,而是史无前例的数十年、成千上万人的科学会战,充分体现了把力量拧在一起、团结协作、集中力量办大事的社会主义制度优势,充分反映了我国农业科技工作者胸怀大局、团结协作的精神,始终激励着我们主动对接和服务国家战略,到主战场,作大贡献。

(五)把育人作为使命、扎根大地的务实精神。在曲周的农大师生秉承求真务实的科学态度把论文写在大地上,把学问做进老百姓心坎里,走出了一条扎根中国大地办大学的发展道路。46年来,先后从曲周农村走出了3位院士、70多位教授,300多个博士硕士研究生和一大批高素质农业科技与管理人才,走出了一条扎根大地、立德树人的成功办学路子,鼓舞着新时代的我们继续前行。

(六)把初心融入生命、舍己为民的奉献精神。辛德惠是20世纪50年代留苏的"洋博士",从1973年第一次蹚着秋涝积水来到曲周,到1999年不幸因病去世,数十年辛苦工作,积劳成疾。以辛德惠为代表的一辈辈农大人奋斗的精神底蕴,更是当下树立在农大师生心中的一座丰碑。

"曲周精神"是激励建设中国特色、农业特色世界一流大学的强大动力

要把学校真正建成有中国特色的、具有农业特色的一流大学,农大党委决心以"曲周

精神"为激励,守初心、担使命,奋力谱写担当奋斗再出发的新的时代篇章。

(一)始终坚持鲜明的政治导向。"曲周精神"的灵魂是爱国报国,做到爱国和爱党、爱社会主义高度统一。我们要始终与国家命运和民族前途紧密相连,牢记党的宗旨,筑牢信仰之基,始终坚持党对学校工作的全面领导,牢牢把握社会主义办学方向,坚持用中国特色社会主义理论体系武装头脑、指导实践、推动工作,全面贯彻落实党的教育方针,坚持育人为本,德育为先,培养造就社会主义事业合格建设者和可靠接班人。

(二)始终坚持鲜明的使命意识。"曲周精神"是强化使命担当的最鲜活教材,激励我们始终坚持服务国家,扎根祖国大地。要把服务国家乡村振兴战略作为政治使命和重要任务,坚定在服务和支撑国家重大战略上作出一流贡献,着力提升大区域社会服务水平,进一步加强农业科技创新,坚决打好农业农村现代化发展、农村精准扶贫、乡村振兴、农民共同富裕的科技战役。

(三)始终坚持鲜明的办学特色。"曲周精神"深刻揭示了扎根中国大地办大学的规律,农大要始终把服务"三农"作为植根中华文化沃土、解决中国现实问题的立足点。要以农业科学、生命科学和农业工程等学科为特色和优势,着眼服务人类的营养与健康,开展高水平教学科研、社会服务和文化传承与创新。要为师生搭建服务国家战略、服务国计民生的实践平台,坚持从实践中来到实践中去的成长成才道路,使办学经得住实践检验。

(四)始终坚持鲜明的育人模式。"曲周精神"生动反映了为党育人、为国育才的初心。我们要深入贯彻落实全国教育大会精神,紧紧围绕凝聚人心、完善人格、开发人力、培育人才、造福人民的教育目标,致力于回归教育教学规律,全面提升学校立德树人的能力与水平。要以立德树人为根本任务,把扎根中国大地、面向世界统一起来,落实"四个服务",培养一代又一代拥护党的领导和社会主义制度、立志报效伟大祖国、服务农业农村现代化的有用人才。

(五)始终坚持鲜明的卓越追求。"曲周精神"是立地顶天、志在一流的不懈追求,我们要始终坚持一流目标,不断追求卓越,统筹推进"双一流"建设十大攻坚行动,高标准实施各项建设任务,严格对照一流标准,切实扎实推进一流学科建设、一流人才培养、创新能力提升、乡村振兴服务、国际合作交流等。

作为新时代农大人,我们要深入学习贯彻习近平新时代中国特色社会主义思想,高举中国特色社会主义伟大旗帜,以新的精神状态和奋斗姿态传承红色基因,积极弘扬"曲周精神",以高质量的党建工作引领学校高质量发展,以高水平的思政工作凝聚师生力量,在新的征程上作出无愧于时代的贡献,谱写"中国梦"的农大篇章,以优异成绩迎接和庆祝新中国成立 70 周年。

(原载《光明日报》2019 年 8 月 6 日,
微信公众号"CAU 新视线"2019 年 9 月 10 日转载)

弘扬"曲周精神" 引领绿色发展

□孙其信

45 年峥嵘岁月:扎根曲周大地,勇挑时代重任

45 年前,以石元春老校长为代表的中国农业大学的一大批师生,在曲周展开了一场轰轰烈烈的黄淮海农业科技战役,在中国农业的发展历程中,在中国农业大学的办学历史上都具有里程碑意义。回顾 45 年的奋斗历程,我们认为:

中国农业大学在曲周 45 年取得的一系列成绩是新中国改革开放 40 年农业辉煌成果的显著标志。改革开放 40 年来,国家农业发展取得了辉煌成果,曲周黄淮海平原盐碱地治理就是其中的典型代表。从 20 世纪 70 年代开始的中低产田治理取得了巨大成就,实现了中国老百姓从饿肚子到吃得饱的历史性转变。这一标志性成果在 1993 年荣获国家科技进步特等奖。

中国农业大学在曲周的 45 年是学校践行"解民生之多艰,育天下之英才"办学理念的光辉典范。中国农业大学作为现代国立高等农业教育的起源地,自 1905 年发端至今已有 113 年的厚重历史。113 年来,一代代农大人前赴后继、接续奋斗,用 45 年曲周治碱的扎实行动,坚定不移地践行着中国农业大学"解民生之多艰,育天下之英才"的办学理念,树立了扎根中国大地办大学的光辉典范。

中国农业大学在曲周的 45 年是农大精神一代代薪火传承的典范。45 年间,一代又一代农大人薪火相传,不仅在曲周创造了丰硕的科技成果,凝练出了"责任、奉献、科学、为民"的曲周精神,更深刻诠释了中国农业大学百年历史沉淀形成的为国为民的家国情怀、敢为天下先的创新追求、自强不息的奋斗精神和追求卓越的创新魄力,这样的农大精神生生不息、代代相传,成为始终引领农大不断前进的精神力量。

中国农业大学在曲周的 45 年是农大人奉献担当、情系"三农"的一面旗帜。粮食安全是国家的难题、民族的忧患,一批又一批农大师生始终忧国家之所忧、想人民之所想,与时俱进、聚焦难点,致力于攻克农业生产不同发展阶段的重大难关,深入开展研究、示范,全心服务农业、农民,树立起农大人胸怀国家、心系"三农"、敢于担当、无私奉献的一

面光辉旗帜。

中国农业大学在曲周的45年是新一代农大人不忘初心、开拓创新的壮丽篇章。经过45年的不懈努力，曲周焕发了崭新的面貌，迈上了更高的台阶，站到了时代的前沿。过去的成绩让我们坚定信念，新的历史机遇更激励我们勇往直前。新一代农大人正以更饱满的热情，更高质量的投入，更大力度的创新持续不断推动曲周发展，以追求卓越的理想信念书写不忘初心、开拓创新的壮丽篇章。

中国农业大学在曲周的45年是农大将服务社会与创建世界一流大学有机融合的生动实践。服务国家战略是大学的伟大使命、时代担当，建设世界一流大学更要加快速度、提升质量。45年的曲周实践，我们创造了以科技小院为典型代表的科学研究与技术示范紧密结合的服务"三农"新模式，并把这一创新性成果写在世界顶级期刊《自然》(*Nature*)上，探索了服务社会与争创一流有机融合的生动实践。

新时代奋斗前行：服务国家战略，引领绿色发展

新时代推动农业绿色发展是我们贯彻党中央新发展理念的必然要求，是推动农业现代化的重大举措，是建设美丽中国的时代担当。

站在建站45年的新起点上，曲周实验站将贯彻什么理念，坚持怎样的思路，通过何种方式，焕发新的生机，实现更高的目标？中国农业大学又应该以怎样的姿态和行动为实施乡村振兴战略做出新的贡献？在农业发展处在转型升级的关键时期，坚持以绿色发展理念作为推动农业高质量可持续发展的重大举措和发展方向，我认为要实现以下六个方面的根本转变：

第一，从概念转变为理念。绿色发展是一个概念，更是一种理念，要着力推动绿色发展的概念转变为全域农业发展的核心理念，支撑全域农业绿色发展平稳起步、加速前进、实现突破。

第二，从理论走向实践。任何经典而伟大的理论，离开了实践的检验，都将变成苍白无力的空谈。绿色发展理论必须走向实践、指导实践、引领实践。

第三，从技术转变成产品。农业农村发展进入新的阶段，绿色发展想要被广大农民接受和欢迎，就必须转化成以绿色产品为标志的优质产品，提高生产效率、提升产品质量、增加农民收入。

第四，从产品升级为品牌。农业发展进入提高质量效益和竞争力的关键时期，农业生产将由产品竞争升级为品牌竞争。绿色发展既是一种理念，更是一块难得的品牌，推进质量兴农、绿色兴农、品牌强农是实现农业绿色发展的必由之路。

第五，以品牌带动绿色产业。培育农业特色品牌将推动绿色农业标准化、规模化、信息化产业体系构建，形成绿色农业产业，引领农业产业提档升级，推动绿色农业产业快速发展。

第六,以绿色产业引领农村经济社会发展和乡村振兴。绿色发展的目标是形成有竞争力的绿色产业,引领农村经济社会发展,最终实现为乡村全面振兴提供源源不断的强大动力。

(原载《中国农大校报·新视线》2018 年 10 月 30 日)

"先有实验站,后有曲周县",中国农业大学师生来到河北曲周改土治碱,科技助农,一待就是40年——

40年还不够,要做百年实验站

□蒋建科　何志勇

"张庄小院去年一年的工作有精彩也有平淡,有成功也有失败,我们还要不断了解农民想要的到底是什么,不断思考我们工作的目标和重点是什么……"

2014年2月16日,驻扎河北曲周张庄"科技小院"的中国农业大学硕士研究生冯霞在新春第一期《工作日志》中"给自己提了很多问题",在曲周农村驻扎近两年,冯霞欣喜地发现了自己的成长。她相信:"在接下来的工作中,我们会有新的飞跃。"

到2013年,曲周实验站已经走过了40年的风雨历程,先后取得了包括国家科技进步特等奖在内的数十项国家和省部级科技奖励;培养造就两位院士、两位校长以及200多位专家、教授,以及博士、硕士……

正是在1973年,中国农大的一批青年教师响应党中央、国务院的号召,怀着科技报国的理想,远离首都北京和朋友亲人,来到了河北曲周的"老碱窝"张庄安营扎寨,建立了曲周实验站,从此开始了从改土治碱到实践农业增产新技术和农业可持续发展的实验示范。

"先有实验站,后有曲周县"。40年来,中国农大人与曲周人民并肩奋战,取得了被誉为中国农业领域"两弹一星"的成果

"先有实验站,后有曲周县。"王庄村民王怀义很是认同这句话,以前穷得连饭都吃不上了,曲周还算个什么县?治好了碱,曲周才有了米粮川,才建成了"吨粮县",这才配叫曲周县。

中国农业大学与河北曲周的合作历史,要回溯到40年前。当时,曲周地处的黄淮海平原,千百年来土壤盐渍化程度严重,产能低下,人民生产生活十分困难。1973年,周恩来总理提出:科学会战,综合治理黄淮海平原,力图把"盐碱地"治理成"米粮川"。盐碱灾害严重的曲周成为试点之一。

这年秋天，北京农业大学石元春、辛德惠、陶益寿、雷浣群、林培、黄仁安等一批青年教师来到曲周县的"老碱窝"——张庄建站进行"旱涝碱咸综合治理研究"。农大人在艰苦的条件下，深入田间调查，积累丰富的第一手资料，总结国内外治碱的经验教训，提出"半干旱半湿润季风区存在一个独立的旱涝碱咸的自然经营和生态系统"理论，最终制定了"浅井深沟为主体工程的井沟结合、农林水并举"的总体规划。

1973 年 11 月初，张庄村南 400 亩以荒地为主的重盐碱地，按规划设计开始施工。1974 年秋，开始建立以张庄为中心的第一代 4000 亩试验区。1975 年春，张庄试验区逐步向西延伸到里疃干渠，第二代试验区扩大为 6000 亩……1987 年，曲周治碱项目取得预期中的成效：全县盐碱地面积下降了近七成，粮食亩产 732 斤，比治理前的 1972 年增长了 4.7 倍。

经过几代农大人与曲周人民的并肩奋战，1993 年，"黄淮海平原中低产地区综合治理开发"项目荣获国家科技进步特等奖，被誉为中国农业领域的"两弹一星"。

他们住进农家院，白天指导农民科学种田，晚上分析数据，写报告

2009 年 5 月，"中国农业大学—曲周县万亩小麦玉米高产高效示范基地"在白寨乡挂牌。农大师生扎根农村，为"双高"创建活动提供科技支撑。为了方便农民获得实用科技，农大师生与当地农技人员在村里建起了"科技小院"，他们住进村里，白天在地里观测、采集数据，为农民科学种田提供咨询辅导，晚上把各项数据进行综合分析，撰写研究报告。

那年夏天，曲周遭遇了大风降雨天气，许多玉米出现了倒伏现象。当北油村村民吕增银急忙赶到自家玉米地时，却发现农大的师生早已在地头查看玉米受害情况。

"过去，我们看到玉米倒伏后，就会把它们重新扳直了。而现在农大师生跟我说，不能扳，一扳反而会让它折断，要让玉米自己生长。"当年秋天，吕增银家玉米亩产超过 1300 斤，比上年亩均增产 300 斤。

五年来，曲周的"科技小院"从 1 个增加到 8 个，先后有来自全国各地的 10 多名研究生来到曲周乡村，长驻"科技小院"，"零距离"接触"三农"。几年来的实践证明，这些"80后""90后"的研究生们不仅在曲周扎下了根，还圆满地完成了自己的科研任务和技术示范推广，受到了当地干部群众的一致好评。2013 年，以"科技小院"为依托培养研究生模式的探索，作为"农科应用型研究生培养模式改革与实践"课题，获得北京市高等教育教学成果奖一等奖。

在曲周实验站拿到的那么多嘉奖背后，是一所大学和一个地方政府 40 年长期合作典范以及和当地人民水乳交融的感情；是给农民、农业、农村所带来的更长远的影响，是农民增收、农村富裕、农业产业结构变革优化和可持续发展，并为农业产业化、集约化、区域化的发展提供的科学技术发展探索平台。

"只讲奉献，不求回报"已经成为中国农大人的光荣传统，曲周实验站要做成百年实验站

在中国，一所大学与一个地方开展长达 40 年的长期合作，也被国际学者称为"典范"。

每当提到曲周，曲周实验站前站长郝晋民教授都会有讲不完的故事："追随石元春先生、辛德惠先生的脚步，黄仁安、肖荧南、李维炯等老师也毫不吝啬地将自己的年华留在曲周。黄仁安老师为了堵住塌方的渠道，不顾刺骨寒冷，跳入水中；李维炯老师、肖荧南老师为给当地老乡引进项目，翻车遇险，几乎丧命，从病床上起来就继续工作；再后来的翟志席、马永良、吴文良等一大批老师，也在面对出国、经商的诱惑时，义无反顾地选择了把青春留在曲周。"

"农大老师在曲周老百姓心中的位置可高了，"张庄村老支书赵文说："谁家里两口子吵架了，经常说的一句话就是'走，找农大老师评评理儿。'"王庄村老支书王怀义说，不仅是种地，村里群众有什么事掰不清楚，都愿意找农大老师支支着儿。

在第一代农大人的感召下，"只讲奉献，不求回报"已经成为农大人的传统。

"责任、奉献、科学、为民，老一辈农大人在曲周拼搏奉献创新所形成的'曲周精神'，已经成为我校的宝贵精神财富，感染、教育和激励着新一代农大人，不断前行。"中国农大校长柯炳生说，曲周精神，体现着老一代农大人的报国理想与奉献精神，体现着老一代农大人扎实严谨的科学态度和勇于探索的创新精神，也体现着老一代农大人的团队意识和群众路线。

中国农大党委书记姜沛民说，依靠人民，为了人民，这是中国农大的传统，老一辈农大人为我们树立了榜样，我们要沿着这条路一直走下去。"40 年来，农大师生薪火相传，通过理论联系实践的不断探索，建立了以共建实验站为合作平台，以服务学校、服务地方为导向，以教研、推广、产业项目为载体，以科研平台、育人基地、服务窗口和决策智库为主要功能的县校合作的创新模式——曲周模式。"

曲周实验站站长吴文良教授之前跟随导师辛德惠先生在曲周研究、工作了 10 年。他心里，正盘算着曲周实验站未来发展的大计：按照百年实验站的规划建设曲周实验站，将曲周实验站打造成为国内一流进而国际一流的综合实验站，进一步为学校教学科研、国家和地方经济发展服务好……

（原载《人民日报》2014 年 2 月 24 日，
《中国农大校报·新视线》2015 年 10 月 15 日转载）

爱国奋斗解民生多艰
扎根大地育时代新人
——中国农大扎根河北曲周 45 年服务乡村振兴纪实
□党宣

党的十八大以来,习近平总书记对弘扬爱国奋斗精神作出一系列重要指示,指出爱国主义精神激励着一代又一代中华儿女为祖国发展繁荣而不懈奋斗;新时代是奋斗者的时代,要把爱国之情、报国之志融入祖国改革发展的伟大事业之中,融入人民创造历史的伟大奋斗之中。1973 年至今,45 年来,从改土治碱到科技小院,中国农业大学师生扎根燕赵大地,弘扬"责任、奉献、科学、为民"的"曲周精神",服务乡村振兴、培育时代新人,形成了独具中国农大特色的德智体美劳全面发展实践育人模式,诠释了当代知识分子"弘扬爱国奋斗精神,建功立业新时代"的精神追求,谱写了一部当代中国知识分子"爱国奋斗、科学报国"的壮丽诗篇。

科技兴农造福人民

改土治碱,造福曲周

历史上,曲周饱受旱、涝、碱、咸综合危害,粮食产量低下,农民生活贫苦。"春天白茫茫,夏天水汪汪,只听楼声响,不见粮归仓"是其真实写照。1973 年,周恩来总理作出"北方干旱半干旱地区水力资源合理开发利用"的指示,以石元春、辛德惠为代表的老一代农大人,应邯郸地委请求进驻曲周北部盐碱地中心的张庄村,建立了"治碱实验站",开始了"改土治碱,造福曲周"的伟大事业。

经过长期的研究和实践,曲周实验站提出了黄淮海平原季风气候带区域水盐运动规律和"工程生态设计方法",建立了盐渍化障碍因素(旱、涝、碱、咸、薄)综合治理工程配套体系,完成了曲周北部 28 万亩盐碱地的综合治理任务。1979 年,第一代试验区粮食亩产达到 300 多公斤,昔日的盐碱滩变成了林茂粮丰的米粮川;到 1987 年,曲周盐碱地面积下降近七成,林木覆盖率增加 2.8 倍,粮食单产增加 1 倍,农民人均收入增长 3.9 倍。

在此基础上，农大师生积极推动旱涝碱咸治理成果走出曲周，造福黄淮海，成功推动了黄淮海平原、三江平原、黄土高原、北方旱涝和南方红黄壤等五大区域的农业综合治理与开发，为我国区域治理和区域经济发展、彻底扭转我国南粮北调格局、确保国家粮食安全，作出了巨大贡献。

1988 年，李鹏总理等党和国家领导人亲临实验站视察。1993 年，盐碱治理研究成果"黄淮海平原中低产地区综合治理的研究与开发"项目获得国家科技进步特等奖，被誉为农业科技的"两弹一星"。为感谢农大师生，曲周人民分别在中国农大校园和曲周实验站树碑为纪。

综合开发，惠及百姓

20 世纪 90 年代初，盐碱地治理取得阶段性辉煌成绩后，以辛德惠院士为首的农大团队没有功成身退，又开始了新的征程，在曲周这片热土上不断探索从传统农业向现代化农业转型发展的致富之路。

农大师生团队提出了"农业农村发展三阶段战略"。曲周实验站先后承担了多项国家重点、重要科学研究任务，以提高土地生产力和水土资源持续利用为基础，以三产综合发展、技术产品系统化开发为核心，以持续发展能力建设为支撑，在土肥、栽培、育种、饲料、食品、蔬菜、果树、信息、农机、生物质、水利等领域不断探索，逐步构建农牧结合、种（植）养（殖）加（工）一体的高效、优质、持久和稳定农业生态系统，推动曲周成为全国商品粮基地县、优质棉基地县等。一系列新品种、新技术如农大 108、中长绒棉、咸淡混灌、EM 蛋鸡等的应用，推动了曲周县农业综合发展。

1996 年，中国农大协助曲周县，以学校曲周实验站为核心，建成了以高新技术为先导，集科农工贸于一体的省级农业高新技术产业园区，大力发展特色经济，组建了 26 家农业产业化龙头企业，带动了全县农村经济跨越式发展。

"十五"期间，中国农大积极帮助曲周县编制了《绿色产业发展总体规划》，"举绿色旗，走现代农业路"，把曲周经济和现代农业发展推上了快车道。到 2002 年底，曲周县国内生产总值 218714 万元，财政收入 8860 万元，农民人均纯收入达 2728 元，分别较 1973 年增长 103 倍、46 倍、117 倍。

1996 年，"曲周盐渍化改造区高效持久综合农业发展优化决策研究"获农业部科技进步二等奖，"盐渍化改造区农牧结合形式、规模和效益研究"获得河北省科技进步三等奖。2001 年，"黑龙港上游农业高效持续发展研究"获得国家教委科技进步二等奖。2003 年，"黄淮海平原持续高效农业综合技术研究与示范"荣获国家科技进步二等奖。

绿色发展，乡村振兴

"十一五"以来，为了解决在小农户分散经营、水资源紧缺的黄淮海地区实现绿色增产增效，同时保障粮食安全和环境安全的问题，曲周实验站以"中国农业大学 985 农业资源平台建设"为契机，与曲周县紧密合作，于 2006 年共建"高产高效现代农业发展道路研究基地"，开展高产高效理论技术研究攻关。

2009年起，为了进一步推动高产高效技术的大面积应用，共建"万亩小麦玉米高产高效技术示范基地"，农大师生深入农村，在全国首创"科技小院"，开展自下而上的技术创新，提供"零距离、零门槛、零费用、零时差"的科技服务，进行农业院校专业学位研究生培养模式的探索，形成了农业科技创新、人才培养和社会服务"三位一体"的科技小院新模式，获得社会各界的广泛关注。与此同时，曲周实验站还发挥人才、资源、技术、品牌等优势，推动节粮型蛋鸡华北高技术产业基地、中法养猪等项目建设，推动种植业结构、农业产业结构的优化，促进农村经济发展、增加农民收入。

"十二五"期间，中国农大帮助曲周县申请建立国家级农业科技园区，将其规划为一个集现代农业科技转化、现代种养殖业、农产品加工业和城乡一体化发展的高效生态农业科技园区，推动农业转型升级。

在新时代，农大师生造福曲周的成果也得到了社会的广泛认可。科技小院旨在解决小农户发展和高产高效的研究成果先后在《自然》（*Nature*）等国际一流学术期刊多次发表；科技小院研究生培养模式获得国家教学成果二等奖；相关的社会服务工作于2013年获得河北省农技推广合作奖，2016年获得"2016中国三农创新十大榜样"第一名，2018年获得全国脱贫攻坚奖。科技小院与曲周县开展的"村村宣讲十九大，农业技术送农家"活动受到农民群众热烈欢迎。

新时代，中国农大决心以曲周为依托，打造面向未来的绿色农业研究示范基地，把曲周建成国家绿色农业样板，把华北平原建成国际绿色农业榜样。

2018年7月，中国农大国家绿色农业发展研究院成立。研究院以曲周为起点，把科技创新、人才培养、社会服务结合在一起，全力打造跨学科、多单位、集团式农业绿色发展综合性创新平台。

2018年10月，中国农业大学农业绿色发展示范区在曲周建立，推动农业生产由高资源环境代价发展，到高产高效发展，再到绿色发展的根本性转变，全面构建绿色发展的生产、生活新模式。示范区近期以将曲周打造成国家级绿色发展样板示范县，推动京津冀一体化绿色发展，辐射全国为目标；远期以将华北打造成绿色可持续发展全球示范区、推动"一带一路"绿色发展为目标。

"曲周精神"绽放光芒

45年来，农大人在曲周不忘初心、砥砺前行，在接续奋斗中形成了"责任、奉献、科学、为民"的曲周精神。"曲周精神"秉承中国农业大学百年历史积淀形成的为国为民的家国情怀、敢为天下先的创新追求、自强不息的奋斗精神和追求卓越的创新魄力，深刻诠释了"解民生之多艰，育天下之英才"的校训，是新时代师生"弘扬爱国奋斗精神，建功立业新时代"的生动写照。

责任，源于解民生之多艰的笃定信念

农大师生时刻以听从党的召唤、把党和人民的事业摆在最高位置，以破解农业科技难题、推动农业科技进步、助力农业农村现代化为己任。

20世纪70年代，周恩来总理做出"北方干旱半干旱地区水力资源合理开发利用"的指示后，老一代农大人应邯郸地委请求进驻曲周县北部盐碱地中心的张庄村，建立"治碱实验站"。那时学校刚从延安迁回北京，教师住在实验室和教室里，家没安置好，孩子没人照顾，有的老师还患上了克山病。在责任面前，农大人义无反顾，无论严寒酷暑，一头扎进盐碱地，"改不好这块地，我们就不走了"是师生的豪迈誓言。新时期，科技小院的师生舍弃学校舒适的学习、生活和工作条件，与曲周农民同吃同住同劳动，进行科学研究和社会服务，凭的都是对党和人民的无限忠诚和对"三农"事业的责任担当。

奉献，源于无私无畏的使命传承

农大师生淡泊名利、无私奉献，总是想农民所想、急农民所急，鞠躬尽瘁、忘我工作，为了曲周的事业不求回报、持续接力、默默奉献、砥砺前行，用自己的言行生动诠释社会主义核心价值观的真谛和要求。辛德惠是20世纪50年代留苏的"洋博士"，受过周恩来总理的亲切接见。从1973年第一次蹚着秋涝积水来到曲周，到1999年因病去世，他在曲周工作了27年，其中有一年蹲点曲周的时间超过了300天。他把自己最宝贵的一生献给了农业，献给了曲周大地。他的光辉形象深深地烙印在曲周人民心底，他的奉献精神更激励着一代代农大人扎根曲周、奉献"三农"。现在，接力棒交到了更具创新活力的"80后""90后"手里，新时代的中国农大人在曲周续写着不求索取、无私奉献的故事。

科学，源于对农业发展的不懈探索

农大师生始终弘扬科学报国的光荣传统，追求真理、勇攀高峰的科学精神，勇于创新、严谨求实的学术风气，把个人理想自觉融入"三农"事业发展，在农业科技前沿孜孜求索，在重大科技领域不断取得突破。45年前，老一代农大人把实验室的瓶瓶罐罐搬到盐碱地旁的土坯屋，勘察、采样、测量、分析，长期扎根盐碱滩，艰苦扎实做研究。他们遵循科学规律，潜心试验、刻苦钻研，创造了改造盐碱地的"浅井深沟体系"，取得了黄淮海旱涝碱咸综合治理的伟大胜利。改土治碱成功后，师生开始了高产高效现代农业的系统研究，帮助曲周人民战胜资源紧缺的困难，实现了经济社会发展。新时期，中国农大师生创造了以科技小院为典型代表的科学研究与技术示范紧密结合的服务"三农"新模式，并把这一创新性成果发表在世界顶级期刊《自然》上。

为民，源于不忘初心的执着情怀

农大师生始终站在人民群众立场上，保持着与农民、与群众的密切联系，真心实意地为农民、为群众做好事、办实事、解难事，为国为民的赤子情怀已经融进了师生的基因和血脉。

45年来，从改土治碱，到建设规划，再到产业发展，农大师生坚持一切为了曲周人民、一切依靠曲周人民。他们入驻村民家中,吃群众锅里饭,睡群众家土炕,与曲周人民形成了水乳交融的浓厚亲情。

1988 年 9 月 8 日,曲周县委、县政府主要领导同志和农民代表驱车前往北京农业大学,为北京农业大学树碑:"改土治碱 造福曲周"。

2013 年 10 月,曲周实验站建站 40 周年之际,当地百姓又在实验站立碑两块,上书"恩重如山""鱼水情深"。2018 年 10 月,恰逢曲周实验站建站 45 周年,曲周县为中国农大师生专门编演了一台豫剧《天绿》,深入传承"曲周精神"。

立德树人薪火相传

中国农业大学作为中国共产党举办高等教育的实践者和亲历者之一,有着悠久的光荣历史、优良传统和深厚的红色基因,从办学之初就与国家命运和党的发展紧密相连。

早在 1919 年,中国农大师生就在时代大潮中觉醒,作为积极参加五四运动的 12 所高校之一,始终站在运动前列;1924 年,学校就成立了第一个党支部。学校的源头之一,是成立于延安的自然科学院生物系(后成为华北大学农学院)。作为在太行山上成长起来的"人民的农学院",不断传承与提升延安自然科学院传统和南泥湾精神。

新中国成立后,中国农大始终继承和发扬延安办学经验,始终坚持扎根中国大地办社会主义大学的办学方向,始终把服务农业现代化和国家建设作为学校的任务和使命。中国农大师生在曲周 45 年的奋斗历程和在延安办学的精神传统一脉相承,已经成为引领师生在新时代不断前进的强大精神力量。

全国高校思想政治工作会议召开后,学校党委紧紧围绕立德树人根本任务,深入贯彻落实习近平总书记"坚持教育同生产劳动和社会实践相结合"的一系列重要指示精神,大力传承和弘扬"曲周精神"优良传统,将实践育人贯穿于人才培养的全过程,形成了符合时代特点、青年特征、中国农大特色的科技小院实践育人长效机制。

科技小院确立了"住一个科技小院、办一所农民田间学校、培养一批科技农民、研究一项技术、建立一个示范方、发展一个农业产业、推动一村经济发展、辐射影响一个乡镇、完成一系列论文、组织好一系列活动"的研究生培养"十个一"模式。

科技小院为曲周"吨粮县"建设提供了有力技术支撑,有力破解了农业技术推广"最后一公里"的难题。从 2009 年到 2015 年的七年间,曲周小麦、玉米产量分别提高了 24%和 23%,而化肥用量增长很少,实现了区域绿色增产增效的目标,农民增收 2 亿元以上。

党的十九大召开后,学校依托曲周科技小院开展了"村村宣讲十九大,农技培训全覆盖"行动。百余名师生用持续一个月的时间,深入曲周县全部 10 个乡镇的 342 个村庄,和农民面对面宣讲、膝对膝交谈,把十九大精神、把农业技术送到田间地头、送到农民身边。宣讲队伍克服了数九严寒、生病和道路不便等困难,组成 10 个组,每天上午、下午各培训一个村,中间不间断,晚上及时总结和交流,每天工作 12 个小时以上。白寨镇白寨村村民张香林说:"老师同学讲的(我们)听得懂,内容有'嚼头'。只要一听说有课,都会赶来听。"师生们在此次活动中深受教育,研究生刘传云感言:"最大的收获是面对面听到了农民的心声,了解到农民群众对农业的热忱、对美好生活的向往、对知识技术的渴求,感到了自己身上的一份责任。"

近十年的实践证明,中国农大一批批"80后""90后"研究生在曲周扎下了根,融入村民之中,大大推动了"双高(高产高效)创建",获得当地干部群众的交口称赞。在科技小院,每天都有感人的故事发生。冬天培训期间,当地农民担心研究生受冻受寒,亲手制作棉鞋送给他们;为了表达心意,大河道后老营村农民自发捐款,你五元,他十元,为师生唱大戏;夏日炎炎,白寨乡北油村农民吕玉山包饺子、吕增银熬制绿豆汤送到小院;甜水庄村民将小院研究生奉为贵宾主持自己儿子的婚礼。

进入新时代,科技小院走出曲周,走向了东北、西北、华南、西南,在全国20多个省、直辖市、自治区的20多个作物生产体系建立了100多个科技小院,300多名研究生长期在农村、农企一线,"零距离"服务"三农",成长为"一懂两爱"的现代农业科研人才。《人民日报》、中央电视台、《光明日报》《中国教育报》《科技日报》《农民日报》、河北卫视等多家中央和省级媒体先后40多次到访科技小院,报道科技小院师生的先进事迹。2013年10月27日,时任中共中央政治局常委、全国政协主席俞正声考察广西金穗集团时听取了金穗科技小院工作汇报,称赞中国农大在读研究生们来到基层产学结合、服务三农"走对了路子"。

2016年5月,中国农业大学积极响应党和国家脱贫攻坚、奉献社会的号召,发起"稼穑之路——农科学子助力精准扶贫"系列社会实践活动,联合全国50余所农科高校,从2016年到2020年连续五年实施全国农科学子助力精准扶贫联合实践,发挥农业院校面向农村、面向农业、面向农民的人才优势、智力优势和技术优势,引导广大青年学生深入基层,在学习实践中受教育、长才干、做贡献。

中国农大始终将曲周实验站作为培育时代新人的教育基地。2011年7月,在庆祝建党90周年之际,学校"大学生思想政治教育基地"在曲周实验站挂牌成立。当年,学校组织本科生党员骨干培训班的100多名大学生党员到基地开展学习实践,近距离感悟"曲周精神"。曲周实验站也是学校教职工思想教育基地、马克思主义学院教学实践基地。2017年以来每年都要组织新入职教师、青年骨干教师赴曲周实验站开展学习实践活动,接受新时期爱国奋斗精神教育。马克思主义学院副教授刘武根说:"从老一辈中国农大人和科技小院研究生奉献'三农'的事迹中汲取到了精神力量,'曲周精神'是思政课的生动教材。"食品学院副教授吴晓蒙说:"科技小院的老师和同学们踏实肯干,用科技与知识切实造福村民,真正做到了把论文书写在大地上,自己不能总在实验室里搞研究,应该走出来用知识解决实际问题。"

新思想引领新征程,新时代呼唤新作为。中国农业大学将以习近平新时代中国特色社会主义思想为指导，以培养德智体美劳全面发展的社会主义建设者和接班人为己任，深入落实全国高校思想政治工作会、全国宣传思想工作会、全国教育大会精神，加强党的全面领导，扎根中国大地办好人民满意的高等农业教育，教育师生、宣传师生、组织师生传承和发扬"曲周精神"，弘扬爱国奋斗精神，建功立业新时代，加快建设具有中国特色、农业特色的世界一流大学，为早日实现中华民族伟大复兴的中国梦再立新功。

（原载《中国农大校报·新视线》2019 年 3 月 30 日）

依法治校　有"章"可循

——《中国农业大学章程》起草纪实

□何志勇

金秋十月,历时两年,经过反复讨论修改,广泛征求意见,数易其稿的《中国农业大学章程》终于经教育部核准发布了。

在教育部下发的核准书里明确指出:"你校当以章程作为依法自主办学、实施管理和履行公共职能的基本准则和依据","依法治校、科学发展"。

可以说,被誉为"高校宪法"的大学章程让学校依法治校从此有"章"可循。其实,中国农业大学章程起草过程本身,也是一次依法决策、民主协商的过程。

领导重视　民主决策

中国农业大学于 2012 年 4 月启动了章程起草工作。制定大学章程,是学校不断统一认识,深入思考,推进内部机制体制创新的过程。

学校认为制定章程既是依法治校和民主管理的具体实践,也是学校党的群众路线教育实践活动整改落实的内容之一,更是学校在改革创新中建章立制,坚定不移走内涵式发展道路,建设具有农业特色的世界一流大学的重要保证。

学校高度重视章程起草工作。学校党委常委会暨校长办公会专门研究了章程的领导和组织机构问题,成立了由党委书记姜沛民、校长柯炳生任组长的章程工作领导小组,成立了由副校长李召虎任组长、法律专家及相关部门代表组成的章程起草小组,由发展规划处负责牵头组织章程起草相关工作。

学校党委常委会暨校长办公会先后 7 次听取工作进展和重要内容汇报,就章程的重要问题进行充分讨论、民主决策。

2014 年 4 月召开的中国农业大学第三届教职工暨工会会员代表大会第三次会议专门讨论大学章程。

学校党委书记姜沛民多次听取起草组的工作汇报,提出要突出学校的办学特色、体现学校改革发展成效等意见。校长柯炳生自第一稿起,就针对学校发展理念、组织机构、校长职权等方面内容进行认真仔细的修改,直到听取教代会讨论意见后,仍结合各方意见和建议对章程文本进行仔细推敲。李召虎副校长多次参加起草组会议，参与文本的修改工作，督促工作进展，提出意见和建议。

广研博采　慎修细改

为使制定的章程能够充分体现学校办学特色和发展目标，成为规范学校管理运行的根本大法，在领导小组领导下，起草小组收集整理了大量资料，组织学习了关于加强现代大学制度建设的相关文件以及大学章程建设的相关论著。统一思想，提高认识，为制定大学章程打下良好的思想基础。

起草小组还专门研究了《中华人民共和国高等教育法》《中华人民共和国教师法》《中国共产党普通高等学校基层党组织工作条例》《高等学校学术委员会规程》等法律法规、政策文件，对章程涉及的各项内容进行深入研究和分析比对，从而确定了现在章程中的条款。

与此同时，起草组还搜集整理了国内外部分高校章程作为参考或参照。

2012 年 6 月，小组起草了《中国农业大学章程草案（第一稿）》。在几上几下修改过程中，起草组召开多次会议，逐字逐条分析研究条款，直到表述比较准确严谨为止。

在章程起草过程中，充分发挥广大教职员工和学生积极性、民主精神和权利意识，集思广益，群策群力。起草组分别召开学校职能部门、各学院、民主党派人士、师生代表等 8 次专题座谈会。发展规划处先后 7 次在党委常委会暨校长办公会汇报章程起草进展。

起草组拟就《中国农业大学章程草案（征求意见稿）》后，在发展规划处网站主页设置专栏，方便师生浏览查阅；并于 2014 年 1 月至 3 月，在学校网站主页向校内外公开征求意见。

在 2014 年的中国农业大学第三届教职工暨工会会员代表大会第三次会议上，各代表团认真讨论了章程草案，提出意见、建议 60 余条。会后，起草组据此进一步修改了章程文本。

学校还就章程文本向北京市教委、农业部、水利部等部门征询意见，并按照反馈意见进行了再次修改。

2014 年 6 月 10 日，学校召开中国农业大学党委全委会议，讨论通过了《中国农业大学章程（试行）（核准稿）》。

传承历史　特色鲜明

2014 年 9 月 3 日，教育部核准了包括中国农业大学在内的第四批 9 所高校章程。《中国农业大学章程》则具有三大特色：

第一，注重历史传承，彰显农大特色。学校以建设具有农业特色的世界一流大学为办学目标。章程中明确学校人才培养的目标与理念：以农立校、特色兴校，围绕人类的营养与健康,以农业科技重大需求和国际学术前沿为导向,以培养高质量农业科技创新与管理人才为主要目标。在学校与社会章节中,明确学校的社会使命:学校努力在保障国家粮食安全、食品安全、生态安全等方面做出重要贡献。

第二,确立法治理念,完善内部结构。一是完善学术治理结构,明确学校学术委员会、学位评定委员会等学术组织的关系,建立以学术委员会为核心的学术管理体系与组织架构。二是明确阐述学校与举办者之间的关系。三是明确院长任期,章程明确规定院长实行任期制,每届任期四年,原则上连续任期不超过两届。

第三,体现改革成果,保障有效实施。一是学生权利中,增加学生享有依照学校有关规定申请转专业的权利。二是明确了严格的章程修订程序。三是明确最长学制。章程规定学校实行弹性学制,本科生在校学习最长年限为所修读专业学制加两年(含休学)。研究生在校学习最长年限(含休学)为硕士生三年,博士生六年,直博生/硕博连读生(含硕士阶段二年)七年。

（原载《中国农大校报·新视线》2014 年 10 月 25 日）

穿越毕业季：
农科大学的首届学生

□陈卫国

　　1913 年这个季节,农科大学学生毕业,42 位同学,来自农学和农艺化学两门(专业)。最初按照奏定学堂章程,农科大学共设四门,由于师资、生源以及经费等原因,只有直接涉农两门招生。这年毕业的 25 位农学、17 名农艺化学的毕业生,成为农科大学分科以来办学史上的头一届。他们的情况,且作一番非学术的梳理——

44 位同学的来源

　　分科大学开办前,对考生来源有章可循:凡有大学堂预科毕业之文凭,不限届别都可以进分科大学肄习。因为大学预备科,本来就是"教育未兴、大学生徒尚无合格者"时候的变通之计,目的在于为分科大学开办储"才"。预科班学科程度与高等学堂相同;后来预科班与高等学堂打通,就读渠道仍然保留——但是作为生源的预科班学生人数本来就不多,在入学前还有考试的门槛。

　　在这种情况下,考虑办学生源,遂将范围扩大到师范科毕业生——这些读书人毕业时多已二十余岁,为各处学堂延聘的机会颇多。如果谋到合适的工作,很难再回头到分科大学肄习。如此一来,招生就得在更加宽广的视野中考虑,比如各省之高等学堂,毕业之有文凭者,一样都在考虑之列。

　　宣统二年正月京师大学堂两次招考学生 230 余;至当年四月十九日统共在册学生 387 人(其中农科 44 人)。当时情势,为我们了解农科一届生源提供意外之便。略去过程、直接端上结果:

　　——来自本校的生源,也就是京师大学堂体系,由预备科、译书馆以及地方咨送到大学堂师范两班四类的毕业生。其中师范旧班:第三类的杜福堃;第四类的封汝谔、伦鉴。师范新班:第一类的王之栋、孙鼎元;第二类的何师富;第三类的史树璋、张厚璋、胡光璧、陆海翌、祝廷棻、冯启豫、崔学材、许维翰、叶凤浚;第四类的高元溥、徐国桢、刘善寀、陈文炳、周清、邢骐、邹学伊、徐钟藩、吴天澈。各班累计 24 人。

　　——直隶优级师范学堂毕业生。包括第三类的王穆如、宋文耕、朱培桂、吕禀墅、张文楷、郝书隆、黄成章；第四类的赫严、白凤岐、张浩之、李书斌、刘漱三、陈临之、任季芳、王振岳，合计有 15 人。

——由两江师范学堂而来的生源。入读农学门的徐莹石、贾其桓，农艺化学门的季闳概、钱树霖、盛建勋等都有两江师范的学历背景。

在晚清教育格局中，各地督抚大都积极致力教育维新，因此多地成为教育发展的中心地带。针对生源问题"开放招生"救急之计面向全国，最后农科大学只有本学堂及南、北直隶两地学生，除了政策上的制度安排外，其中也有教育思路方向、学生水平程度等彼此接近的原因。

当年同学不少年

大学岁月，我们今天常说"恰同学少年"，对这些老学长来说，可能不很合适。他们中的绝大多数人在科举文章的环境里，经过一定年头取得生员身份；因为时代风潮更替，又从头接受近代教育，成为不同学堂的新学生；再到后来入读分科大学，需要更多的时间成本。其中从师范到分科，还有一段关节，需要特别交代：

按照当时"奖励章程"，除成绩最优等授予举人并加五品衔、直接以内阁中书尽先补用外，在授予举人的同时，都有在中学堂或初级师范学堂服务五年的义务——期满以后，优等在京以中书科中书尽先补用，到外省以知县分省尽先补用；中等在京以部寺司务尽先补用，到外省则以通判分省尽先补用。

从一份含有部分农科学生名单的《内阁公报》中可以了解，至少有 20 人已经完成五年学堂任教的职责，因此获得中书科中书人员录用资格的有伦鉴、张厚璋、陆海望等 13 人；获得吏部司务人员资格的有邹学伊、崔学材、张文楷等 7 人。补充说明，他们和最优等在中书科中书记名的另 6 位同学一样，是获得了资格。科举停罢以后，学堂成为正途，他们已然榜上有名，却是补用无期。这也是促成他们在大学征途上继续前行的动因之一。

当农科第一届毕业生离校之时，平均年龄超过 30 岁。其中年少者如二十五岁的王穆如、季闳概，犹然可说风华正茂。但年长如白凤岐、张文楷已三十有七，才迈出校门人生已然过半。他们的求学轨迹，不妨看看具体案例：广东东莞的伦鉴（淡如），最初作为民籍监生，进入译书馆，后来"拨入"师范馆第四类即师范旧班四类，履行义务，再入学农科大学，至毕业时已成为班级最年长者。

所以特别强调年龄，是对这些过渡时代人物的境遇有一种"同情之理解"。在近代科学和教育的萌蘖中，时间以及随即提到的视野，可供他们发挥的历史时空，可能共同造就了"新旧时代之间人"的历史宿命。

农科教育里的视野

农科第一届学生的早年同学——在预科或师范班中，也不少并未进入农科大学，而后毕生从事农林教育事业。其中如：秉志，预科班二类学生，1909 年赴美康乃尔大学农学院学习，获授博士学位，是中国第一个生物学系和生物学研究机构创办人、中国动物学会创始人、中国近代生物学主要奠基人。又如邹应薫，杜福堃师范旧班同学，比秉志早一年到康奈尔攻读昆虫学，随后在伊利诺伊大学获科学硕士学位。邹应薫后来以字"（邹）树文"为人所知，是中国近代昆虫学奠基人与开拓者之一。

农科大学首届学生毕业后很多都是从事教育或社会管理工作；但他们中间没有产生在农业科教事业中有广泛影响和奠基贡献的大家，多少让当代人在追怀的时候心有遗憾。从教育经历来说，有当时的农学教育体系尚未形成，教育组织者、实施者没有为他们打开足够视野。

研究者关注到当时农科大学：

图表、标本等全系日本制，讲义亦用日文，对于中国农业问题殊少实地研究。民国以后教授多系日本留学生及京师大学堂农科毕业生，但教材仍多翻译日本课本以为讲义，且购用动植物标本以取代本国实物。

在课程设置中，重通论介绍而少深入专门，罗列齐全而缺少配套衔接和循序渐进——这是早期输入西方科学知识（亦即翻译启蒙）的特点，但直接挪用在培才中，既有师生本身水平决定的操作限度，也有新式教育初兴时对"培育人才"的理解局限。而将日文教材等直接拿来，很大因素也是因为办学之初师资队伍主要依赖外国教育者的迫不得已。其实，当时对中国农业问题的"实地研究"并非没有，课程汗漫实在无法"理论联系实际"，即为其中原因之一。另一重要原因是，近代科学以系统为特点，单一农业课程的实践在精耕细作的传统农业面前难以呈现比较优势，难乎产生影响。

在课程、教材以外，如果教师是方面专家、又引导得法，也能将学生带到新路。对第一期农科生来说，遗憾的是：承担 30 门左右课程的四五位教师，农学科班并有研究建树的当时似乎仅有三宅市郎（植病学家）。农学、农艺化学各 30 门左右课程，不少都是学科量级。以常识而论，每周 20 左右钟点，能将这些课程讲得通透已是了得，遑论其余？就科学和人才来说，指引某方向的未知与可能，比传播探索获得的知识或成果，意义更加重大。

有学者所谓："一时代之学术，必有其新材料与新问题。取用此材料，以研求问题，则为此时代学术之新潮流。治学之士，得预于此潮流者，谓之预流。"日本教习对中国近代教育做出非常重大贡献、也发生重要影响，但具体在农业科学方面的"预流"贡献不多。

同学们的家世和轶事

农科大学第一届 40 多位同学，如果按家庭出身来说，都属于殷实人家的子弟。除本书《瞧，宣统年间的毕业证！》一文介绍的杜福堃外，如义县孙鼎元，曾祖孙柏枝、祖父孙连盛先后有文林郎的敕赠，其父亲孙一精还是光绪十四年举人。献县史树璋，其父史汝箴是同治十二年的举人,两人皆曾印行诗稿。而张厚璋出自南皮的大户人家,晚清大学士张之洞是其族祖,厚璋及其弟厚璜后来都是天津的书画名家。

除了官宦家族以外,持一技之长的士绅是另外一类主要背景。交河县的封汝谔同学,祖父封大纯专业岐黄,著有《医学心法》四卷,为一时良医。绍兴的周清(友三)出生在酿酒世家。绍酒在巴拿马太平洋万国博览会上捧回金牌,是其走向国际的精彩一笔——当时获奖的即以他的姓名命名的绍兴东浦云集信记酒坊"周清酒",时为1915年,可算农大毕业生成果的首次惊世亮相。

当清民之际,这些官绅不仅据有较为厚实的资产,同时也有对于社会、时代更为宽广的认识,可以支持子弟把握世情、竞逐新学。出现在京师大学堂里,不乏这些人家的兄弟雁行。本文提到的伦鉴,和伦明(哲如)、伦叙(达如)和伦绰(绰如)三昆仲,为叔伯兄弟,光绪二十八年十一月先后在大学堂齐集,后来分别自农科、师范科、文科和政科毕业。四兄弟中,以伦明最为知名,其人即为《饮冰室诗话》中"以《无题》八首见寄"而当时不曾留名的"东莞生",后来返校北大、北师大任教,是近代数得着的藏书家。"伦门四杰"并非小概率事件,此前有浙江仁和的王焘、王超、王斌和王烈,直隶宛平的顾德保、顾德馨和顾大徵,玉田的陈伯玉、陈叔玉、陈季玉等都是手足一夥。至于亲兄弟、堂兄弟二人同在大学堂的,不少于10对。

闲说当时轶事:就读期间,有多位同学要改名。这在入学时很严格,比如固始籍的祝良菜在1907年的改名,须由河南提学使和学堂总监督会批。进了学堂之后可能比较随便,叶夙浚改名浩章、张文楷更名为张闿,改了也就改了。不过凡事总有意外,冯启豫想易名冯崧颜,最后到底还是没有成。

(原载微信公众号"CAU 新视线"2016 年 6 月 24 日)

穿越毕业季：
瞧，宣统年间的毕业证！

□陈卫国

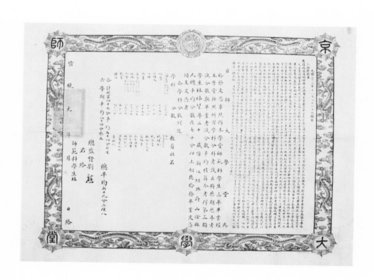

这张晚清时候的毕业证，是近代教育以来现存不多的教育文凭。

证书的主人杜福堃，103 年前曾在京师大学堂农科大学读书。没错，他就是至今 111 年历史的中国农业大学首届正式毕业生之一。但这一张，不是杜福堃从农科毕业的证书，而是入农科大学前从师范班毕业的文凭。

杜福堃的经历

根据京师大学堂资料、时人记叙及后人的研究，我们可以大致对杜福堃的简历情况进行"拼图"：

杜福堃，男，字霭簃，一作霭怡，大约生于光绪六年前后，籍贯为浙江绍兴府山阴县，实际寄居直隶北平。

他的祖父燮堂不可考；父亲杜学瀛，字伯雄，光绪年间在东北为官，历任知县、知州、厅同知等职，后来奏派会办吉哈铁路交涉局事宜，因筹饷案内保奏赏加二品衔。值得一提的是，杜学瀛在 54 岁时就任哈尔滨滨江首任关道（海关长，正四品），任上留有政声，与继任者施肇基都是东北近代城市史、外交史研究中不可不知的人物，阿成在《他乡的中国》里曾有道及。值得"吃货"记住的是，"锅包肉"就是他家厨师的发明。

按照当时的科举制度，文官京官四品、外官三品，可以有一子以荫监入学。杜福堃排行第三，在报考大学堂师范馆时，虽然出身官宦家庭，但其父品级尚不够"外官三品"的条件，监生身份仍注明民籍。附带两句：年长他三岁的杜福垣（薇卿）同年也以监生身份入大学堂，只是很快就作为官费留日的 31 人之一，前往东瀛第一高等师范。和杜薇卿同行、同校的同学中有吴宗栻，后来是农科大学的校长。

杜福堃在师范科，有过短暂的实习经历，其中包括与谢运麒、林传树（传甲之弟）、马汝郏（六舟之子）一道，到黑龙江分别任中学或师范教习。林、马为教育家庭，对东北近代教育贡献很大。谢家则是万县望族，运麒父亲树阶，见闻于川中。但杜福堃此行在黑水中学，任教时间不长。

杜福堃师范毕业后进入农科大学，1913 年毕业。1917 年担任川沙县知事（当年试署、两年后实授），其后任江苏第五工业试验场——实质为工技学校校长，随后任南汇、江阴、江浦等县知事。他参与师范同学南海关赓麟（颖人）、庆霁（吉符）创办的清溪诗社，与关氏兄弟及冒鹤亭（广生）、蹇先矩（方叔）、胡焕（藻青）、靳志（仲云）、戴正诚（亮吉）等交游，但酬唱不多。

杜福堃还曾参与编纂《新京备乘》，该书本由陈洒勋采辑。洒勋，字述猷，也作述庐，长沙人，以其父陈麟书（振威）职官金陵的原因随宦多年，本人后来授江苏第三专税局务。陈杜有姻亲之谊，因此委托福堃整理札记及补缀亡佚等工作。书成后辑为 3 卷 22 门 10 余万字，所记"地限于前代上（元）江（宁）两邑，事详于清室咸（丰）同（治）以还"，是近代以来较引人注意的南京方志，其铅印本 1932 年由北平清秘阁南京分店出版，2004 年南京重印。

杜福堃的入学及课程等

杜福堃是师范馆的第二期学生。1902 年冬，因八国联军入侵北京而停办的京师大学堂重新开课，其中师范馆录取学生 79 人，全是自愿投考，是为首届。1904 年初在《奏定学堂章程》颁布后，师范馆改照优级师范学堂办理（即学生四年或五年毕业，生源既含在京报考，也有外省选送）；其后学堂奏准开办预备科，又添招师范新班。当时统计，合新旧师范两班四类、预备科六班二类学生共计 512 人。杜福堃这一拨习惯上则被称为"师范旧班"。

杜福堃所在专业为第三类。关于京师大学堂师范馆/科的设置与分类，以庄吉发所述

为最优,摘述相关部分:

分课程为公共科、分类科及加习科三种。公共科为第一年学生必修共同课程,包括人伦道德、群经源流、中国文学、东语、英语、辨学、算学、体操等八科。分类科为入学次年学生就其兴趣及专长而分类肄习,共分四类……第三类系以算学、物理、化学为主,其课程为人伦道德、经学大义、中国文学、教育学、心理学、算学、物理学、化学、英语、图画、手工、体操等十二科……

"公共–分类–加习",或者说"基础–专业基础–专业"结构的课程体系,早在百余年前大学初创时便已发轫;与此同时,专业教育思想也开始付诸实践,杜福堃所读的,类似今天所谓的理学专业,其课程中人伦道德、经学大义、中国文学、教育学、心理学及体操 6 门课程,是"四类"都有的通习课程,第一类(中外文学)、第二类(史地)同样一门不落;此外的算学、物理学、化学、手工(实验)等几门,方显"专业特色"和教育核心——不过这些课程,在计算成绩时并不特别加权。因为和第四类(也称博物科,以植物、动物、矿物、生理为主)专业相近,有些教师如林琴南、法贵庆次郎、高桥勇两边兼课。

晒出来的授课教师与成绩

和后来的文凭证书不同,宣统元年的那款有些"不留情面"——不仅把同学们主要课程(当时谓之"学科")和分数晒出来了,任课教师姓名同样一一胪列公示。也因为如此,我们得以了解杜福堃毕业那年的课程和任课老师:

林纾与法贵庆次郎共同讲授人伦道德,法贵氏同时开有教育学。饶橿龄授经学大义,钱葆青授中国文学,服部宇之吉授心理学,高桥勇授图画,氏家谦曹兼授算学、物理,西村熊二授化学,台树仁授体操。

这些人中有些是熟面孔,像翻译过《巴黎茶花女遗事》《黑奴吁天录》等大批作品的林纾(琴南);多数今天不为人知。略经查考,可知师资比较专业和靠谱。日籍教师基本是由服部宇之吉引荐而来——来华前他是日本东京帝国大学文科大学副教授,北京话说得非常地道。

在师范科,服部是正教习,也讲授心理学等课程,后来三度出任教育总长的范源濂(静生)当时是他的翻译/助教。其余几位基本情况是:法贵庆次郎,来前是东京高师教授,法学士;氏家谦曹,来前是日本第二高等学校教授,理学士;高桥勇,东京美术学校日本画科助教;西村熊二,卒业于东大工科大学,工学士。在任教期间,服部被清政府破格授予二等第二宝星,法贵、氏家、高桥也都获得三等第一宝星。而中方老师中,饶橿龄(麓樵)、钱葆青(仲宣)都是举人。饶橿龄值得特别交代:他执教北、清两校,清华早期学生在回忆录中很少不忆起他的。

京师大学堂的考试,在《奏定学堂章程》已有规定。被晒出的分科成绩,源自那年毕业考:光绪三十四年底各科课程授课完毕,在阴历十二月初八至十四日的"考试周"里,按照所授课程分日考试（因事未能参加的，次年闰二月二十二至二十七日还有补考机会）。杜福垫考完，按科平均后是七十四分七厘——其中品行分数与人伦道德课程合计平均计入等，是按照《奏定学堂章程》修订后的政策。而在此前的三年功课表现，在证书上也有记录，反映为分科成绩之左，不起眼的一行"六学期平均八十四分零五"。将毕业考、六学期两项的简单平均，就有了杜福垫师范科的总平均或称最终成绩：79.38。这在当时评价体系中属于优等，相当于"良好"，距离最优等的杠杠，还差一小点。

证书里的"宣统"皇权

100多年前的这份证书非常郑重其事。形制依照学部规定的尺寸，所用纸材是上等桑皮纸，四周龙文镶边，分嵌入"京师大学堂"五字，版心统一的文字内容以木版印底，毕业生个人信息及成绩则由手写。

这证书的大小约相当于《中国青年报》两版的大小，只是稍窄而略高，有人真的去测量尺寸——64厘米×54厘米——这么大个的证书，学部还是能将内容安排得满满当当：

证书文凭的左列洋洋1000多字，是光绪二十九年以慈禧太后名义发出、流传甚广的上谕。上谕针对当时的"学务"与"士风"而发，从办学初衷落笔，指摘"士习颇见浇漓"，规约全国教育方针及学官、教师职责，其中明确要求"此旨即着管学各衙门暨大小各学堂，一体恭录一通，悬挂堂上，凡各学堂毕业生文凭，均将此旨刊录于前，俾昭法守"。由此，不仅京师，就是两江、两广学堂的文凭，也都刊印这么长长的圣旨全文。

证书中、右位置是授予信息及附引成绩。杜福垫的这张内容——

京师大学堂为给发文凭事照得本学堂师范科学生三年毕业经本学堂按照所习学科分科考试并将历期历年考试分数与毕业考试分数平均核算今考得第三类学生杜福垫年二十□岁系浙江绍兴府山阴县人总平均分数在七十分以上相应给发毕业文凭

附引成绩已如前所述。稍作说明的是，在此前后，证书授予信息的体式一直在变化，总体上是越来越多。前一年，就不细列分科成绩；而后一年，不仅列成绩，还将授予信息中关于毕业生籍贯等剔出，另作单独说明，并补充交代三代情况——后一点又是科举里的传统，湖北农务学堂的证书便是如此程式。证书最右，有当时总监督刘廷琛的题签，注明"右给师范科学生杜"。颁证日期为宣统元年，月日不具，正盖汉满文对照的"京师大学堂总监督关防"。

证书上的少与多

严格意义上说，杜福垫的证书"信息不全"，成为细节上的纰漏。

比如关于数字的问题。一是年龄，这时候他已经二十七或八岁，但证书只写到二十，尚余一字位置空白。其二是发证的月日，这更是不该有的缺省。晚一年多时间进大学堂但同时毕业的附设博物科学生布青阳的证书，就比他的完备和规范。

要和当时其他学堂比较,杜福堃、布青阳这些京师大学堂毕业生文凭还缺少其他验证信息内容——其中就包括得有老师印鉴,"列名押章"是明文要求。只是在毕业时要落实非常困难,因为外籍老师如西村、高桥、氏家已经相继(1907—1908年)回国,因此大学堂毕业证只能"留白"。此外尚有骑缝章种种,在这些方面上,倒是地方优级师范学堂落实到位,从两江优级师范、湖北农务学堂的毕业证就可以窥豹。

除了少,杜同学的证书还有比别人多的地方:右上角一处"中央学会事务所验讫"印章,极为罕见。

"中央学会"于中华民国一年(1912年)筹建,这时候是杜福堃在农科大学读书的最后一年。中央学会本是依附《参议院议员选举法》而生,其设立初衷是仿效西方建立学术研究团体,但其中又夹裹政治利益。当时正是文官任用、教育考试等制度的革故鼎新阶段,兼有学术团体和政治机构属性的"中央学会",当然容易引发人们对"民国翰林院"的猜想。大学堂文科监督孙雄向朋友徐兆玮"吐槽":

文科学生本须明年暑假方能毕业,今因国会选举,毕业后可得中央学会会员资格,学生竭力运动,教育部准于阳历三月前考试毕业……

可见时人态度。这年初,主管中央学会的教育部刚刚发布设事务所、在京者验审文凭等相关组织会员的公告,没过几天就忙不迭地"辟谣":"会员之资格与文官任用之资格绝无关系""以学术政治混为一谈尤属误会"。

"中央学会事务所验讫",其实一无用处,因为这个学会最后并没有成立起来,除了酝酿阶段平添一场"误会",并没有对社会进程、毕业生命运发生多大影响。

(原载微信公众号"CAU新视线"2016年6月19日)

穿越毕业季：
到祖国最需要我们的地方去！

□何志勇

又到毕业季，是坚守在"北上广"，还是到基层去建功立业？这的确是个让很多毕业生纠结的问题。

"解民生之多艰，育天下之英才"，中国农业大学一直引导和鼓励学生"入主流、下基层、立大志、成大业"，以服务国家发展建设为职业选择方向，到祖国最需要的地方去建功立业。

在中国农业大学2016年毕业典礼上，毕业后赴西藏工作的曹翔宇同学代表毕业生发言，表达了立足基层、建功立业的决心；就在几天前，学校党委书记姜沛民、校长柯炳生、党委副书记宁秋娅等校领导与2016届赴各地定向选调生代表座谈，鼓励青年学子们志在四方、深入基层、大有作为。

立足基层、报效国家、服务社会是中国农大一贯优良传统，今天我们一起来翻阅65年前的《人民日报》，看一看新中国成立之初，在建设社会主义新中国和抗美援朝保家卫国的伟大热潮中，农大毕业生们的选择吧——

仲跻全：愿到艰苦而最需要的地方去

1951年，中央人民政府政务院为了国家建设的需要，决定"全国公私立高等学校（革命大学、军政大学以及由各业务部门直接领导的学校除外）今年暑期毕业生一律由中央人民政府人事部、教育部负责统一分配工作"。

"政务院的这一方针，完全是从我们国家的实际情况出发的。"1951年7月11日的《人民日报》指出，经济建设的美丽远景已呈现在我们面前。新中国的建设事业需要大量的工业、财经、国防、政法、文教等方面的建设干部。但中国的教育目前还很不发达，高等学校的毕业生数量目前还很小。因此，人民政府除了要大力培养各种建设人才以外，为了使现有的为数不多的高等学校毕业生，能对国家的需要发挥最大的效能起见，由国家统一领导，对他们作有计划的分配与使用，是完全必要的，有巨大意义的。

"对于祖国的这一庄严号召，青年同学们采取了欢迎和拥护的态度。"在当日《人民日报》头版刊登的《毕业同学们，服从统一分配，参加国家建设！》报道中，点名北京农业大学等4所高校本届毕业生"都表示要无条件地服从祖国的统一分配"。

"我们坚决无条件地服从统一分配，希望到较艰苦而最需要畜牧兽医人员的地方如新疆、内蒙古、青海等祖国的边疆去。"在1951年7月13日的《人民日报》头版刊登的一则消息："全国各高等学校暑期毕业生 兴奋愉快等待统一分配工作"，报道了北京农业大学畜牧兽医专修科仲跻全等六位同学给党中央和教育部写信，申请到祖国边疆去建功立业的心愿。

许洛墨：大学毕业回村宣传农业技术

1951年4月18日《人民日报》第六版以"读者来信"的形式，刊载了"劳动模范许洛墨农业大学毕业后回村宣传农业技术"的事迹——

河北省晋县（今晋州市）北彭家庄村劳动模范许洛墨，自去年在北京农业大学学习农业技术回家后，屋子里经常挤满了来向他学习农业技术的农民。许洛墨向大家讲解肥料三要素氮、磷、钾的作用。他指出本村村北的地，往年种的棉花，叶子长得很茂盛，棉桃结得不多，这是因为土地里氮素多，磷素太少，如果用些骨粉肥料，就能治过来。很多农民听了他的话，都愿买骨粉做肥料。根据大家所提出来的数目，五千斤骨粉还不够。

许洛墨还动员大家，把烧灶火的柴草灰单另放起来，免得和尿、大粪混在一起，弄得没劲了。有些人觉得这样太麻烦，经过他再三解释，已有几户准备分开放了。

去年，本村曾买了一千多斤烟叶治棉蚜虫。今年烟叶太贵，许洛墨就领导农民制造固体棉油乳剂来治棉蚜虫。

开始大家不相信。许洛墨先说动了农民张老开，他俩合伙买了十八斤棉油。然后动员大家入股，一股算一斤油。这样一来，就有十二户农民入股。在制作时，许洛墨亲自教给大家。他把棉油、大麻仁、小米面等在盆里配合好，放在坑头上，每天搅拌，让它发酵后变成固体。很多农民天天跑来看。三天过去，因为棉油放在炕头上着了热，却变稀了。大家着急地说："许洛墨，为什么这东西越来越稀？怕是你在北京听错了吧？"可是到第九天，棉油乳剂变稠了，放上碱，就成了皂块——固体棉油乳剂。

许洛墨和村长、支部书记等，积极领导大家把旱田变成水田，扩大棉田。他们组织了六个生产组，正月初六，就从县水利推进社贷回六辆水车。截至夏历二月底，全村已贷回二十二辆水车。他们领导大家，打了三眼新井，又把四眼旧井锥深，扩大水田一百五十多亩。为了扩大棉田，又从县农场拉回八百斤纯斯子四号棉籽。

许洛墨所领导的互助组，已向李顺达互助组应战。他们组种的棉花，保证每亩产籽棉三百七十斤，旱地每亩产一百五十斤。

因为经常有农民向许洛墨求教农业技术，他现在正准备找热心的农民，组织一个技术研究组。

王士宝：要把驾驶拖拉机改成驾驶战车

"在美帝国主义的侵略火焰的威胁下，我们的祖国向自己的儿女——青年学生和青年工人发出号召：巩固国防力量，参加国防建设！"1950年12月19日出版的《人民日报》发表文章《为了祖国！——记青年学生参加军事干部学校的热潮》让人感受到当年朝鲜半岛的战火硝烟味道，也记录了"为了祖国，新中国千千万万青年学生，正愉快地奔赴光荣的岗位"的历史画面——

今天，美帝国主义强盗又要来侵犯、掠夺我们的祖国了，这就激起了千千万万中国学生的切齿痛恨。他们知道在美帝炮火的威胁下，是很难建设自己庄严美丽的祖国的。北京农业大学学生王士宝说："我要把驾驶拖拉机改成驾驶战车！"湖北实验中学高三学生曹胜熏说："我要用投考空军学校来代替投考清华大学！"同班学生黄培元说："为了弟弟妹妹们能够很好地学习，当一个坦克手来代替工程师的前途吧！"

"我要把驾驶拖拉机改成驾驶战车，为我们美好、幸福的生活而战斗！"在此之前的12月4日，《人民日报》一篇题为"北京上海等地青年学生青年工人热烈响应参加国防建设号召 纷纷报名要求保送参加军事干部学校"的报道中，王士宝如是说。

这篇报道说：北京农业大学王士宝、余鸿基等十几个学生都已表示坚决要参加军事干部学校。而另一名同学王维敏也说："为了让我的弟弟妹妹、我们大家的弟弟妹妹都能够好好地学习，我决心参加特种兵军事干部学校，学习军事技能，捍卫祖国！"

52届全体毕业生：我们的心愿实现了

1952年8月18日，《人民日报》刊登了北京农业大学全体毕业同学的来信——

在祖国即将展开大规模经济建设的时候，我们毕业了。从抗美援朝运动开始，我们就下定决心："时刻准备着响应祖国的号召"，今天是实现我们的心愿的时候了。

回想在反动派统治的黑暗时代里，祖国人民遭受着种种的灾难，我们的热情与智慧被无情地压抑着。今天祖国人民已经站起来了，我们青年学生再也不为学习和工作发愁了，我们心里只有一件事：保卫和建设祖国，争取人民更大的幸福。

今天祖国在飞跃地前进，各个生产战线上都一次又一次地取得了辉煌的胜利。在农业上，由于绝大部分地区土地改革的胜利完成，农民的生产热情大大地提高了，加以水利的兴修，农业生产技术的提高，农民普遍地组织起来，使单位面积产量有了很大的提高。目前农业生产合作社在迅速地发展，集体农庄在东北和新疆出现了，祖国美好幸福的明天就在眼前了。

当我们一想到这些，心中就感到无比的兴奋，全身充满了力量。我们知道要创造更幸福的明天，就必须在共产党和毛主席的领导下，加强马克思列宁主义和毛泽东思想的学习，钻研业务，虚心学习苏联的先进生产经验。我们相信祖国人民的智慧和劳动，一定会使沙漠变成良田，使荒山僻野变成农庄和城市。我们要使农业生产的产量无限地提高，实现农业集体化、机械化，为人民幸福的生活而奋斗。我们北京农业大学全体毕业同学，坚决地愉快地服从祖国的统一分配，争取到祖国最需要我们去的工作岗位上去。

（原载微信公众号"CAU 新视线" 2016 年 6 月 24 日）

你不知道的农大：
校徽变形记
□何志勇

"戴上我们的校徽，就怀揣一片绿色的向往。"

大家都知道，中国农业大学的校徽（图1）基本色调是"生命绿"，以植物的色彩，体现农业特点，象征生机勃勃蓄势待发。整体外形则是代表坚固、稳重和持久的盾形；同时，也是锹和犁的形态，体现培养人才的治学理念。整体外形上表现出"顶天立地"，上部象征进取和开放，下部表现面向社会的办学主旨。

校徽的主要元素中，以手绘农科大学校门和"1905"表示学校始源；以托举状的麦穗寓意托举农业未来的重任；麦穗和齿轮代表农科和工科；书本图案代表传播知识、培育英才和美好未来。

就像农大校歌唱的那样，校徽是一所学校的象征与标志之一，一枚小小的校徽可以非常直观地展现出学校的发展变化，促使万千师生、校友拥有强烈的身份认同感和归属感。

其实，在中国农大110多年的发展历程中，校徽一直在"变形"，今天让我们一起来看看不同时期的农大校徽，重温那些"徽"映青春的旧时光——

这是国立北京农业专门学校（国立北京农业大学）时期（1912—1927年）的"北农"徽章，从当年的老照片来看，应该是一枚帽徽（图2）。

来看看国立北平大学农学院时期（1928—1937年）的校徽（图3）。国立北平大学，是民国时期南京政府教育部设立的大学组合体，由隶属于一个校名的五个学院构成，分别

图1 中国农业大学校徽　图2 国立北京农业专门学校徽章　图3 北平大学农学院校徽

图 6　北京农业大学校徽

图 4　北平大学农学院纪念徽章　　图 5　华北大学农学院校徽

图 7　北京农业大学校徽

图 9　北京农业机械化学院校徽　　图 10　北京农业工程大学校徽

图 11　北京农业工程大学徽章　　图 12　中国农业大学校徽　　图 8　北京农业大学校徽

为医学院、农学院、工学院、法商学院、女子文理学院。这五个学院也都有风格相近的校徽：“北平大学”四个篆字左右上下排列，中间则是表明院别、庄重而方正的“农”或者“医”等字样。

1933 年，北平大学农学院毕业纪念册的封面画有一个当时很流行的“挂式”毕业纪念徽章图案（图 4），倒三角形的篆字“农”被巧妙地镶嵌在徽章正中心。

中国农业大学的另一支源头是华北大学农学院，学院前身是 1940 年中共中央创办的延安自然科学院生物系。华北大学农学院时期（1948—1949 年）的这枚校徽（图 5），既有着鲜明的“红色”基因，也传递着“生产、研究、教育”相结合的教育方针。

1949 年 9 月 29 日，北京大学、清华大学、华北大学三所大学的农学院合并，组建成新中国第一所多科性、综合性的新型农业高等学府，并于 1950 年 4 月正式命名为北京农业大学，它在不同时期也有不同的校徽（图 6、图 7、图 8）。

在 1952 年的全国高校院系调整中，北京农业大学农业机械系与中央农业部机耕学校、华北农业机械专科学校合并成立北京机械化农业学院。1953 年 1 月，平原农学院部分师生并入北京机械化农业学院。同年 7 月，更名为北京农业机械化学院（图 9）。

1985 年 10 月，北京农业机械化学院改名为北京农业工程大学（图 10、图 11）。

1995 年 9 月，经国务院批准，北京农业大学与北京农业工程大学合并成立中国农业大学,成为一所规模更大、学科设置更趋综合化的新型农业大学(图12)。这一时期,中国农业大学的校徽却是一个圆形样子的(图13)——外环上下是中英文校名,中间是英文缩写"CAU"和"1905"字样。这个主题很明确的徽章,现在看上去显得有些简单。

直到2005年,百年农大才开始使用现在我们常常看到的盾形校徽。

2004年9月下旬,学校召开了一个会议,研讨部署百年校庆农大历史、精神、文化等层面相关工作,这次会议的一个重要议题是:部署校风、校训、校歌、校旗、校标、百年校庆标识等征集工作。

半年之后,经过广泛征集、认真评选、反复征求多方面意见和公示,学校在2005年4月26日正式公布了新校徽图案,这个盾形校徽在当时是以金黄色为主色调。

2011年初,学校开始了视觉识别(VI)系统设计。经过半年时间的调研、设计、修改后的方案,通过网络投票、二届五次双代会代表投票、征求离退休教职工代表意见后,最终在"厚土金""丰收金""睿智绿"三个备选方案中确定绿色为学校视觉识别系统基础色,并命名为"生命绿"。

2012年初,进入应用推广阶段的学校视觉识别系统中,校徽不仅仅是颜色发生了变化,还对"1905"字样、书本、老校门等图案的细节元素也进行了微调,让新的校徽更简洁大方,主题更突出。

仔细看一看,你能找出2005版校徽(图14)和2012年优化版校徽(图15)的区别有哪些吗?

图13 2005年以前的中国农业大学校徽

图14 2011年以前的中国农业大学校徽

图15 2012年优化后的中国农业大学校徽

(原载微信公众号"CAU新视线"2016年10月9日)

你不知道的农大：
校门变迁史

□何志勇

一入此门，情深似海。

有人说，校门是学校的门户，它是校园建筑群体的空间起点。走近校门，我们从这个"序幕"开始对校园的空间进行更深的认知。

在中国农业大学110多年的发展历程中，曾辗转迁移，也历经风雨，这期间在不同地点，在不同岁月产生了一座座风格迥异的校门。对于所有农大人来说，这些照片中或现实中的校门不是抽象的建筑物，而是映射着社会、历史和文化的厚重记忆。

今天，让我们一起走近不同时期的农大校门，从中探索历史痕迹，透视时代特征，感受校园文脉的变迁。

1898年，中国近代意义上第一所国立综合性大学——京师大学堂建立。1905年，京师大学堂八个分科大学之一的农科大学滥觞，这是今天中国农业大学的最早源头。

20世纪初京师大学堂农科大学校门

1905—1938年，学校经历了晚清、北洋和国民政府三个时期，学校也随政局变迁不断演变。1914年2月，农科大学独立，改组为国立北京农业专门学校，成为当时北京国立八校之一。1923 年 3 月,改为国立北京农业大学。1928 年,国民政府改北京为北平,将北京国立九校合并组建国立北平大学,农大旋即改为国立北平大学农学院。

20 世纪 20 年代的国立北京农业专门学校大门(左图)
和 20 世纪 30 年代的国立北平大学农学院校门(右图)

历经抗日战争烽火,农大弦歌不辍。1949 年 9 月 29 日,北京大学、清华大学、华北大学三所大学的农学院合并,组建成新中国第一所多科性、综合性的新型农业高等学府,并于 1950 年 4 月,正式命名为北京农业大学。

1950 年,罗道庄,北京农业大学校名确定之后挂牌的新校门(左图)
和 1958 年,北京农业大学迁至马连洼后建立起的新校门(右图)

1952 年全国高校院系调整,北京农业大学农业机械系与中央农业部机耕学校、华北农业机械专科学校合并成立北京机械化农业学院。1953 年 1 月,平原农学院部分师生并入北京机械化农业学院。7 月,更名为北京农业机械化学院。

1952 年，北京机械化农业学院在通县（今通州区）双桥农场建立时的校门（左图）
和 20 世纪 50 年代北京农业机械化学院迁校清华东路后的校门（右图）

20 世纪 60 年代，北京农业机械化学院的校门

"文革"期间，北京农业大学、北京农业机械化学院分别被迁往陕西延安、四川重庆，
又辗转河北涿县、邢台等地艰难办学。从东到西，从北到南，农大人不忘初心，坚守信念，
教学科研孜孜不倦。

20 世纪 70 年代，华北农业大学在涿县办学时的校门旧址（左图）
和 20 世纪 70 年代初，位于重庆的四川农业机械学院校门（右图）

20 世纪 70 年代，华北农业机械化学院在河北邢台办学时的校门

1978 年，科教事业迎来了春天。此后，北京农业大学、北京农业机械化学院先后回到北京原址办学。1985 年 10 月，北京农业机械化学院改名为北京农业工程大学。

北京农业大学 20 世纪 80 年代的校门（左图）和 1990 年修建的校门（右图）

1978 年，北京农业机械化学院复校北京时的校门（左图）
和 20 世纪 80 年代末至 90 年代初的北京农业工程大学校门（右图）

1995 年 9 月，经国务院批准，北京农业大学与北京农业工程大学合并成立中国农业大学，成为一所规模更大、学科设置更趋综合化的新型农业大学，江泽民同志亲自为学校题写校名。

1995 年中国农业大学成立时，两校区分别在校门挂牌

2019 年 9 月，中国农业大学两校区大门新姿

（原载微信公众号"CAU 新视线"2016 年 10 月 10 日，2019 年图片为本书编者增补）

你不知道的农大：
校训变更录

□何志勇

"解民生之多艰，育天下之英才"是中国农业大学的校训。

"校训"是什么？《辞海》是这样解释的："学校为训育上之便利，选若干德目制成匾额，悬之校中公见之地，其目的在使个人随时注意而实践之。"

可以说，校训是一个学校的灵魂。校训是学校文化的核心，是影响学校和师生发展的关键，它既是学校品格和美质的象征，也是全体师生的行动指针。

伴随着校训，人们常常会联想到"校风"。校风是一所学校所特有的占主导地位的行为习惯和群体风尚，体现为一种独特的心理环境，它稳定而具有导向性。

"团结、朴实、求是、创新"是中国农业大学的校风。

在中国农业大学110多年发展历程中，在不同历史时期，产生了不同的校训、校风，体现出百年农大的办学传统、不同时期的校园文化和教育理念，积淀着学校的悠久历史和精神文化。

中国农业大学的三支源头分别是：京师大学堂一脉相承的北京大学农学院、清华大学农学院和华北大学农学院，要了解农大的校训、校风，先要了解一下北大、清华和华北大学的校训、校风。

1914年梁启超在清华大学作讲演，提到"自强不息、厚德载物"精神，以后它便成为清华大学的校训。1916年时任北京大学校长的蔡元培提出了"循思想自由原则，取兼容并包之义"，促进了北京大学的思想解放和学术繁荣，促使北京大学校训"爱国、进步、民主、科学"的产生（《大学校训》）。

其实，至今北大也没有明确提出校训，流传甚广的"思想自由，兼容并包"和"爱国、进步、民主、科学"并非北大正式的校训。但有人认为，此二者虽无校训之名号，却是潜在地发挥着校训功能的"隐性校训"。

华北大学的前身是陕北公学。1939年，陕北公学、延安鲁迅艺术学校、延安工人学校、安吴堡战时青年训练班四校合并，成立华北联合大学。1948年，华北联合大学与北方大学合并，成立华北大学，校长吴玉章提出了"忠诚、团结、朴实、虚心"的校训。此间，从

1940 年延安自然科学院生物系沿袭而来的北方大学农学院,也成为华北大学农学院。华大农学院以培养农业建设人才为目的,提出了"教育、研究、生产"相结合的教育方针。

新中国成立后,北京大学、清华大学、华北大学三所大学的农学院合并组建成立的北京农业大学,既秉承了北大、清华重视理论、重视基础的传统,也传承了华北大学农学院重视实践、重视理论联系实际的传统。

不过,农大第一次正式提出校训却是在建校 85 周年前夕。1990 年 8 月,为迎接北京农业大学建校 85 周年,学校专门把弘扬传统校风作为校庆的主题,并把校风概括为"理实并重、严谨求是、艰苦朴素、团结奋进",校训是"崇尚科学,献身农业"并正式确定了校歌、校标。这里的"理实并重"就是指农大办学传承了北大农学院、清华农学院和华北大学农学院三校优良传统。

而从北京农业大学分流成立的北京农业工程大学则没有确定校训,但在 1987 年建校 35 周年之际也提出了"团结、勤奋、求实、进取"的校风。校庆期间,时任全国人大常委会副委员长王任重为学校题写了八字校风。

北京农业大学和北京农业工程大学合并成立中国农业大学后,在新世纪来临的时候,学校"根据各个历史时期有关校风、校训的不同表述,结合新的历史时期赋予校风、校训的新内容,在征求部分师生意见的基础上",确定农大校训为"博大精深",校风为"团结、朴实、求是、创新"。

"博"指以开阔的眼光、开放的心态博采众长。"大"指心胸宽广,抱负远大。"精"指精益求精,学问精纯。"深"指学力深厚、研究深入。"博大精深"既是对学校整体发展的期待,又关乎每一个农大人的求知与做人,学校希望全校师生以此为指引,弘扬优秀传统,树立"团结、勤奋、求实、进取"的校风。

中国农业大学百年校庆倒计时一周年的时候,2004 年 9 月,学校召开会议,研讨部署百年校庆农大历史、精神、文化等层面相关工作,专门提出"认真提炼,优中选优",开展校风、校训、校歌、校旗、校标等征集工作。

2005 年 4 月,经过广泛征集、认真评选、反复征求多方面意见和公示,学校新校标图案和校训确定,校风维持不变——

新的校训:解民生之多艰,育天下之英才。

校风维持不变:团结、朴实、求是、创新。

"长太息以掩涕兮,哀民生之多艰"是屈原《离骚》中的名句,其中所寓含了深沉的忧患意识和强烈的社会责任感,几千年来一直感动并激励着中国知识分子为国为民殚精竭智。"民生之多艰"是中国的农情,也是中国的国情,中国农大以农立校,国富民殷、强农为本,是中国农大百年不变的追求。数代农大人情系乡土,忧患苍生,为实现中国人千百年来的温饱和富庶之梦不遗余力。

以"解"代"哀",以此为己任的大气取代了原句中的悲戚之气,恰切地表现了中国农业大学有别于其他高校的独特性。

以"育天下之英才"接"解民生之多艰",充分体现了中国农大作为农业高校首府的教育特性,磅礴有力、气势不凡,上合学校百年深厚历史,下启建设世界一流农业大学的世纪雄心,以育"天下"英才为乐,也体现了中国农大开阔的胸襟和远大理想。

2014 年 9 月 3 日,教育部核准的《中国农业大学章程》明确:"中国农业大学以'解民生之多艰,育天下之英才'为校训,以'团结、朴实、求是、创新'为校风,以建设具有农业特色的世界一流大学为办学目标。"

（原载微信公众号"CAU 新视线"2016 年 10 月 11 日）

你不知道的农大：
校歌变奏曲

□何志勇

"戴上我们的校徽，就怀揣一片绿色的向往……"

"走出我们的校门，就担起天下饱暖和安康……"

每年，一批学子初入此门，唱着校歌开始农大生活，"在这里奋发向上"；每年，又一批农大学子，唱着同样的旋律走出校门，"从这里铺开那万里春光"。

每一次，听到中国农业大学校歌那"金色的旋律"都让农大人心潮澎湃。

今天，我们先来追根溯源，看看农大历史上三支源流——北京大学农学院、清华大学农学院和华北大学农学院时期的大学校歌。

北京大学一直没有确定校歌，1918 年北大文科教授吴瞿安(梅)拟的《北京大学二十周年纪念歌》流传甚广，一度被认为是校歌：

> 槭朴乐英才，试语同侪，追想逊清时创立此堂斋。
>
> 景山丽日开，旧家主第门楹改。
>
> 春明起讲台，春风尽异才。
>
> 沧海动风雷，弦诵无妨碍。
>
> 到如今费多少桃李栽培，喜此时幸遇先生蔡。
>
> 从头细揣算，已是廿年来。

但北大并未认定其为正式校歌。1921 年 11 月 9 日，北大召开第一次评议会，后在 11月 11 日出版的《北京大学日刊》第 889 号刊登了《校长布告》有关规定："本校二十周年纪念会歌，不能作为本校校歌。""本校暂不制校歌。"

抗日战争全面爆发后，北京大学与清华大学、南开大学合并组成西南联合大学，于1939 年 7 月公布了国立西南联合大学校歌，校歌歌词是联大中文系教授罗庸(字膺中)写的一首词《满江红》，由清华大学研究院毕业生张清常谱曲。歌词是：

> 万里长征，辞却了五朝宫阙。
>
> 暂驻足衡山湘水，又成离别。
>
> 绝徼移栽桢干质，九州遍洒黎元血。

尽笳吹弦诵在山城,情弥切。

千秋耻,终当雪;中兴业,须人杰。

便一城三户,壮怀难折。

多难殷忧新国运,动心忍性希前哲。

待驱逐仇寇、复神京,还燕碣。

《华北大学校歌》是由吴玉章校长等作词,李焕之谱曲。歌词是:

华北雄壮美丽的山河,

是我们民族发祥的地方,

争得了人民革命的胜利,

新民主主义的道路,无限宽广。

我们是新文化的先锋队,

要掌握新时代的科学艺术,

学习马列主义、毛泽东的思想,

我们忠诚、团结、朴实、虚心。

意志坚强,

要把新时代的革命潮流更推向高潮。

勇敢,勇敢!

我们要表现人类创造的力量。

回到正题,中国农业大学的第一首校歌是 1991 年北京农业大学时期问世的,歌名就是《北京农业大学校歌》。歌词是:

绿色原野,吹来春风。

燕山脚下,岁月峥嵘。

北京农大,精英荟萃。

喜看满园,桃李葱茏。

爱我农大,良好校风。

治学严谨,坚持理实并重。

团结,求实,创新,勇攀科技高峰。

一代一代,学子教工。

献身农业,崇尚科学。

祖国美景,我们描绘。

造福人民,牢记心中。

这首歌的词作者是当时的副校长李青山,他"出于对母校传统校风的热爱,以校风为主要内容写成了校歌的歌词",著名音乐家时乐濛应邀谱曲。

这首校歌一经问世,就受到师生员工的欢迎,曾作为北京农业大学电视台的开播曲在校内传唱一时。1996 年,农大校歌成为首届中华校园歌曲电视大赛 100 首获奖歌曲之一,收录在《校园歌曲》一书中。

1995 年,北京农业大学、北京农业工程大学合并成立中国农业大学。

2003 年 1 月 6 日,农大校园网发布了《讴百年校史展农大精神 学校将广泛征集中国农业大学校歌》的消息:"中国农业大学合并成立七年来,没有一首代表学校精神、被中国农大师生员工共同传唱的校歌,实为一件憾事。"

2005 年 7 月,经过校园网向校内外广泛征集,全体师生投票初选,专家委员会确认,学校党委常委会暨校长办公会通过,确定由石顺义作词、张伟谱曲的《金色的希望》为中国农业大学校歌:

> 戴上我们的校徽,
> 就怀揣一片绿色的向往。
> 走进我们的课堂,
> 就走进田野金色的希望。
> 翻开我们的书本,
> 就闻到五谷淡淡的清香。
> 走出我们的校门,
> 就担起天下饱暖和安康。
> 啊,燕山脚下,书声琅琅。
> 啊,桃李满园,天高地广。
> 今天我们在这里奋发向上,
> 明天我们从这里铺开那万里春光。

2005 年 9 月 16 日,中国农业大学建校 100 周年纪念大会隆重举行,《金色的希望》优美的旋律唱响人民大会堂。

(原载微信公众号"CAU 新视线" 2016 年 10 月 13 日)

我们的校园

十年，我们一起见证
——名家论坛创办与发展回眸

□闻静超

2003年9月，刘晓岩来到中国农大。在媒体传播系，她度过了四年难忘的大学生活，2007年毕业后，她入职腾讯北京分公司，成为一名编辑。如今，她偶尔会回想起自己的大学生活。

今年距她迈入农大校门已经十年了。大学时，曾经有一个活动，深刻地触动着她和同学们的心灵。

缘起

这个活动，几乎是和刘晓岩同时走进了这所百年老校。

"当时嘉宾讲了什么，我已经不记得了。"在她的记忆中，这是自己参加的第一场讲座，"在讲座开始前两个小时，就已经人满为患了。只记得听了之后挺兴奋、挺震撼……"

农大校园里的这一场讲座，引发了师生的广泛讨论，后来中国农大新闻中心记者形容这次活动的影响时用了一个词："风暴"。

刘晓岩是幸运的，她刚刚入学，就有这样的文化活动丰富大学生活。而早一年入学的韩保峰，却曾经为听讲座而度过一年的"奔波岁月"。

2000年前后，有一件事在北京著名的学院路高校学生圈中流行着——骑自行车去北大听讲座。在这段潮流中，农大因为社会资源少、信息较为闭塞、校内文化活动少，成为文化活动贫乏的"重灾区"。青春活泼的学子们，渴望多元、多彩的活动。于是，北大这座文化阵地成为学子们课余纷纷前往之所。然而，北大因场所有限实施凭票参加制度。有时，学生们买不到票，不得不无功而返。

2002年，韩保峰入读工学院。和周围的同学一样，大学一年级，他加入"自行车大军"，往返于农大和北大之间。

"2003年刚开学，听说学校请来了国防大学的马骏教授做客'百年讲坛'，我们高兴坏了，农大也有自己真正的文化讲座了！当天人特别多。没想到，这次之后，校内的讲座一个接着一个，我们逐渐不再往北大跑了……"韩保峰回忆说。

2003 年 9 月 12 日,这场讲座现场的火爆程度,远远超过了主办者的预期。有着 460 个座位的报告厅,容纳了 500 多人。这场讲座的主题是"当代国际关系与中国周边安全态势",打破了同学们过去听过的主旋律思想政治报告的刻板模式,同学们听得津津有味,高潮迭起、互动积极。因此,有人将这次活动比喻为"国防飓风",认为这次活动在农大的讲座开办中,具有开创性的意义。

事实上,马骏教授的这次"百年讲坛",才是真正的第一期名家论坛。

为此,名家论坛的创办者之一、中国农业大学党委宣传部原副部长周茂兴解释说,2003 年,宣传部看到了学生对文化活动的渴求,遂以学校百年校庆为契机,提出办一个长期的讲座活动。因此,第一场活动称为"百年讲坛"。马骏的这场讲座,引起了时任校长陈章良的注意,并将这一系列活动命名为"名家论坛",希望能够借助名人效应为学生们开拓视野,激励学子向名家学习。

从论坛推出伊始,就采用了高规格运作的方式。当年 10 月份,学校成立了名家论坛组委会,由党委书记瞿振元、时任校长陈章良担任主任,主管宣传思想工作和学生工作的副书记担任副主任。除了牵头单位宣传部外,党政办、团委、后勤基建处、保卫处都参与进来。从前期的邀请、宣传、接待,到论坛会场的布置、观众组织和互动环节设计,再到后期的报道、视频节目的制作和论坛书籍的编写等工作,各部门分工明确。在之后的活动中,各个学院纷纷加入,使得这一活动成为全校各部门共同努力开展的工作。

论坛运作追求高规格,是因为学校始终认为,这个活动,是全员育人的一个重要平台。活动组织追求完善,使其真如风暴,迅速席卷了这座古朴、安静的校园。

风暴

说到论坛开办伊始的"风暴效应",或许当年的学子们,都能够娓娓道来。

2003 年 10 月 22 日,著名作家王蒙登上讲台,陈章良亲自主持,参加的学生多得实在无法在报告厅中容纳。同学们挤到讲台上,与嘉宾距离不到 1 米远;11 月 6 日,一场几乎没膝的大雪覆盖京城,却没能阻挡学子们在报告厅外排队的热情,这一天的嘉宾是央视著名主持人白岩松。

有学生回忆说,当时排队入场的队伍从西区新教报告厅门口,拐了好几个弯,一直排到学校正门。还有人记起,那天,报告厅内基本再无下脚之地,无线话筒无法传递,提问"基本靠吼"。

对于名家论坛最初的火爆,农学院 2004 级学生邓少聘曾描述说:"2005 年 1 月 5 日,下着大雪。大概傍晚 5 点,我在网络中心登录学校网站主页,突然看到公告:余秋雨老师将于当晚 7 时作为名家论坛嘉宾,作一场报告会,同学们可以携带学生证入场。我的第一个念头就是赶快回寝室拿学生证。我一路小跑,因为住在 15 层,我还盼望着电梯别出什么问题。

可是，楼里全是赶去参加名家论坛的同学，电梯几乎每层都停，我急得恨不得爬楼梯上楼。快6点，我赶到报告厅时，只剩下了靠后的座位了。那晚，站着听报告的同学和有座位的同学大概一样多。"

一次次的名家论坛，是学生的欢欣所在，却成了让保卫部门头痛的事儿。因为参与人太多，保安们每次维持秩序时都是提心吊胆。有一次，在排队进场的过程中，同学们一拥挤，竟把报告厅的门挤坏了。

因为保卫工作难做、辛苦，有一段时间，时任党委宣传部部长钱学军曾提议为名家论坛当晚执勤保安每人发放50元补贴。

论坛刚开办的几年，这项活动几乎次次爆满，场场叫座，一位位名家登上讲台，带给学子们以心灵激荡，人生经验，科学知识。

新篇

按照惯例，新学期的第一场名家论坛，通常在开学第一周便会举办。

时间转眼到了2008年3月。校园里的迎春花开始结苞，开学已经两周了，名家论坛却没有如约来到同学们的视线中。

有同学在五色土BBS上揣测：名家论坛是不是不办了？

事实上，关于名家论坛是否还要"高规格"办下去的议论，在2007年的时候，就悄悄地出现了。有声音说，因为这个活动，各部门牵扯的精力较多。并且，随着学生见识越来越广，对名家已经不那么感到稀奇，因而，应该降降温了。

五年，是一个句号，还是一个逗号？

学校领导一直很重视名家论坛对丰富师生精神生活的重要作用。党委书记瞿振元在全校宣传思想工作会、学校座谈会等不同场合几次提出要求，一定要继续办好名家论坛，充分发挥论坛在提升学生素质、活跃校园文化、丰富校园生活等方面的重要作用。

这一年，正值柯炳生校长履新中国农大。在与各部门、与师生的座谈会上，柯炳生也特别询问了大家对这一活动的认识的看法。

3月16日晚，新学期的名家论坛开讲了，在农业科教领域工作了60个年头的三院院士石元春站在了名家论坛的讲台上，和千余名学子一起感悟农业、感悟人生。这场姗姗来迟的讲座，对名家论坛的发展具有里程碑式的意义。

这是名家论坛开办五周年后的第一场活动，是五年来的第100场活动，柯炳生校长亲自主持了这场名家论坛。在这场论坛上，柯炳生表示：名家论坛不但要办，还要办得更好！他还为这一活动赠送了18个字，此后成为名家论坛的标签——"睹名家风采，开阔视野；与大师对话，启迪人生"。

这是名家论坛经历的第一个五年之后，开启的新篇章。

在过去的十年中，学校从跨越式发展转走内涵式道路。名家论坛也是这一转变的写照。按照新时期新特点,新的五年,名家论坛更注重科学性、思想性,每次新学期开学,都由校领导亲自邀请两院院士主讲"科学人生",杨振宁、陈文新、吴常信等学术大家先后与青年学子零距离交流。一大批科学家、文艺家,如李振声、欧阳自远、李延声、濮存昕等知名人士纷纷登上讲台。

启悟

据统计,十年来,共有近 200 位名家登上讲台,他们讲爱国情怀,也将科学精神,他们讲奋斗经历,也讲人生感悟,他们讲责任、讲荣辱、讲真爱。然而,尽管台上群星闪耀,台下的农大学子,永远是这场活动的真正主角。能否从中有所收获,是活动成败的关键所在。

对于这个活动,许多亲历过的同学,都有着说不完的话——

法学系 2002 级学生李洪栋,如今已经留校任教。他说:"十年里,通过名家论坛,我得以现场感悟很多大师级人物的思想,走进他们的内心世界,倾听他们的心声。他们的观点我并不完全赞同,但是他们身上彰显的人格魅力——严谨科学的治学精神、一丝不苟的工作态度、宽容豁达的人生境界——足以令我折服。"

2005 年入学、如今已在读博士的动医学院薛佳,曾经作为学生主持人多次参与名家论坛,而回忆起第一次主持的经历,她至今仍激动万分。那是 2008 年 9 月,她接到邀请主持奥运摔跤冠军王娇的名家论坛。"那时好激动!作为名家论坛的忠实观众,我这一次要当主持人啦!"然而,当她得知这次的讲座要在奥运场馆举行,预计有 3000 多名观众时,她退缩了……"这是一次应变能力与心理素质的双重考验",后来,在校团委老师鼓励下,薛佳积极地"备战",准备手卡、与王娇进行前期沟通,现场的反响居然出乎意料地好!从此,她一次次站上名家论坛的讲台,成为迄今为止主持名家论坛次数最多的学生之一。

信电学院 2008 级学生司格,在龚琳娜主讲的那期名家论坛,收获了满满的正能量:"那时我放弃了校内保研,一心想着考新闻学的研究生。周围的亲人和朋友都不理解。听了龚琳娜老师不顾世俗看法、追逐心中所想的经历后,我也坚定了方向和信心。"她说,幸亏有当时的坚持,才有今天在中国科学院大学读新闻与科学传播专业的日子。

2012 年 4 月 18 日,杨振宁做客名家论坛,曾宪梓报告厅内,过道上、讲台上都坐满了学生。2010 级食品学院的石靓坐在了讲台下。提问环节,她高兴地得到了一个机会。当时话筒还没有递到,石靓就兴奋地说起了她的问题。杨振宁没有听清,于是,这位 90 岁高龄的科学家缓缓起身,颤颤巍巍走到讲台边,弯下腰来听。这一幕,感动了现场所有的学子,也震撼了石靓,"我没有想到,原来大师是这样的亲切与谦逊,杨振宁先生给我们上了生动的一课……"

名家论坛组委会曾经对中国农大 10 个学院的 1400 余名本科生进行问卷调查。调查结果显示,被调查同学中,有 83.6% 的同学参加过这一活动。参加者中,62.1% 的同学表示喜欢名家论坛,87.8%的同学认为这一活动对自己有影响。在关于"参加名家论坛的原因"的调查中,62.3%的同学选择了开拓思想,40.0%的同学选择了汲取知识。

在回答"名家论坛对您成长的影响主要体现在哪些方面"这一问题时,39.7%的同学认为主要体现在"端正了人生定位",分别有 15.9%、20%的同学认为名家论坛对其成长的影响主要体现在"明确了未来发展方向""树立了成功的榜样",选择"增强了个人自信心"的占到 15.3%,选择"懂得了为人处世的道理""强化了责任意识"的则分别占到 14.2%和12%。

在传播校园文化和育人的道路上,名家论坛并不孤单。因为名家论坛的风气导向,在今天的农大校园中,不同层面的论坛活动蓬勃开展,如人发学院的人发讲坛、农政与发展讲座,经管学院的五彩论坛,工学院的八方论坛……在更大的课堂上,这些讲座带给学生视野上的开阔,心灵上的释放和思想上的启迪。

坚持

伴随着名家论坛与学子共同走过的脚步,组委会也在不断地总结这项活动。2008年,名家论坛丛书第一辑《从他们走到我们——19 段人生况味》正式出版,书中收录了从论坛开办到 2006 年,精选出的 19 场名家论坛实录。自 2007 年起,由党委宣传部牵头,每年整理 1~2 册活动实录,以供未能到场聆听的师生品读感悟,让参与过活动的师生回顾品咂,为这一活动走过的岁月留下印证。

2013 年,刘晓岩已经毕业六年了。与此同时,名家论坛也送走了 6 届毕业生。他们听着一次次讲座走过了大学生活。在离校几年以后,再回想大学生活,他们或许会偶尔记起校园里的另一堂必修课。在数百人以致上千人的大课堂里,与可能一辈子只相遇一次的人,有过一场精神对话。那些感悟、启迪曾经那样触动心灵,也许会在今天或未来的某个时刻闪现。

正如党委宣传部部长宁秋娅所说,大学校园里的文化,既体现在课堂上名师的言传身教,也体现在往来名家的耳濡目染。文化对人的教育,可能难以用指标量化。"不管怎样,只要对成长有益,我们都会坚持。"

(原载《中国农大校报·新视线》2013 年 5 月 25 日)

我们的文化艺术馆：
一束璀璨的阳光

□何志勇

又到合欢花开，即将离开母校的毕业生们正忙碌着拍照留念——大家要用镜头记录下母校的难忘点滴。

"作为一所农科大学，我们有这样的艺术馆，真让人骄傲！"几名同学正在文化艺术馆合影。一位同学说："快要离开母校了，我们还想到这里来看一看。这里曾经给了我很多美的启迪、艺术的享受。"

作为校园文化建设的重要平台，中国农业大学文化艺术馆为校园增添了一束别样灿烂璀璨的阳光，照耀着农大学子们的心灵。

"金牌福地" 美丽转身

2009年6月6日，在北京奥运会上产生18块金牌、被誉为"金牌福地"的中国农业大学体育馆热闹非凡。在热烈的掌声中，学校党委书记瞿振元、校长柯炳生缓缓揭下红绸，现出"中国农业大学文化艺术馆"金色的牌匾——一年前的奥运新闻中心被正式开辟为文化艺术馆。

在高校内建设奥运场馆是中国农大提出的一项创举，这些建设在高校中的奥运场馆成为北京奥运会的巨大文化遗产，其赛后利用成为世人瞩目的焦点。

学校经过多次研究，决定将体育馆建设成师生文化体育活动中心，搭建起校园文化建设的新平台。

学校领导高度重视，宣传部、体育馆等部门积极协调，很快在奥运场馆中开辟了"馆中馆"——中国农业大学文化艺术馆，这无疑成为北京奥运场馆赛后利用的又一项新的创举。

这样的创举背后，是农大人对"建设世界一流大学"和"培养全方位人才"命题的深刻思考。

2009年5月2日，胡锦涛总书记在视察中国农业大学时的讲话中要求青年学子们：不仅要刻苦钻研专业知识，而且要努力学习中国特色社会主义理论；不仅要注重学习祖国优秀传统文化,而且要广泛吸收各国优秀文明成果;不仅要认真学习知识技能,而且要注意掌握科学方法。

在清华大学百年校庆大会上,胡锦涛总书记在讲话中指出:必须把提高质量始终贯穿到高等学校人才培养、科学研究、社会服务、文化传承创新的各项工作之中;建设若干所世界一流大学和一批高水平大学是我们建设人才强国和创新型国家的重大战略举措。

在建设创新型国家的征程中,大学生创新精神和创新能力的培养备受关注。从哪里入手对当代大学生进行熏陶和塑造呢?

校园文化艺术氛围潜移默化的滋润也许就是重要途径之一。

瞿振元在文化艺术馆开馆仪式上作了这样的阐述:大学培养全方位人才,要注重文化熏陶、"以文化人",在传授科学技术知识,"求真"的同时,不能忽视了对"求善""求美"的教育。他说,中国农业大学设立文化艺术馆,就是为了更好地开展文化艺术活动,使学生受到更多更全面的教育。

这一天,是个让人难忘的日子。中国农业大学党委副书记张东军主持了这个简朴却隆重的开馆仪式,书法界、摄影界、新闻界、出版界的众多名流大家,亲临文化艺术馆,送来了真诚祝福。

新闻出版总署副署长阎晓宏对农大开设文化艺术馆大加赞赏:"高校'美育'急需加强,中国农大对校园文化建设高度重视、大力投入,具有远见卓识。"

中国书法家协会党组书记赵长青、北京书法家协会主席林岫也前来祝贺,他们希望文化艺术馆春华秋实,岁岁长青。

"艺术展在大学校园里举办,能让同学们知道什么是传统,什么是文化。"文化艺术馆首期展出了著名书法家杨再春先生的书法和摄影作品,他非常赞赏学校的做法。

"这样的文化艺术教育平台,才是真正让学生们全面发展的良方啊。"参观首场展览,学校书画院院长张文绪老先生十分激动,他认为:文化艺术馆是农大一种新的觉悟,新的教学思想,是学校对学生进行真、善、美全方面培养的一种体现。

"校园文化的魅力,就在于高雅艺术引领和贴近师生之间的张力。"2012年3月,参加全国高校校园文化建设优秀成果表彰研讨会的代表们,参观中国农业大学文化艺术馆后赞誉有加:既让师生们有更多机会接触高雅艺术,同时也为广大师生提供了展示艺术才华的平台。

书影相映　妙趣横生

名家书画展、华赛佳作展、插花艺术展、优秀设计展,职工才艺展、校园摄影展、农大发展剪影……三年来,中国农业大学文化艺术馆共开展了33场不同类型的展览,平均每学期5到6场。在展览的组织上坚持高品位、专业性和群众性,既有外请名流大家带来的高雅艺术,也有学校师生积极参与的"民间艺术";既有在职教职工的"精彩工作""诗意生活"，也有离退休老同志的"桑榆霞光""夕阳红"；文化艺术展的观众，既有学校师生，也有离退休老同志，还有周边社区的"粉丝"们。

中国农业大学文化艺术馆的确成了一个触碰高雅艺术、展示艺术才华的大平台。

2009年岁末，著名国画家李延声和陶瓷艺术家李梓源在文化艺术馆举行中国画人物写真与刻瓷艺术联展。师生们被一幅幅活灵活现的人物肖像所感染：简洁的线条勾勒和传神文字描述，就把艺术大师的风范展现得淋漓尽致，让观众在对艺术作品的鉴赏中得到人格的提升和道德的升华。

深谷幽兰好似散发阵阵清香，初阳风荷上滚动着点点晓露，蜡梅枝头雌雄二鸟朝晖对望……寥寥数笔，状物自然、笔墨通透，神韵跃然纸上。作为我国传统写意花鸟最具代表性的画家之一，2011年霍春阳为农大师生带来了一道艺术和心灵的盛宴。

2011年2月，北京市文联党组书记、常务副主席、著名画家朱明德专题展在文化艺术馆开展。大师简朴单纯的手法画出灵动的群鱼，栩栩如生，观众们惊呼："水墨鱼'游'进了艺术馆。"

这年4月，非物质文化遗产——"曹氏风筝"也"飞"进了农大校园，"飞"进文化艺术馆。有着37年风筝制作经验、曹氏风筝传人孔令民现场展示的风筝制作工艺，让同学们叹为观止："原来风筝可以这么美！"

开馆三年来，杨再春、李延声、李梓源、霍春阳、朱明德、陈国祥、洪潮等书画大家，解海龙、刘铁林、高凯翔等摄影名家先后走进文化艺术馆。同时，北京书画艺术院、北京华艺书画促进会、中国新闻摄影学会等艺术组织也多次组织名家名作进馆联展。

名家走进校园的同时，艺术馆也不时展示着农大人自己的"精彩"。

2011年5月，老校友、原水利部部长钮茂生携"百马""百竹""百兔"和百幅满汉书法作品回到母校，他以这场个人书画展来庆祝中国共产党成立九十周年、纪念辛亥革命一百周年。

2010年五一劳动节期间，学校后勤系统职工才艺展让师生大开眼界。"以前只知道后勤职工们在默默地做服务工作，原来他们也有好才艺，"同学们参观作品后感觉震撼："以后见到他们时，会更理解、尊重他们。"

2009年10月，一走进文化艺术馆，阵阵花香扑鼻而来。人文与发展学院退休教师应锦凯的插花作品让参观者感叹："让人感受到了大自然的芬芳"，"发现生活充满了美好和乐趣"。

定期举行的"精彩工作·诗意生活"教职工摄影作品展、"农大四季"校园摄影大赛作品展和女教职工才艺展已经逐渐形成品牌，经常性地邀请有艺术特长的离退休老同志开展文艺交流也成为特色。三年来，文化艺术馆展示着农大师生们多彩的生活，展现着农大师生积极向上的精神面貌。

"我们对外着力于引进和传播大家、名家创作的高品位文化艺术，对内注重贴近师生文化生活,充分展示我校高层次的校园文化,并以此陶冶师生情操,完善健全人格,提升人文品质。"党委副书记张东军对文化艺术馆的发展充满信心:文化艺术馆场地虽小,但影响却不小;创办时间虽短,但它根植百年农大沃土,在农大精神传统的滋润中,茁壮成长,成为校园文化中的一朵奇葩。

"没想到农大的文化氛围这么浓厚,学校师生的文化造诣这么高,农大举办书法展的体系这么完备。"曾来中国农业大学参展的书法家李建春说,农大的文化艺术展已成为一道亮丽的风景线。

又逢劳动者的节日,2012 年 5 月 2 日,"情满家园——庆五一后勤职工摄影展"开幕。学校领导瞿振元、柯炳生、张东军等专门前往文化艺术馆参观了展览,细细品评,称赞有加。

看完展览,柯炳生称赞师生员工们,在繁忙的工作之余拿起相机"记录自己的生活,反映校园的美丽,陶冶个人的情操,丰富大学的文化,非常了不起",他希望这样的展览坚持下去,并吸引更多的师生参与进来。

艺术阳光　　照亮心灵

瞿振元曾经说过一句话:"让艺术的阳光照亮科学探索的心灵。"

有人说:"文化艺术的浸润,能使心灵的天空阳光明媚,提升学习、生活和工作的美感,增强心灵对外界事物反应的敏感度。让心灵飞翔,思想火花就会四溅,创新思维就会闪现。"

观看一次展览后,土建 103 班张宇潇同学收获很大,"书画艺术不仅能陶冶情操,还能给科学研究带来灵感和启迪,这对我的学习帮助很大。"

"我们学校以农科为主,见到艺术家的机会比较少,今天能够和他们面对面交流,真是很好的机会。"资环学院刘佳同学参观之余,决心在她的大学计划中增添一项内容——练书法,"展览激起了我学书法的兴趣"。

"文化艺术与科学研究息息相通,艺术往往能激发出创新的火花,"农业信息化专业研究生闫志勇说,"看了这些书画作品,能从心底感到一种平静,能从书画中感受到一种波澜不惊的处世态度。"

爱因斯坦曾说,"科学技术只能决定是什么,而不能进行价值的判断,这要通过人文科学艺术来做到。"为了让同学们更深刻地领悟文化艺术的魅力,继文化艺术馆开馆之后,"文化艺术讲堂"也应运而生。

"只有艺术与科学相互结合,才会产生比较开阔的思想。"2009 年 6 月,清华大学艺术教育中心主任郑小筠教授做客"文化艺术讲堂"首讲解读"艺术科学与人生"。她说,不论是著名物理学家钱学森,还是地质学家李四光,或者是著名科学家爱因斯坦,都对艺术有着特别的喜爱,并极力提倡艺术教育的普及。

"之前总认为艺术很高深,离我们的生活很远。逐渐与艺术接触,才发现生活真的很美。"听了讲座,一名同学感慨道:"现在终于明白李政道先生所言'艺术与科学是一枚硬币的两面',艺术方面的熏陶能使思路更开阔,而学术上深的造诣又能更好地去发现隐藏的艺术美。"

　　"我们专业是一个交叉学科,希望吸收艺术养分,在专业上更上一层楼。"工业设计091班团支书彭彬彬把全班同学拉到了文化艺术馆,她说:"今后会考虑在设计中去掉繁杂,增加创新,让作品变得大气、好看起来。"

　　三年前,中国农业大学经济管理学院袁琳琳同学参观文化艺术馆首场展览时,在杨再春摄影作品前流连忘返:"照片就像流水一样流畅、优美、浑然天成,让人眼前一亮,之后又让人思考照片背后的隐喻。"

　　今天,她和许许多多的农大学子一样即将离开学校,走上人生的又一个舞台。

　　未来,同学们不会忘记母校的点点滴滴,也将会忆起文化艺术馆的翰墨书香。

(原载《中国农大校报·新视线》2012 年 6 月 10 日)

我们的"校长信箱"

□何志勇

"入春以来，由于季节性气候变化，感觉下午第一节课时容易犯困，听课效率较低，希望能对现行作息时间表进行一定调整，适当推迟下午上课时间。"2011年3月11日，中国农业大学"校长信箱"收到动科102班尹晓楠同学的来信。

一个月后，在广泛征求教师和学生意见，在保证大多数学生学习效率和生活秩序在基础上，学校研究决定：下午第一节课上课时间由原来的13时30分改为14时。同学们中午就餐和休息的时间增加了半小时，方便了大多数同学的学习和生活，获得了好评。

中国农业大学自2002年5月开始试运行网上"校长信箱"，2008年3月进行改版升级，从此真正架起广大师生与学校领导沟通的桥梁，解决学校发展中出现的问题，成为学校民主管理中不可或缺的工具。

据不完全统计，"校长信箱"近两年时间里共收到师生各类来信1600多封，件件有回复，事事都落实，"校长信箱"已成为中国农业大学倾听师生心声，汇聚师生智慧，推动学校发展的"连心桥"。

管理服务沟通大平台

"如果你们发现了什么问题，或者有不清楚的事情，或者有好的建议，那么，请往'校长信箱'发信。'校长信箱'是一个公开的信箱，就在校园网主页上。"每年的开学典礼和学校工作会上，校长柯炳生都会"不厌其烦"地向师生们推荐使用"校长信箱"："这个信箱不光我自己看，学校所有部门的老师都看，并且会对号入座，及时回答你们的问题。"

细节决定成败。为确保"校长信箱"不流于形式，不成为"空架子"，中国农业大学在2008年3月下发了《关于进一步加强沟通体系、促进学校发展的公告》，明确规定："校长信箱"实行用户来函实名制，同时要求各部门在三天之内必须给予答复。

为什么将一直以来的匿名或化名来函改为实名来函？学校意在维护"校长信箱"的严肃性，增加"校长信箱"的透明度和公开性。来信实行实名制，只要是与校务有关的，无论是投诉、咨询或建议，都原文照登，所有的人都可以看到。而学校各部门都有专门负责同志,按照职责分工范围,主动对号入座,对来信涉及的问题,及时进行回复。所有回信也都是公开的,所有的人都可以看到:对于咨询类来信,解答释疑;对于建议类来信,则要研究能否接受,如果不能接受,要在回信中说明原因;对于投诉性来信,则是研究和解决问题。

经过两年多的运行之后,"校长信箱"日益成为学校校师生员工与学校各管理服务部门之间进行及时有效交流沟通的一个重要平台。为进一步完善工作机制,更好地发挥好"校长信箱"在沟通信息、集思广益、改善学校管理服务部门工作态度和工作水平等方面的作用,2010 年 11 月,学校又制定了《中国农业大学"校长信箱"使用管理办法》。

《管理办法》对"校长信箱"的管理机构、来信受理、管理流程等内容作了明确规定。按照《管理办法》,学校设立了"校长信箱"管理办公室,直接对书记和校长负责。

《管理办法》还明确了"校长信箱"实行两级管理:学校层面设立的专职管理员负责对来信和回复进行技术性审查并公布;各职能部处、学院及教辅单位指定一位负责同志担任"校长信箱"答复人,负责每天阅读来信、及时汇报涉及本单位的问题并提交部门负责人研究后做出回答。

管理机构更加明确,来信受理程序和答复时间也更加明确。《管理办法》规定:对于一般性问题,应在收到来信后的 3 个工作日之内答复;较为复杂的问题,应当在一周之内答复;对于一些特殊问题,需要较长时间才能做出实质性问答的,应先回信公开说明。对于个别需要立刻回答的问题,学校信箱管理员应当作为急件处理,督促做出答复,并立即电话告知来信人。

经过几年的运行和实践,学校越来越多的人关注"校长信箱",越来越多的人利用"校长信箱"。这对于沟通交流信息,集中群众智慧,全面促进改善管理部门的服务态度和工作效率,发挥了非常重要的作用。

2011 年 3 月,当中国农业大学动科 102 班尹晓楠在"校长信箱"提出"作息时间调整"的建议后,学校领导认为这关系到学生的学习效率和身心健康,要求教务处等相关部门进行调研和解答。教务处迅速收集了国内外多所高校上课时间安排情况、召开各专业学生代表座谈会、在全校范围面向师生员工进行问卷调查。最后,学校党委常委会暨校长办公会讨论决定对作息时间进行调整,这一方案得到了学校 81.58% 的师生特别是学生的赞成。

作息时间调整后,学校相关部门又及时调整了相应的校车运行时间、食堂营业时间,保障了师生们的正常学习生活。

"午休时间延长半小时的政策,已经实行了一周了。这一周,我们收获了太多感动!"2011 年 4 月 14 日,学校车辆 094 班马卓同学致函"校长信箱"感叹说:"中午能多休息半小时,下午的课一点困意也没有了!听课效率提高了很多,甚至感觉整个人的精气神提振了!难以想象,作息时间的调整,对我们的学习生活带来的影响,居然是这么明显!"

从关注矛盾到关注校园发展

在相当长的一段时间里，"校长信箱"里的投诉信很多。很多同学在"校长信箱"里"怒气冲冲"地向"告状"。

"我们宿舍的马桶坏了！""冬天食堂的饭菜冷了！""宿舍外的工地太吵了！""工作人员的服务态度太差！"

在相当长的一段时间里，针对后勤基建处、教务处、图书馆、保卫处和网络中心的意见占据着"校长信箱"来信的七成以上。据从 2010—2012 年的统计数据显示，这三年共收到来信 1902 封，投诉信多达 766 封，占总数的 40.3%。

"为什么最近在宿舍上中国知网上不去？显示我的 IP 不在许可范围之内！最近正是论文的高峰期，亟须查找大量的资料，登不上知网很影响工作进度，请图书馆的老师给点建议！"一名同学在"校长信箱""质问"着。

来信 1 小时内，"校长信箱"管理员就与图书馆、网络中心进行了沟通，与这名同学取得了联系分析查找原因，发现是由于其电脑浏览器使用不当造成的。问题轻松解决后，图书馆在"校长信箱"中提醒更多的同学："建议大家在用数据库时，尽量使用 IE 浏览器下载全文。"

当天下午，这名同学的"怒火"全消，他再次致函"校长信箱"："今天下午刚刚发出的信件，没想到这么快就得到回复了，及时帮我解决了问题，在此说一声谢谢！"

"校长信箱"解决问题常常会动真格。有一次，"校长信箱"收到了针对某部门工作人员的投诉信。在校园里，教职员工为人师表，一言一行都是学生的榜样，学校立即对来信涉及的问题进行了认真调查。经全面调查，认为这两名工作人员的工作态度和方法、能力不适合在其岗位工作，对他们进行了严肃的批评教育，并将其调离了原岗位。

"校长信箱"不是摆设！在回复来信的过程中，各部门工作也得到了有力促进。在解决问题的同时，"不少同学反映了建设性意见，在工作中采纳了，很好地解决了问题"，后勤基建处处长李培景很有感触。

"'校长信箱'来信反映的意见让我们有些'难受'"，教务处处长林万龙坦言："我们认真看过来信，确实反映出我们的服务有要改进的地方。"

矛盾化解了，工作进步了；意见少了，建议多了。"校长信箱"的来信开始更多地关注到学校教学环境的改善、教学质量的提高和科研创新、社会服务能力的提升，为学校发展出谋献策。2010—2012 年，"校长信箱"共收到建言提议信 644 封，占总数 33.9%。

2011 年 6 月初，农学院 08 级硕士生陈恭来信说："历来硕士毕业典礼上，毕业生都无缘校长亲自拨穗，只有博士生有此殊荣。很羡慕其他一些大学的毕业典礼上，同学们可以一个个被提名上台，接受学位授予。"

让陈恭和许多同学们没想到的是，在两周后的研究生毕业典礼上，每一名研究生毕业生都一一上台接受了学校领导和学校学位评定委员会委员们所执的拨穗礼。

当天,2100 多名研究生依次上台接受拨穗礼,怀着激动的心情经历、见证了这个学习生涯中的重要时刻。虽然耗费的时间有点长,领导们也很累,但研究生院常务副院长于嘉林认为,学校的这一决定体现了学校对每名同学的重视,暗含对毕业生的期许和寄托。

"校长信箱"也承载着校务公开"广播台"的功能。一些具有普遍性的问题,通过答复来信人的提问,达到向全校师生"广而告之"的目的。2010 年,学校形象识别系统建设过程中,对校标进行了局部微调。一位博士生对此不理解:"校标为什么要调整?调整后又有什么高明?请向师生解释。"学校党政办公室借答复这个同学的机会,向全校师生进一步通告了学校形象识别系统建设的背景和实施情况,并详细解释了新校标调整的理念,使学校标识形象及理念更加深入人心。

于是,"校长信箱"还成为政策解读、解疑答惑的窗口,三年来,共收到咨询信 434封,占总数的 22.8%。

从关注矛盾到关注学校发展,投诉少了,建言多了,表扬信也悄然出现了。过去常常受到"非议"的部门,如今却得到了师生的表扬——及时解决问题,促进工作转变,让师生们满意——这正是"校长信箱"所要达到的效果。

民主办学的"助推器"

"学校和师生的利益是一致的。"时任校长柯炳生多次强调要在校园民主管理中充分发挥"校长信箱"的作用,他常说,"校长信箱"不是校长一个人回答师生的提问,而是学校各职能部门对师生意见的回应机制,是学校与学生沟通的桥梁。

"校长信箱"既是师生对学校的监督机制,同时又有行政监督作为运行保障。

为了让"校长信箱"更好地发挥沟通交流和提供服务的作用,促进民主办学和依法治校,"校长信箱"管理办公室在 2011 年每月对上一月度"校长信箱"中最具普遍性、重要性和复杂性的热点问题进行回顾和整理,并进行必要的延伸分析或信息补充,方便师生了解学校的安排、部门的改革思路,理解并积极支持相关工作的推进。

为了让"校长信箱"更有效运行,学校在 2008 年改版升级、2010 年出台《管理办法》、成立管理办公室的基础上,还多次召开"校长信箱"运行座谈会,就"校长信箱"自身的管理运行征询广大师生、相关部门意见。

"'校长信箱'发挥了'减压阀'的作用",中国农业大学党政办公室主任钱学军在 2012 年 12 月召开的一次"校长信箱"运行座谈会上指出:"最近两年信访、抱怨明显减少——尽管也有问题从'校长信箱'没有得到如愿解决,但也引起了关注、解答或解释。"

2008 年 3 月 23 日,动医 053 班张燊因为奥运志愿者参选事宜向"校长信箱"写了一封信,提到了多数报名参加奥运志愿者同学的共同问题。信中写道:"我是一名奥运志愿者的候选人,有周围同学陆续收到确认被选上奥运志愿者的短信,但是我们有很大一批同学落选,我们希望虽然落选,但是也能得到正式的通知……"

三天后,负责志愿者招募的校团委给予了答复。"我对这件事情的处理结果非常满意",张燊表示,"'校长信箱'很及时的回复了我的信,也很及时地把问题反馈到相关部门,在很短的时间内让问题得到了解决,我还收到团委发的一条长长的短信,言辞很诚恳。虽然是落选,但是我心里因此并没有很失落!"

一次,一名细心的老师致信"校长信箱"说,最近从学校主楼的电子显示屏上注意到了校训的英文:Unity,Plain,Target,Innovation。Unity 译为"团结",Innovation 译为"创新"可以理解,但无论如何也难以将 Plain 和"朴实"、Target 和"求是"挂起钩来。

很快,校长柯炳生亲自回复说:"谢谢来信!你提的问题看起来不大,其实是一个很重要的问题。我以前没有注意到。校风词语的英文翻译,是比较难的,原来的翻译确实不够妥当。现在根据本意,改正为:Solidarity,Iintegrity,Truth and Innovation,再次感谢你对学校的关心!"

"以前,学校的老师和学生有了什么问题,经常要直接找书记、找校长,这使得书记和校长处于一种两难境地:不管吧,会使得师生极为不满;而如果要管,则有越俎代庖的嫌疑,并且会恶性循环,促使更多的师生绕过职能部门,直接找学校主要领导。这既不利于依法治校,也妨碍了各个职能部门的工作积极性。"

校长柯炳生肯定说:"有了'校长信箱'机制,对于绝大部分问题,职能部门能够直接快速回复解决;书记和校长只需要通过查看'校长信箱'了解情况,并集中精力对重要和重点的问题进行研究和指导。"

春风化雨,润物无声。具有"农大特色"的"校长信箱"机制的建立,也在不知不觉中培养和锻炼了学生参与民主管理的意识和能力:学会了利用有效的途径渠道来积极寻求解决问题,而不是光会在 BBS 消极发牢骚;通过实名反映问题,不仅增强了勇气,也增强了责任感;不断改进自己的表达方式,使得信件中的语句越来越清晰和理性;通过看"校长信箱"中的一些回复,也认识到现实中有很多问题,并不像表面看来的那样简单……写信有回复,建议能落实,师生们参与学校管理、建言献策的积极性也在不断提高。

一封封来信的及时回复,一件件"小事"的妥善解决,不仅赢得了师生的信任和好评,也化解了许多矛盾,增强了师生的凝聚力。这样一种"农大特色"的"校长信箱"机制,有力促进了校园民主和监督,真正实现了:每天都是见面会,每天都是座谈会,人人都能参加,时时都能发言。

(原载《中国农大校报·新视线》2013 年 4 月 25 日)

改革进行时
——中国农业大学研究生教育改革走笔
□何志勇

　　随着又一次研究生考试网上报名和现场确认工作的结束,新一年度的研究生招考工作也拉开了大幕。与往年不同的是,中国农业大学 2013 年将要入学的博士研究生将试行申请考核制度,简单地说,就是不用统考笔试了。

　　变化还不只这些,按照 2012 年 5 月出台的《中国农业大学研究生教育改革方案》,学校改革研究生导师聘任管理,实行研究生导师招生资格年度审核制度。一批具备招生条件的讲师也"前所未有"地获得了招收硕士研究生的资格。随着 2013 级研究生招考工作的启动,研究生教育改革正影响着每一位新同学和导师。

改革,箭在弦上

　　从 2008 年开始, 我国博士学位授予数超过美国, 成为世界上最大的博士学位授予国。2009 年,全国在校博士生 24.63 万名,这个数据是 1999 年 5.4 万的 4.56 倍;今年,全国博士招生计划为 6.72 万人。在数量增长的背后,博士生的培养质量却一度遭到质疑,论文抄袭、学术造假、不搞科研、沦为导师的"打工仔"等现象让人诟病;博士研究生成了"学术民工"、中国博士是"泡沫博士"的说法也比比皆是。

　　而我国硕士研究生教育在设立之初就与国外硕士研究生定位不同。由于当时的历史条件下我国尚无力进行博士生培养,所以当时的硕士研究生教育在某种程度上充当了博士研究生教育的地位。定位的不准确影响着研究生培养质量,许多领域的培养过于偏重理论研究,忽略了对于实践的重视。据媒体报道,目前研究生的就业虽然仍好于本科生,但就业形势也开始出现了困难。

　　与此同时,随着近年来研究生大规模扩招,一些学校在硬件条件和导师数量上都不能为培养出高质量的硕士研究生提供保证。在不少学校都出现了一个导师需要带几十个研究生的情况,而不少实验室的资源也常常因为研究生过多而不够用。一些领域研究生的论文质量总体上呈下降趋势,有教授感叹:"很难看到令人感动的论文。"有媒体批评,一些硕士研究生的教育形同"放羊"。这些情况极大地影响了硕士研究生的培养质量。

研究生是学校科学研究工作的生力军。研究生教育的水平和质量代表着大学的办学水平，只有提高学科水平，提高研究生教育质量，学校才能在激烈的办学竞争中立于不败之地。近年来，研究生培养机构认识到硕士和博士培养存在的种种问题，开始进行改革的尝试。

自 2006 年开始，教育部支持和推动部分高等学校开展了研究生培养机制改革的试点工作。各试点高校在统筹教学、科研资源，建立科学研究为导向的导师负责制，改革研究生选拔机制，创新培养模式，优化培养过程，加强指导教师队伍建设，完善研究生奖助制度等方面进行了探索和实践。

2009 年 9 月，教育部又发布了《关于进一步做好研究生培养机制改革试点工作的通知》，决定于 2009 年将改革试点范围扩大至所有中央部（委）属培养研究生的高等学校，鼓励各省、自治区、直辖市选择所属培养研究生的高等学校进行改革试点。

2012 年，中国农业大学全日制研究生招生达到 6765 人（博士生 2643 人），较十年前翻了一番，一些研究生培养中的共性问题也凸显出来。作为国家研究生培养体制改革试点高校之一，中国农大的研究生教育改革已经箭在弦上。

改革"五问"

"改革之路并没有穷尽，深化改革的任务仍然很多"，早在 2011 年 2 月 24 日，中国农业大学校长柯炳生就在学校春季工作会上提出了研究生教育改革的设想。

其实，作为学校研究生院院长，柯炳生对于研究生教育改革的思考，在更早的 2009 年就开始了。

思考了近两年，柯炳生希望更多的教师来为他认为需要考察、思考和研究的问题寻找答案：第一，招什么样的人？第二，如何招？第三，如何培养？第四，谁来培养？第五，给予什么样的生活待遇？

研究生教育改革涉及面广、情况复杂，这五个看似简单的问题，却难以轻易回答。

例如，从各个方面的发展看，硕士学位将成为一个过渡性学位，学制缩短是必然趋势，而博士学位学制的延长，也日益凸显出必要性。这个方面的改革，就涉及资助、住宿等多个方面的问题。

2011 年是中国农业大学"本科教育改革年"，柯炳生提出："依照本科生教育改革的操作办法，研究生研究生教育改革要先进行广泛的调查、考察和讨论，在此基础上提出一个比较全面的整体方案，然后再分步推进实施。"

于是，2011 年又成为中国农业大学"研究生教育改革调研年"，为了找到"五问"的正确答案，学校开展了大规模调研。

按照学校部署，中国农业大学研究生院多次组织校内各学院研究生管理人员、研究生导师和研究生开展专题座谈，调研研究生教育改革，汇总形成改革的初步设想。这一年,学校研究生院管理干部先后到西安交通大学、西北农林科技大学、南京大学、南京农业大学、复旦大学、上海交通大学、浙江大学等高校调研,充分了解兄弟院校在研究生教育工作中的先进经验。

"那段时间柯校长在国外出差,他天天通过电子邮件了解调研进度,形成了研究生教育改革的思路,并结合调研情况进行探讨,不断完善和修改。"中国农业大学研究生院常务副院长于嘉林说,这一年里,柯炳生还多次就改革框架和基本思路进行宣讲,并设计研究生导师和学生调查问卷,组织开展校内调研。

在广泛调研基础上,一份《研究生教育改革内容的建议》(简称《建议》)应运而生。问卷调查显示,中国农业大学有 55.98% 的导师、78.05% 的学生认为硕士研究生应以培养应用型人才为目标;有 71% 的导师、70% 的学生认为硕士生从事科研和教学工作的能力一般或较差。目前研究生就业数据显示:博士生就业的主要去向是教学科研单位,而 90% 以上硕士生的就业去向是公司、企业等非教学科研单位。

就此,经过深入调研,《建议》提出:坚持博士研究生教育培养学术型人才的导向,实现硕士研究生教育向培养应用型人才为主的转变。

这份《建议》还提出了"实行博士研究生申请考核选拔制度"和"改革现行的博士研究生考试选拔制度"。前者是面向非在职应届毕业生,学校对外语、科研等方面能力作具体要求,个人申请,由导师组及学科(学院)按照程序进行考核,选拔录取。后者则是面向在职及非在职人员,按一级学科组织博士生招生考试,初试科目仅设英语和学科综合考试两门,在复试中进行专业能力考核。扩大复试比例,由学院组织复试并确定录取,适度控制在职人员的录取比例。

针对"实行博士研究生申请考核选拔制度",《建议》给出的理由是:有利于选拔创新型人才,体现导师自主权,目前清华大学、复旦大学、上海交通大学和浙江大学等多所高校已经试点,积累了很好的经验和做法。同时,学校将实行"1+1+4"的培养模式改革,并将选拔优秀生源进一步培养学术型人才作为重要内容。申请考核制的实施可与此配合,解决全日制专业学位硕士研究生不能硕博连读的问题。校内问卷调查结果显示,73.16%的导师和 69.51% 的学生支持专业学位硕士研究生经选拔直接攻读博士学位。

针对"改革现行的博士研究生考试选拔制度",《建议》给出的理由是:在实行申请考核制度的同时,将仍有在职人员及其他类型的非在职人员可能报考中国农大,故需要继续保留现行的博士考试选拔制度。《建议》还提出了具体操作办法:按照"淡化初试、加强复试,提高导师招生自主权"的思路,在初试环节仅对考生的英语水平和基础知识进行考核,取消考试人数少的专业课笔试,在复试阶段加强对专业能力的考查。

这份数据翔实,内容具体的《建议》还针对强化研究生导师招生资格年度审核制度、设置博士招生的破格录取制度、建立以学制为基础的弹性修业年限、以分类培养为原则,按照一级学科制订培养方案、改革研究生指导教师任职机制,强化岗位责任管理、修订博士学位答辩与授予的有关管理规定、修订现行的研究生奖助方案、改革研究生毕业分流的答辩与学籍管理等 10 个问题进行了详细说明，阐述了改革的依据和理由，列举了兄弟高校的做法，提出可能会遇到的困难和新问题。

在这份《建议》的基础上，2011 年底研究生院提出了研究生教育改革方案初稿。

"瞿书记对研究生教育改革工作高度重视。"于嘉林说，学校领导都对研究生教育改革的初步方案提出了具体建议和修改意见，党委书记瞿振元"专门打电话把我叫到他的办公室，花了一整个下午的时间听取详细汇报，针对一些问题提出了具体建议。"

2012 年 3 月，新学期一开学，于嘉林、研究生院副院长李健强就分别带领研究生院相关处室负责人到各学院征求对研究生教育改革方案的意见。

3 月 15 日，中国农业大学第二届教代会主席团专门就研究生教育改革方案举行听证。与会人员根据学校目前的实际情况和发展定位，结合研究生教育改革中涉及到的实际问题，对方案具体内容提出了意见和建议。5 月 10 日，学校正式发布了几经修改、完善的《中国农业大学研究生教育改革方案》。

改革进行中

改革方案出台，中国农业大学新一轮研究生教育改革也随之正式启动。研究生教育是百年树人的大事，丝毫不能马虎。改革启动后，一系列的配套政策也在加紧制定和完善。

5 月 15 日，《中国农业大学研究生指导教师招生资格年度审核与指标分配办法》发布。该办法对研究生指导教师招生资格年度审核、招生指标分配办法进行了细化，操作性更强。6 月初，学校发布《中国农业大学博士研究生招生制度改革实施细则》。11 月 7 日，学校发布各学院制定的《2013 年博士研究生申请考核制招生实施方案》，对不同学科研究生招生方案进行了细化规定。

在此期间，中国农业大学还在曲周实验站召开了全日制专业学位研究生培养机制改革研讨会。代表们观摩曲周基地 2010 级硕士研究生论文答辩会、参观专业学位研究生创建的科技小院，就提高研究生实践技能方式和方法、研究生选题与农业生产需求结合的培养模式、学生综合能力与素质培养的机制和支持体系建设等内容进行了探讨。

"新的研究生培养方案即将出台。"于嘉林告诉记者，学校还将成立"专业学位研究生教学指导委员会"。同时，二级学科设置管理办法、导师遴选办法、新增研究生指导教师管理办法、研究生奖助办法等一大批研究生教育改革的配套文件已经或正在制定、正在征询意见和完善。

"改革正在进行中。"于嘉林说，2013 年新入校研究生将按照新的方案进行培养。

（原载《中国农大校报·新视线》2012 年 12 月 25 日）

硕士研究生培养的
"曲周实践"

□何志勇

编者按：作为我国农业类高等院校的翘楚，中国农业大学培养了大批农业管理、科技人才。学校出台的研究生教育改革方案明确提出："硕士研究生教育以培养应用型人才为主，强化实践能力的训练"。近年来，学校一直在进行面向实践培养应用型人才的探索，各学院一大批硕士研究生在河北曲周、沽源、桓台、河间，吉林梨树，黑龙江建三江农场、856农场，内蒙古武川，甘肃武威，四川营山，广东徐闻、广西南宁等地进行学习研究。他们深入基层开展实践，养成了扎实的作风和严谨的科学态度，增强了服务"三农"的责任感，很好地诠释了"解民生之多艰，育天下之英才"的校训，同时，提高了科研水平和实践能力。

寒冬的华北平原，一片萧瑟荒凉。河北省曲周县白寨乡的一些普通的农家小院里，却是一派热火朝天的景象。

"今天是曲周'双高'示范基地2012年冬季农民科技培训的第二天，我们的小分队分别对司寨镇、河南疃镇、槐桥乡和白寨乡的8个村庄进行了培训，讲授了冬小麦高产高效栽培技术管理、冬小麦病虫害防治、肥料知识及苹果的周年管理知识等。"

2013年12月8日，中国农业大学资环学院硕士生王光州在发回的科技小院工作日志中兴奋地写道："今天的培训取得了很好的效果，村民们积极参与，我们也从中锻炼了自己，巩固了掌握的作物管理知识。"

这样的大规模冬季科技培训始于三年前。

"从农民的需要确定我们的研究目标"

2009年5月，"中国农业大学-曲周县万亩小麦玉米高产高效示范基地"在白寨乡挂牌。刚刚被录取为资环学院硕士研究生的雷友和曹国鑫先后住进了白寨乡。

河北曲周是中国农业大学开展校地合作历史最长、成果最多、影响最大的地方。1973年，石元春、辛德惠等老一代农大人在这里开始"改土治碱，造福曲周"的伟大事业，不仅使盐碱滩变成了"米粮川"，更取得了一大批科研成果；培养了一大批专家、教授，博士、硕士；创造了校地 40 年长期合作典范以及和当地人民水乳交融的感情；形成了铭刻在农大师生和曲周人民心中的"曲周精神"。

"双高"示范基地揭牌后，农大师生也再一次扎根农村，为"双高"创建活动提供科技支撑。为了方便农民获得实用科技，我校师生与当地农技人员在村里建起了科技小院，硕士研究生住进村里，为农民朋友们提供面对面的交流和指导。

首批进村研究生雷友、曹国鑫，负责了近千亩农田的监控。他们天天蹲在玉米地里，白天在地里观测、采集数据，为农民科学种田提供咨询辅导，晚上把数据进行综合分析，撰写研究报告，为毕业论文做准备。

那年夏天，曲周遭遇了大风降雨天气，许多玉米出现了倒伏现象。当北油村村民吕增银急忙赶到自家玉米地时，却发现农大的师生早已在地头查看玉米受害情况。"过去，我们看到玉米倒伏后，就会把它们重新扳直了，"吕增银想起当时的情景，不无感激地说："李老师和小曹、小雷他们就跟我们说，不能扳直，一扳反而会让它折断，要让玉米自己生长。"

这年秋天，吕增银家玉米亩产超过 1300 斤，比上年亩均增产 300 斤。

田间地头的劳动实践激发了科研灵感，绝大部分研究生到了二年级才能确定毕业论文题目，而一年级刚读一个学期的雷友和曹国鑫早早就明确了自己的毕业论文方向，分别是夏玉米和冬小麦的高产高效技术研究与推广。

"农业生产实践的经历，让我长了不少本事，也让我的研究目标更明确，就是从农民的需要出发，"曹国鑫坦言："在田间地头更能获得令人信服的第一手数据。"

"我学的是蔬菜专业，到了地里，发现好多知识都不清楚，比如西红柿在第 6 片叶开始结果，每 3 片叶能结一撮果子。"黄成东同学说，"这些生产经验都是与农民交流时学到的。"

"在田间地头，学生运用背景知识帮助农民解决实际问题，同时为自己的科研积累第一手资料。"雷友的导师张宏彦副教授说，"从农民的需要确定我们的研究目标，这是一个双赢的过程。"

"判断我们的成绩，要看农民有没有增收"

"我们既是学生，也是农技推广员"，三年后的今天，曹国鑫已经成为博士生，他选择了留在曲周。走在白寨乡各个村头，总有村民亲切地喊他"小曹"，招呼他到家里坐一坐。

三年来，中国农业大学研究生们先后在曲周的 10 个乡村建立了科技小院开展科技服务，他们在小院里接待前来咨询的农民，并根据具体农时安排"田间学校"的课程。

2012 年刚刚毕业的硕士生方杰，之前在帮槐桥乡相公庄村解决果树病虫害难题。他说，与在实验室做实验相比，在农村做技术推广面临的问题更实际，与农民打交道，还锻炼了自己的社交能力。

方杰的同学赵鹏飞现在已成为博士生,他坦言学业上的进步,并不是曲周锻炼带给自己的全部收获:"我原本不怎么敢说话。去年在给村民们做冬季大培训的时候,24张PPT,我第一次讲课时只照本宣科地讲了15分钟,现在能讲到50分钟了。"

在农村读研,同学们几乎天天白天都泡在田间地头,晚上撰写工作日志,记录一天的学习、生活。对于"农村读研"对自己科研能力的提升,大家认为"因需要随时解答农民的各种问题,逼着我们不断自学,更新自己的知识库"。

"判断我们读研成绩的好坏,主要是看农民有没有增收,农民满意不满意,"刘瑞丽同学在曲周工作日志中说:"因为被农民所需要,让我觉得自己是有价值的。在农村,我过得很充实、很快乐。"

"他们的这种充实更多地来源于每天面对的问题不相同,都有新的挑战。事实上,他们在生活上的收获也很多,从这一点上看,农村读研的经历是其他天天待在实验室的同学没法比的。"曹国鑫的导师李晓林教授说:"学生在帮农民解决每一个具体的生产问题时,都已涉及了实验设计,都在无形中培养了自己的科学态度和科学精神。"

"我觉得方杰同学的论文做得很好,可以通过!"2012年5月14日,"双高"示范基地2010级硕士研究生论文答辩会在当地举行,看到导师们反复诘问和"刁难",槐桥乡相公庄村的村民们急忙为方杰"申辩"。

"曲周县冬小麦水分高效利用技术研究""王庄村冬小麦-夏玉米轮作体系高产高效关键技术试验与成果""新型肥料作玉米种肥的可行性探索及曲周县夏玉米产量构成因素分析""科技小院技术推广模式分析"……同学们的论文都是结合曲周的研究和科技小院的服务内容展开的,精彩的答辩获得了一阵阵热烈的掌声。

农民认可的同时,地方政府也对这种研究生培养模式给予了肯定和支持。2012年12月10日,曲周县委组织部发出了《进一步加强中国农大驻曲研究生联合培养的通知》:为了提升研究生参与社会、服务社会、实践创新的能力,决定将驻曲研究生选派到乡镇、农村进行挂职锻炼。曹国鑫如今成为白寨乡乡长助理,赵鹏飞则成为曲周镇镇长助理,更多的同学成为村支书助理……"这不只是挂个名。"曹国鑫说:"我们肩上的担子更重了。"

三年过去了,中国农业大学硕士研究生培养的"曲周实践"正在引起越来越多人的关注,这些在农村读研的学生的未来究竟如何?时间,会给我们一个答案。

(原载《中国农大校报·新视线》2012年12月25日)

课程育人：
让专业课发挥思想政治教育功能

□何志勇

　　"育人是为了让学生看得远一些、广一些、深一些。"2018 年 6 月 27 日，中国农业大学理学院教授陈奎孚受邀前往北京联合大学，分享在"理论力学"课程中发挥德育功能的经验。他在这门专业课程中，"不仅让学生们掌握科学知识，更努力让同学们了解人生哲学道理，形成正确的人生观、世界观"的实践探索引起了在座教师们强烈共鸣。

　　习近平总书记强调"各类课程与思想政治理论课同向同行，形成协同效应"，高校思政课与专业课虽分属不同领域，但都有"守好一段渠、种好责任田"的共同使命。2017 年，中国农业大学设立了"专业课发挥思政教育功能专项"研究项目，支持教师在专业教学中开展思想政治教育，首批立项 74 个。陈奎孚的"'理论力学'课程教学的德育功能"正是首批项目之一。

　　一年过去了，这个专项取得的成效可圈可点。

　　"农村认知体验"课程面向人文与发展学院全体大一学生，涉及 5 个系、6 个专业、8 个班。何慧丽教授秉持"用行动做学问"的理念，深入解读扎根教育对增强学生文化自信的作用。

　　这门课程每年暑假小学期在京郊村庄开展，师生们在农村生活、学习、调研一周。"农村是中国文化的基因库，是中国文化的根本"，何慧丽认为："寻找文化，就是要寻找文化的根基；也只有从农村这个根基来找文化，年轻人才会真正体会到一种文化自信。"

　　汲取乡村文化的养分，让同学们迸发出无限灵感。2017 年，学生在这门课程中写作了 45 万字的乡村随笔、调研报告。"笑问客为何事至，赴乡明志一青年""缤纷多彩延庆行，动手实践汇真情，求真务实志向明，我们正年轻！"这些传统诗句、三句半也悄然成为"90 后"的文化表达。

　　"讲课引人入胜，幽默风趣，氛围融洽，能让学生收获做人做事的道理"，学生这样评价动物科技学院副教授马秋刚的"动物营养学"课程。

　　在课堂上，马秋刚时常讲解科学研究的前沿进展，常常告诫同学们：科研活动不能无病呻吟，要以解决社会、国家、人类重大需求为终极目标，"解民生之多艰"是农大人求学的初衷,如与之背离,最终对社会贡献便不大,个人价值也难以体现。

"绿水青山就是金山银山",在"生物学野外综合实习"课程中,生物学院副教授周波"坚持思想政治和业务的双教育"。力求让同学们从专业出发热爱自然、保护好大自然,既不能涸泽而渔,也不可乱捕乱摘乱采。同时,也培养同学们树立"敬业、诚信、友善"的价值观⋯⋯

全面贯彻党的教育方针,更好地培养社会主义事业的建设者和接班人,专业课也是育人课,成为教师的共识;大力实施"课程思政"也是学校贯彻落实党的十九大精神、全国高校思想政治工作会议精神的重要举措。

2017年,中国农业大学党委印发《关于加强和改进新形势下学校思想政治工作的实施意见》,强调促进各类课程与思想政治理论课同向同行。

2018年是"专业课发挥思政教育功能专项"开展的第二年,又有32个新的项目立项,继续支持专业课教师在教学过程中,更新教学内容、改进教学方法,将思想政治教育渗透到每门课的教学中。

按照教育部部署,2018年学校党委研究出台了《关于加强课堂教学建设提高教学质量的实施意见》和《2018年思想政治工作质量提升工程实施方案》更进一步强化课堂价值观引领,将课程育人作为年度工作重点之一。

课程育人,润物无声。把育人要求落实在每一门专业课程里、每一个教学环节中,让专业课程不仅满足学生成长需求和期待,更能引导学生选择正确的价值取向。围绕立德树人这一根本任务,思政教育与价值观引领正在融入中国农业大学专业课教师的教学实践里。

(原载《中国农大校报·新视线》2018年7月10日)

教师思想政治工作：
入职时候育初心

□闻静超

2016 年 8 月 29 日是中国农业大学 2016 年新教师入职集中培训的第一天。老师们没想到，第一位授课教师是柯炳生校长。主题为"大学理念与改革实践"的这场讲座，让大家认知学校的办学理念，也从中感受到学校对新教师培养的重视。新教师、水院副教授田菲开始思考："作为一名有责任担当的合格的农大教师，怎样成为学生健康成长的引路人？"

量身定制入职培训

田菲和其他 115 位青年教师接受的岗前集中培训始自 2003 年，至今已经开展了 13 期。人事处负责人介绍，校长讲授第一课是学校的传统，此外还邀请院士、名师以及一线经验丰富的专家学者授课。2015 年以来，学校在岗前培训中新增实践教育环节，并将各类活动及培训有序安排在教师入职第一年中。

在新教师入职培训中，校内环节讲座涵盖教学方法、学术规范、教学科研管理规范、党政管理工作概要等。听课之后，大家登台试讲。而在社会实践环节，老师们前往张家口，接受红色教育、师德教育，考察基层农业发展情况，开展一线调研，也在团队中增进交流与合作。资环学院新教师王钢教授说，学校这种安排，让自己受益匪浅。

2016 年 7 月，2015 级新教师已经完成了入职教育。为期一年的时间里，他们在校内外参加各类辅导报告，参观通州实验站、到西柏坡学习考察、听取李小凡事迹报告会、观看《雨花台》专场话剧演出，院系还组织了丰富多彩的学习和实践……有老师在培训感想中写道："当好老师，首先要接受教育，才能从容登上讲台。"

思政工作融入日常

2016 年岁末，中国农业大学科研院发布 2017 年"青年教师科技创新·成长沙龙"的预通知，十余天内有百余名教师报名参与。往年举办的学术沙龙让老师们印象深刻，大家纷纷"点赞"。15 个学院（部）的青年教师听取学术骨干所作的经验报告，分享教学、科研经历,还促成了老师之间的合作。

在学校每年举办的成长沙龙外,各学院定期开办交流活动,农学院、园艺学院和植保学院的青年互助组交流会、工学院学术交流互助组、水院青年学术沙龙、资环学院青年教师联谊会、人发学院青年教师学术研究暑期班……这些交流活动名称不同,但目的相同——帮助青年教师提高教学、科研能力,更好地服务于人才培养。

在学校教职工思想政治工作领导小组各部门的谋划中,针对教师的理论学习,借助校内外各类研修班、党校,校内双周三学习制度等提供渠道和保障;在实践活动上,每年举办教师社会实践、青年教师教学基本功大赛等活动;此外,学校各部门形成合力,帮助教师们解决教学、科研、生活等方面遇到的具体难题。

食品学院副教授车会莲说,这些活动让自己不断"充电",也或直接、或潜移默化地提升了育人能力,甚至"因为掌握的理论更系统了,对学生做思想工作的时候,感觉道理讲得都更深刻、更明白"。

校园风气好传承

在中国农业大学百年发展历程中,逐渐形成的良好师德师风,通过"传帮带",也感召着青年教师,作为广大教师们立德树人的有益滋养。

动科学院动物遗传育种与繁殖系多年来坚持纪念动物遗传学家吴仲贤先生;生物学院每年开展活动纪念先辈名师,缅怀先贤不慕名利、坚持真理、刻苦勤奋的科学精神,通过年轻一代教师,将这种精神代代相传,并在学子们心中播下信念的种子。

在资源与环境学院,"曲周精神"也鼓舞着师生不断传承奉献。今年是资环学院研三学生李建丽在乐陵科技小院驻扎的第三个年头。她说,能够踏踏实实将论文写在田地间,是导师张宏彦的身体力行感染了自己——"老师每年在基层的时间得有 300 多天"。张宏彦老师却说,自己是在老一辈科学家精神影响、在张福锁和李晓林老师的示范下一心投入"双高示范"的。

"高校立身之本在于立德树人,""高校教师要更好担起学生健康成长指导者和引路人的责任"。这始终是中国农业大学不断开展推进教师思想政治工作的根本所在,也是全校教师的心之所想。

2016 年夏入职的田菲老师已成为班主任。她在朋友圈里晒出心路历程:开始"怕做不好、怕辜负";和同学相处,"意识到我已把自己当作这个大家庭的'大家长'了";而现在,"希望尽心尽力无愧于心,与孩子们共同成长、风雨同舟"。

(原载《中国农大校报·新视线》2017 年 3 月 10 日)

花开，在心灵深处

□何志勇

"这一课，我们聆听谆谆教诲，倍感责任在心；接下来，我们立志扎根基层，奉献青春热情。"

2012年5月31日下午，中国农业大学2012届本科毕业生谭文豪在参加大学"最后一次党课"后，写下了这样的诗句。

谭文豪还有一个名字，那是他的笔名"龙檀石"。大学四年，谭文豪的专业是土地资源管理，但"龙檀石"却出现在《中国当代九人诗选》《中国高校文学作品排行榜》等诸多作品集里。即将毕业的时候，他的个人诗集《在童话里流浪》得以出版。毕业后，来自重庆的他选择了去江苏南通基层工作。

就在谭文豪认真聆听"最后一次党课"的时候，农学院植物088班的石冀哲正在和同学们编辑告别母校的视频短片。看到画面中即将告别的一楼一景、一草一木，他不禁思绪万千。

四年的大学生活，有太多东西让自己难忘，但2010年的国庆节却更深刻地烙印在石冀哲的心灵深处。

"国庆前夜下了雨，我们在雨中等待着天明。"石冀哲说酷暑中的训练其实很累，但作为国庆庆典群众游行队伍中的一员从天安门广场走过时却只有兴奋，"激动得脑袋好像有点空白！"

大学四年让石冀哲成长，通过努力，他也如愿考上了本院的研究生，但他也有些许遗憾。"最遗憾的是2009年5月2日。"石冀哲至今还十分懊恼，"要知道胡锦涛总书记在那天会来学校视察，我就不出去玩了！"

石冀哲的室友崔阳没有这样的遗憾，那天，他见到了敬爱的胡锦涛总书记，还非常幸运地与总书记握了手。"总书记的手很温暖，"三年后的今天，崔阳还记得当时激动的场面，"晚上妈妈打电话说在新闻联播中看到我了"。

那天，很多同学与崔阳一样怀着一颗激动的心，聆听了总书记的嘱托："发展现代农业需要强有力的科技支撑，""努力突破农业关键核心技术，"牢记了总书记对青年学子的四点希望。

崔阳的母亲就职于黑龙江黑河市农科院，从事玉米相关研究。今天，农学专业的他已被保研，"也是子承母业吧！"

时间回到 2009 年 10 月 1 日，崔阳并没有在人如潮水的电视画面中看到自己的室友石冀哲。而行进在天安门广场的石冀哲也没有认识另一位农大的同学何兴雅。

那天，同样走在行进队伍中的何兴雅来自人发学院 082 班。大学四年，有太多的记忆留在了心灵深处，但 2010 年北京武搏会志愿者的经历更让她难忘。所学专业是旅游英语，何兴雅被安排到首都机场负责贵宾迎送工作。

"我以为是在 T3 航站楼工作，"何兴雅到了机场有些失落，"却是在调度中心开展航班信息报送，一个'贵宾'也没有看到。"不过，何兴雅没有懈怠，她和同学们的认真工作受到了好评，武搏会首都机场迎送中心专门向学校发来了感谢信。

何兴雅侃侃而谈，记者看到的是一个活泼开朗的小姑娘。"其实我上大学之前性格很内向，是大学重新塑造了我。"大学期间，何兴雅参加了各种志愿者活动和社会实践，个人能力得到了极大锻炼，"我开阔了眼界，认识了很多好朋友，感觉人生也丰富起来了！""大学教会了我一定要勇敢地走出第一步，走出去，后面的路就会很明朗！"大学毕业，何兴雅选择了就业，正在一家外国驻华机构实习的她感觉很踏实。

北京武搏会期间，当何兴雅在首都机场报送航班信息的时候，另一名志愿者正在比赛场馆的门外迎送观众——一墙之隔，他只能听到场内不时传来的欢呼。

这名武搏会观众引导志愿者是工学院 08 级王新刚。

2011 年岁末勇救落入冰窟儿童的壮举，让王新刚荣获了"全国见义勇为优秀大学生"称号，成为当代大学生的楷模。"大学里最大的收获是懂得了很多人生的道理"，头顶"光环"的王新刚平淡地说自己仍是"中国农业大学的一名普通学生"。

"我不知道会在国外求学多少年，但最终一定会回来！"8 月，王新刚将赴德国克劳斯塔尔大学继续深造，国外的生活让他期待，但他坚信："中国，才是最适合我的土壤！"

成长，就要选择适合自己的土壤。对于即将毕业的硕士研究生方杰来说，两年研究生学习期间，他的那片土壤是河北曲周。

作为资环学院面向"双高"基地招收的首批专业学位研究生，方杰和同学们扎根曲周科技小院，早已成为农民朋友的"自家人"。不久前，他和同学们一道在曲周田间完成了自己的硕士论文答辩。

经管学院博士研究生刘畅也刚刚完成自己的论文答辩。她在自己的论文后认认真真地写下了一行字：感谢我的母校，感谢我的老师！

2003 年 9 月，当刘畅踏入农大校园的那一刻，她没有想到自己会在这里度过漫长的9 年时光。今天，当即将离开母校时，她才发现自己人生中最美丽的青春记忆和最深刻的岁月时光都留在了这里——中国农业大学。

毕业前夕，刘星当选"中国大学生自强之星"。有人问他，"大学四年是怎样过得如此精彩的？"刘星回答说："其实在我看来，每个同学的大学四年都过得精彩，也都过得不精彩。精彩的是我们都经历过、收获过，不精彩的是我们都遗憾过、后悔过；如果一定要让我说个什么，我只能说因为'坚持奋斗'。"来自贫困家庭，父亲早逝，外公外婆相继病倒，母亲又患恶性肿瘤……这一切没有压倒刘星，他用他的行动和努力证明"命运不是运气，而是自强不息"！

　　"刚入校时，我们在自己心中播下一粒种子；然而，四年过去，你心中的合欢是否花开？"刘星对师弟师妹们说："奋斗，让自己心中的合欢花开。"

　　成长点滴，在每个同学的心灵深处。

　　合欢花开，在每个同学的心灵深处。

（原载《中国农大校报·新视线》2012 年 6 月 10 日）

橄榄球,农大的一张名片

□束景丹

什么是橄榄球运动?

是只需要一个形状像橄榄一样的球就可以进行的,是一项体现百折不挠的勇敢精神,体现"One for All, All for One"(我为人人,人人为我)的团队精神,又不乏智慧和绅士风度的运动。

一叶小舟　开创历史

19世纪英国殖民者将橄榄球运动带入我国上海、天津的租界。1913年,日本松冈正男在台北的中学组织学生打橄榄球,相继成立了橄榄球队,并在台湾广泛开展。

1987年,原北京农业大学动医学院施振声教授在日本麻布大学留学期间,通过麻布大学橄榄球总教练松原利光教授接触到英式橄榄球运动,并将相关信息告诉了农大体育部曹锡璜教授。曹对之兴趣盎然。

1989年6月,松原利光教授应农大之约来华,在北京农业大学为农业高校和北京10所高校教师举办了橄榄球运动裁判员、教练员讲习班,回日本接受媒体采访并发表报道"在北京开展橄榄球"。

机缘巧合,1990年日本MCI公司总裁森本泰行先生读到这篇报道,立即主动与曹锡璜取得联系。后来,森本先生多次受邀来到北京农业大学,向学校体育部郑红军教授等教师传授橄榄球技术,深入洽谈建立橄榄球队的诸多事宜。

经曹锡璜多方奔走、呼吁,建立一支橄榄球队的设想得到了教育部、农业部、原国家体委的重视,时任中国农业大学校长石元春也十分支持,森本泰行也予以资金赞助。1990年12月15日,中国内地(大陆)第一支橄榄球队——北京农业大学橄榄球队正式成立。自此,橄榄球运动项目被引进农大校园,填补了中国内地(大陆)体育在这一项目上的空白。

球队成立后,教练员小组先后赴日本和我国香港考察、学习、访问。在不断吸收和借鉴境外先进经验和技术的基础上,结合我国的实际情况,努力探索我国橄榄球运动的发展道路。

扬帆起航　风生水起

在随后的几年里,在曹锡璜、郑红军等第一批橄榄球人的努力下,橄榄球运动先后在北京、上海、抚顺、广州、沈阳等城市开展起来,尤其是各地的农业高校,在发展中国内地(大陆)橄榄球运动中做了大量有益探索。

——师资培训。中国农业大学积极致力于开展橄榄球运动,从 1992 年开始先后在农大举办了 5 次全国橄榄球教练员裁判员培训班,并聘请了新西兰、澳大利亚、英国、日本等国家和我国台湾、香港地区的专家和教练来农大讲学。1994—1999 年,时任中华台北橄榄球协会秘书长林镇岱和台湾南开校友队教练萧宝雄先后担任农大橄榄球队客座教练,多次来农大橄榄球队指导训练比赛。

——协会成立。1992 年 4 月 11 日北京市大学生体育协会橄榄球分会成立;1994 年 5 月 27 日中国大学生体育协会橄榄球分会成立。这两个协会均挂靠在农大,推动中国内地(大陆)橄榄球尤其是大学生橄榄球运动的发展,农大责无旁贷。

——举办比赛。先后举办了 1992 年北京"华远杯"橄榄球邀请赛和 1993 年"北农杯"橄榄球邀请赛。在原台湾艾思得股份有限公司总经理黄晓枫先生的资助下,举办了 4 届中国大学生"莱思康"杯橄榄球联赛和 1996 年"莱思康"杯国际大学生橄榄球邀请赛。在此期间,中国农大还举办了 7 届北京市高校橄榄球联赛,使中国内地(大陆)的大学生橄榄球运动风生水起。

——加强交流。日本、法国、英国等国家和我国台湾、香港地区的橄榄球队先后来校访问比赛。中国农业大学橄榄球队也先后赴中国台湾、香港访问比赛。在北京工作的外籍人员和留学生每年都自发地组织橄榄球联赛和邀请赛,并邀请农大橄榄球队参赛。通过频繁的对外交流和常年不懈的刻苦训练,使农大橄榄球队的竞技水平有了长足的进步。从 1993 年至 2001 年,农大橄榄球队夺得了国内所有比赛的冠军。1999 年,教育部批准中国农大为试办高水平运动队学校。

1996 年 10 月 7 日,原国家体委正式宣布成立中国橄榄球协会,并申请加入国际橄榄球理事会。1997 年 3 月 18 日,国际橄榄球理事会正式批准中国橄榄球协会的申请,接纳中国为该理事会第 76 个会员国。从此,我国橄榄球运动正式走上了国际舞台,并开始以中国农业大学运动员为主组建国家橄榄球队。

乘风破浪　征战五洲

中国男子橄榄球

以中国农业大学橄榄球队的教练和队员为班底的中国国家橄榄球队参加重大国际比赛,取得骄人战绩。最具代表性的是,2006 年第 15 届多哈亚运会男子橄榄球比赛第三名。在一系列国际比赛中,曾战胜过世界劲旅苏格兰队、加拿大队、意大利队,还战胜了亚洲强队日本队、韩国队、马来西亚队、新加坡队、泰国队、哈萨克斯坦队、印度队和中国香港队、中华台北队。

中国农业大学校男子橄榄球队还多次承担国家比赛任务——代表国家橄榄球队和中国大学生橄榄球队参加重大国际比赛,先后战胜南非大学生队、西班牙大学生队、保加利亚大学生队、马来西亚队、新加坡队、斯里兰卡队、泰国队、关岛队、印度尼西亚队和中华台北队等。曾获得第二届世界大学生7人制橄榄球锦标赛第三名,2007年亚洲三边赛橄榄球比赛冠军,2011年亚洲五国15人制橄榄球锦标赛赛第三级别组冠军。

在此期间,不得不提的是时任中国农业大学校长江树人等历任校领导对橄榄球运动的大力支持。现在,学校每年拿出60万元专项经费支持橄榄球队的发展。

中国女子橄榄球队

2004年3月,为迎接在中国农业大学举行的首届世界大学生7人制橄榄球锦标赛,在时任校长陈章良的支持下中国农业大学女子橄榄球队正式成立。2004—2009年,农大女子橄榄球队连续6次夺得全国7人制橄榄球冠军赛女子组冠军。

2004年,北京师范大学也成立了女子橄榄球队。在中国农大吴卫、李书峰两位教师指导下,徐杰、马佳乐等运动员迅速成长为国家队队员。这支队伍于2010年首次获得全国7人制橄榄球冠军赛女子组冠军。当时国家队主力中还有一位来自沈阳体育学院的白莹。现在的北京师范大学女队已经成长为国内高校最具实力的橄榄球队。

以中国农业大学女子橄榄球队为主的国家女子橄榄球队多次在重大国际比赛取得优异成绩。先后战胜世界劲旅美国队、加拿大队、法国队、意大利队、巴西队和亚洲强队哈萨克斯坦队、日本队、泰国队等。连续三次取得亚洲女子7人制橄榄球比赛冠军,并获得首届世界女子7人橄榄球锦标赛碗级冠军,第五届东亚运动会女子7人制橄榄球比赛冠军,2010年美国7人制橄榄球邀请赛女子组冠军,广州亚运会女子7人制橄榄球比赛亚军。2014年获得仁川亚运会女子7人制橄榄球冠军,晋级世界女子7人制橄榄球核心战圈,参加2014/15赛季世界女子7人制橄榄球系列赛全部比赛。

国际交流更加深入

以中国农业大学队员为主力的中国男女橄榄球队伍的优异表现受到了国内外人士的广泛关注。澳大利亚总督麦克尔·杰弗里,中国奥委会主席何振梁、秘书长魏纪中,国际橄榄球理事会主席西德·米勒,原中国橄榄球协会主席楼大鹏先后来农大访问或观看比赛。澳大利亚国家橄榄球队主教练、英格兰国家橄榄球队队长、新西兰队球员也先后来校指导橄榄球队训练。

2004年9月16—17日,中国农业大学承办了首届世界大学生7人制橄榄球锦标赛。来自美国、英国、澳大利亚、新西兰、加拿大、俄罗斯、法国、西班牙、日本、韩国、哈萨克斯坦、马来西亚、泰国等多个国家和我国台湾、香港地区的共33支橄榄球队先后到访中国农大,开展比赛。

从 1996 年开始,教练员小组相继赴澳大利亚、马来西亚、新加坡、英国、新西兰、泰国等国家和我国台湾、香港等地区考察学习。农大橄榄球队先后赴韩国、泰国、斯里兰卡、英格兰、法国、意大利和我国香港参加比赛,并先后与英国莱斯特虎橄榄球俱乐部、英国哈普瑞斯学院、威尔士斯旺西橄榄球俱乐部进行互访,派教师和队员到哈普瑞斯学院攻读硕士学位。

从 1997 年至今,农大橄榄球队共有 106 人入选国家男女橄榄球队。张志强、贺忠亮、王加成、李阳被选入亚洲橄榄球明星队,多名队员先后加盟澳大利亚橄榄球俱乐部、英格兰橄榄球俱乐部、日本橄榄球俱乐部以及我国香港橄榄球俱乐部。

百舸争流　欣欣向荣

2009 年 10 月 9 日,7 人制橄榄球被列入奥运会正式比赛项目,之后 7 人制橄榄球项目也正式成为 2013 年中国全运会比赛项目,国内 10 余省市体育局相继成立橄榄球专业队。

2010 年底,农大橄榄球队 10 名教练员和 45 名毕业或在校的运动员(男运动员 26 人,女运动员 19 人)先后与北京、山东、安徽、江苏、辽宁、天津、山西 7 个省(市)的橄榄球队签约并分别代表以上省市球队参加全国 7 人制橄榄球比赛,在他们的带动下各地橄榄球队水平迅速提升。师生队友同场竞技,使国内橄榄球比赛的竞争空前激烈,呈现出"百舸争流,欣欣向荣"的势头,从而更加广泛地促进了国内橄榄球运动的发展。

拓新航向　创新辉煌

中国农业大学橄榄球队是中国内地(大陆)橄榄球运动发展的重要力量。

无论国际、国内橄榄球运动的大环境发生怎样的变化,中国农业大学橄榄球队始终集中精力积极参与全国大学生橄榄球比赛,在大学生橄榄球运动中继续起着表率作用。

作为北京市大学生体育协会橄榄球分会的挂靠单位,中国农业大学连续多年成功地组织了北京市非冲撞式橄榄球比赛,连续两年主办北京国际非冲撞式橄榄球邀请赛,这都充分表明了学校弘扬橄榄球文化的决心。

目前,中国农业大学多名在校橄榄球队员入选国家队,继续为国争光。教师和学生致力于橄榄球研究,1992—2015 年共发表论文 13 篇,其中 2009—2015 年 9 篇,内容涉及文化、选材、训练及现状等。在校的多名国家级教练和裁判积极展开科研实验,期待成立专门的橄榄球研究中心,为全国的青少年和成年橄榄球运动发展提供科学依据。

希望和挑战同在,中国农业大学橄榄球队将不断地发扬优良的传统和扎实的作风,百尺竿头,只争朝夕,为提高我国橄榄球运动水平做出更大的贡献。

科技小院谱写大文章

□何志勇

2016 年教师节前夕,中国现代农业科技小院微信群里特别"热闹"。

9 月 7 日,广西金穗科技小院的张江周在群里转发了学校新闻网的一则消息:"中国农业大学四名教师荣获'2016 北京市师德先锋'称号",科技小院创建人之一、资源与环境学院李晓林老师榜上有名,全国各地科技小院的同学们都在群里点赞祝贺。

9 月 8 日,张福锁教授团队在《自然》(Nature)杂志发表研究论文《科技小院让中国农民实现增产增效》的消息不胫而走,曾经驻扎曲周科技小院的方杰在朋友圈里感慨道:"八年的时间,科技小院从一个名不见经传的'农家小院'走向了国际大舞台,不是科技小院有多牛,而是有一群志同道合的'农人'在为信念而不懈地奋斗,努力去改变中国农业的未来!"

小院延续大历史

2009 年夏天,第一个"科技小院"落户河北省曲周县白寨乡,刚刚被录取为中国农业大学资环学院硕士研究生的曹国鑫和雷友,在李晓林老师的带领下住进了小院。

曲周,正是 40 多年前第一批农大人奔赴基层改土治碱的地方。曲周历史上长期饱受土地盐碱之苦,老百姓流传着这样的顺口溜:"春天白茫茫,夏天水汪汪,只听耧耙响,不见粮归仓"。

1973 年,石元春、辛德惠等老一辈农大科学家来到曲周,开始了改土治碱的历史创举。经过 20 余年的艰苦奋斗,将以曲周县为中心的 72 万亩盐碱滩变为米粮川,并辐射到整个黄淮海平原,一举扭转中国南粮北运的历史。

43 年后的夏天,还是在这片土地上,资环学院、植保学院和园艺学院的 28 名 2016 级硕士研究生们又像老一辈农大人那样,住进了农家院,与农民朋友"同吃、同住、同劳动",为农民朋友提供"零距离、零时差、零费用、零门槛"的科技服务。

八年来,从最初的两名同学,到第二年的 10 名同学,再到 2016 年的 28 名同学,不曾间断的 8 批研究生走进曲周科技小院,在田间地头完成自己的学业。

在这八年间，科技小院指导老师张宏彦等远离都市与同学们一道长期扎根在农村。为了更好地开展工作，2011年前后，张宏彦担任了曲周实验站副站长，从此更是把北京的小家抛在了脑后，一心扑在了曲周科技小院这个"大家庭"里。八年来，天天都能在田间地头见到张宏彦身影的当地老百姓说，农大师生在曲周进行了"双高"创建的"八年抗战"，老百姓常常感叹："张老师八年如一日，能坚持下来真不容易！"

"校园无栏天为墙，田间变成大课堂。育人本领天天长，解愁分忧大栋梁。"今天，曲周百姓这样描述着带来科技知识，帮助农民增收致富的科技小院师生们。

小院提供大支撑

发展现代农业，根本靠科技，关键是让广大农民掌握科学种田的本领。八年前，张福锁教授率领粮食作物"双高"创建团队奔赴曲周时，就下决心探索一条让农民受益、政府满意，也让师生得到锻炼成长的农民科技服务新模式。

曹国鑫、雷友进驻首个科技小院后，与当地农技人员一道为农民朋友们提供科技指导。没多久，两位小伙子就成为农民朋友"自家人"。2010年秋天，在科技小院的指导下，北油村村民吕福林一举获得了玉米高产"状元"。于是，越来越多的曲周农民主动加入"双高"创建活动中，要求在自己村里开设科技小院。

如今，科技小院已经培养出了一大批科技农民，科技知识是支撑农民夺高产的不二法宝。

2009年以来，科技小院在曲周研究、引进了测土配方施肥、小麦玉米精播、玉米机械追肥、小麦水氮后移、西瓜嫁接、苹果壁蜂授粉和反光膜增色等25项技术；在田间试验基础上进一步简化、物化和机械化，形成了适合曲周农业特点的小麦、玉米、西瓜和苹果等作物高产高效栽培技术模式。

与此同时，科技小院师生还带领农村致富能手和带头人成立专业合作社进行产业开发，把"老营村（西瓜）""今科富（面粉）""相公庄园（苹果）"等一大批当地农副产品推向市场。

科技小院为曲周"吨粮县"建设提供了有力技术支撑。2009年到2015年的七年间，当地小麦和玉米产量分别提高了28.2%和41.5%，而化肥用量增长很少，实现了区域绿色增产增效的目标，曲周全县40万亩小麦玉米每年增产粮食1.15亿公斤，农民增收2亿元以上。

国家最高科技奖获得者、中国科学院院士李振声专门致函称赞说，"科技小院既是你们开创的引导农民致富的一条新路，又是（响应）中央提出的'精准扶贫'的一种新模式。"

曲周的成功经验也在全国各地得到推广，如今中国农业大学联合各科研院所、涉农企业，在地方政府的支持下，已在21个省（直辖市、自治区）建立81个科技小院。

小院谱写大文章

老一辈农大人以"曲周精神"创造了"曲周模式",率先给中国农业开辟了一条道路,这就是后来延续了 30 多年的区域农业开发中低产田治理。

近年来,全国各地粮食产量的增加主要来自灌溉面积、化肥农药、农膜用量等的增加。曲周同样面临着突破环境制约:如何解决资源消耗大、环境污染,在中低产田实现粮食高产?

这正是"双高"创建活动所要解决的大命题。科技小院在谱写一篇高产高效农业科技大文章的同时,也在谱写一篇服务"三农"的农业教育大文章。

田间地头的劳动实践激发了科研灵感,大部分研究生到了二年级才能确定毕业论文题目,而曹国鑫早早就明确了论文方向:冬小麦的高产高效技术研究与推广。

"农业生产实践的经历,让我长了不少本事,也让我的研究目标更明确,就是从农民的需要出发。"在科技小院一干就是七年,回想起在科技小院的经历,曹国鑫坦言:"在田间地头更能获得令人信服的第一手数据。"

自 2009 年以来,全国科技小院先后参与发表学术研究文章 173 篇,其中 SCI 论文 29篇,包括 4 篇《自然》、1 篇《科学》(Science)、2 篇《美国科学院院刊》(PNAS)论文;同时还编写了 8 部专著,研发 6 个产品,获得 18 项专利。

八年前,曹国鑫完全不会想到,自己的名字会以并列第一作者身份出现在世界顶尖期刊《自然》杂志上。

小院培养出人才

2012 年毕业的硕士生方杰,曾在曲周相公庄村科技小院生活学习了两年。正是得益于曲周的锻炼,工作后的他很快在企业独当一面,现在已经成为大区经理。

经过八年探索,科技小院研究生培养有了清晰路径,这就是"实践—理论—再实践"的"三段式"培养:每年 4、5 月份招生后,就让准研究生们提前进入科技小院实践,参与科技小院活动或组织基本知识和技能的培训;9 月份回到学校,带着田间地头的问题有针对性地进行一学期的课程学习,确定研究和示范方案;次年回到小院完成研究、技术示范、驻村服务;最后一个学期回校完成学位论文、答辩。

八年间,有近 100 名研究生从科技小院走向社会,获得包括省市校优秀研究生、国家研究生奖学金、地方政府贡献奖等 90 多项奖励。发表研究论文,小院研究生也很"强"。2014 年,中国农业大学植物营养专业 70 多名研究生竞争 3 个国家奖学金名额,按发表论文数量排名,结果获奖同学都来自科技小院。

从科技小院走出的学生,一年几十次农户培训的历练,让他们面对压力沉稳自信,言语表达流畅自如,求职时占得先机,甚至很多学生没毕业就被用人单位"高价订购"。当然,也有一批学生则围绕农业生产实际问题继续开展科学研究,16 名毕业生正在攻读博士学位。

科技小院创立的研究生培养新模式,已得到了广泛肯定,教学成果先后获得了北京一等奖、国家二等奖。2015 年,中国农业大学专门立项,以科技小院为依托,把其他专业的研究生也放到小院培养,从不同角度研究解决农村的问题。

小院走上大舞台

源自曲周的科技小院模式不仅为河北和我国高等农业院校科研、社会服务、人才培养模式探索和高产高效农业发展道路探索提供了新模式,也为国际农业可持续发展道路的探索提供了借鉴,得到了国际专家的高度认可,其成功经验走上了国际大舞台。

2009 年以来,仅曲周科技小院就接待了来自美、法、德、英等 10 多个国家院士、专家考察指导 30 多次,到访的国际学者均对科技小院做法给予高度评价。科技小院已被联合国可持续发展战略研究专家组列为全球发展范例,也被世界粮农组织和联合国环境署写入全球未来粮食和环境发展战略报告中。

科技小院工作逐步走向国际化。2015 年,中国农业大学在老挝建立了两个香蕉科技小院。今年,学校与德国 K+S 集团以及福建农林科技大学开始联合培养科技小院研究生。目前,正探讨在东南亚、非洲等地推广科技小院。

科技小院模式触动了世界。9 月 8 日,《自然》杂志配发的评论文章指出:"科技小院让国际学术界开始思考在农业生产一线讨论产量差真正意味着什么?科技小院团队在农业生产一线中诠释了产量差的真正内涵。"

《自然》杂志审稿人、国际小农户研究专家基里尔(K.Giller)则说:"科技小院这种扎根农村助推小农户增产增效的创新模式是全球最成功的典型案例。"

(原载《中国农大校报·新视线》2016 年 9 月 15 日)

挚友之约 30 年

□何志勇

史新杰最近比较忙。作为中国农业大学历史最悠久的学生社团——挚友社第 29 届社长,他正在和社友们一起筹备着出版新年第一期也是创刊至今的第 261 期《挚友报》,这将是他任内最后一期报纸。月底,挚友社将举行例行的换届,史新杰即将交接挚友社的"掌门"接历棒。

不过,让史新杰和社友们牵挂的还有另一件"大事"。2012 年 3 月 4 日晚,挚友社第 20 任社长刘冲回到母校,与史新杰等挚友社"后辈"们坐在一起,谋划起这件"大事"——筹备挚友社成立三十周年庆典。

2013 年,挚友社将进入而立之年,当两位相差 8 届的社长分别面对记者时,却都说出了同一句话:"我们想找回过去的感觉!"

"过去的感觉"又是什么呢?

执子之手,即成挚友

1983 年 4 月 11 日,北京农业机械化学院大礼堂前人头攒动,几名同学正在这里卖报纸。此前,学校十多位充满激情的"文艺青年"发起创立了一个学生社团——挚友文学社,正在叫卖的油印刊物正是文学社的《挚友》。

这份学生自己的刊物有着明确的定位:"为校园生活把脉,反映学生心声。"第二年,《挚友》正式定为双周刊。从此,这张报纸承载并延续着师兄们的青春激情和挚友精神,在农大校园风行至今。

当年的"报童"中,有一个小伙子名叫任洪斌,他是挚友创始人之一,也是第二任主编。18 年后,他挂帅中国机械工业集团公司,成为全国近 200 家大型央企中最年轻的总裁。

2003 年 4 月,任洪斌专程回到母校,参加挚友社成立暨《挚友报》创刊 20 周年的聚会。回忆起当年卖报的情景,这位"老挚友"感慨道:"步入社会后,挚友精神让我受益匪浅。"

2004 年 4 月 5 日,《挚友报》迎来了第 200 期。众多"老挚友"专程返校庆祝。"挚友对我们的帮助是超乎寻常的",一位老挚友说:"她给了我整个人生与众不同的价值。"这位老挚友认为挚友精神更多的是一种文化,给予思想交流与碰撞,并在这过程中促进一种演化,"挚友教会我的远比我在其他地方得到的多。"

"挚友精神是什么?"2003 年,挚友社成立二十周年时,挚友人总结为:"团结奋进,自强不息,坦荡真诚,博爱无私。"

正是在这种精神激励之下,挚友人坚持了三十年,历经风风雨雨却旗帜飘扬。

今天,挚友人对挚友精神的理解上,更直观地表述为:"执子之手,即成挚友。"

"那是一段激情燃烧的岁月,有了那样的激情,才能成就辉煌的事业。"挚友社第 22 届社长张星星说,"只有在一起战斗过的战友,才能成为情谊永固的挚友。"

而这样共同的"事业"也让挚友人得到了锻炼,成就了他们踏入社会之后另一番事业的成功。

在挚友社近三十年的发展史上,铭刻了这样的名单:贾敬敦,84 级挚友,科技部中国农村技术开发中心主任;胡启毅,86 级挚友,中牧集团总经理;纪小龙,80 级挚友,紫金投资总经理、紫金创业投资执行董事、中山证券董事……

挚友改变的人生

2006 年 7 月,一本《师者:清华经管学院教授访谈录》由机械工业出版社出版,作者之一牛小玢的简介中如是写道:2000 年考入中国农业大学农业工程专业。羞愧于对机械工程方面天分不足、努力不够,而又有幸在挚友社经过几年锤炼,最终如愿弃"机"从"笔"……

挚友社让许多校园"文艺青年"找到了一块精神绿洲,也改变了许多农科学生的人生轨迹——像牛小玢一样选择了"妙笔著文章"的职业。

杨晓煜,经管学院金融专业 2011 年毕业生,现任新浪网娱乐频道编辑。大一时,杨晓煜就加入挚友社网络部工作,大二时成为网络部部长,大三时成为挚友社第 27 届社长。毋庸置疑,挚友社的这段经历,为他现时的工作写下了伏笔。

刘冲毕业于工学院机制专业,踏入社会的第一份工作也是编辑——创办公司内部报刊。很长一段时间,他在"一个人的编辑部"努力地工作:"总编、责编、美工、文字记者、摄影记者、排版、校对、发行……从前期的策划到后期的发行,编辑部所有专职岗位都由我一个人来承担。"挚友精神也许是他谱写个人创业史的激情之源:"在挚友社学会了担当,骨子里开始有了一种敢于承担,坚韧不拔的品质"。刘冲所创办的那份企业报坚持了下来,他也从一个人的编辑部走进公司的"中枢",成为办公室主任。

"很多挚友人都成为媒体人和出版人。"杨晓煜、刘冲不约而同地说出了这句话。

童云,食品学院食工 87 的学生,现在是中国农业大学出版社责任编辑。邀约三两好友,沏一壶普洱茶,谈文学、论诗词、话人生,已然成为她的生活方式。

马学玲,媒体传播系 2005 级学生,曾任《挚友报》总编,现任职于中国新闻社。挚友社指导老师徐晓村至今提起马学玲仍十分感动："她为挚友社操办 25 周年社庆、筹办高校媒体论坛，当时真是玩命啊！累得一跟我说起来就哭，'老师累死我了。'其实她可以不这么做，不用把活动做得那么大，不用做得那么好。但我们的学生做工作就是这样的态度，你说她能做不好吗？她干什么都能干好，有这个精神就行了。"

张竞柱，机械工业出版社；李克，北京师范大学出版社；张新智，中国大百科全书出版社；杨薇，中国水利水电出版社；高燕，大众日报报业集团……很多成为媒体人和出版人的"老挚友"，成为新挚友们津津乐道的榜样。

有一种永恒是挚友

"世界发展得太快了，不过还好，我们很幸运，我们还有挚友社"——这是 2008 年，两名挚友人的 QQ 对话。

2010 年 5 月，老挚友"Bryan"在自己的博客中写下了这样一段略显伤感的话语："从我毕业起，此时大约已过了一年的时间；从离社的那一天算，也有两年多了。我总是不愿用'退社'这个字眼，因为它无情，真正的挚友是永远都不会彼此离开的，即便天各一方，我们坚信我们挂念依然。"

2012 年 3 月初，童云偶遇张星星，一聊才知是相差十多届的"挚友同门"。于是，两人相谈欢畅，全然忘记了"正事"和一旁的其他人员。

当记者拨通挚友社第 28 届社长王旋的电话时，她正在上海实习。3 月 6 日晚，记者收到了这样一条短信——

"至深夜，在你选择彷徨时，会有挚友给你提供意见；在你遭遇困难时，会有挚友助你逆转乾坤；在你想找一个兼职时，甚至会有比你大好几届的挚友为你提供机会……友情无价，挚友社带给我的是无尽的珍宝，加入这个大家庭，是我明智的选择，无论过去还是未来都不会后悔。"

"所有的挚友人，不管身处何方，心中对挚友的挂念依然。"这句诗也许正是挚友人的心灵独白，也是献给"而立之年"挚友社最厚重的礼物。

"我们想认真梳理一下挚友社过去的发展脉络。"刘冲在电话里情绪盎然，条理清晰。时代在变，"80 后""90 后"的思想不一样了，同学们接受信息的渠道更加多元化了，大家的关注点、兴趣点也不一样了，如今的挚友社，应该怎样朝前走？这是挚友人不能回避的问题。

挚友社成立三十周年的纪念，也许是个契机，"把老挚友们请回来，大家一起交流交流"，刘冲说："把挚友精神延续传承下去，这是一个新的起点。"

"是重新出发吗？"面对记者提问，史新杰说："也不是重新出发，我们一直在路上。"

（原载《中国农大校报·新视线》2012 年 3 月 10 日）

奔跑吧，少年！

□张脐尹

三月下旬，北京依然笼罩在"倒春寒"带来的寒风冷雨的阴影中。当人们考虑着添衣增被、蜗居室内时，月底的回暖便尤其令人惊喜，适合的温度、恰好的微风，出去跑跑是个再好不过的选择了。

无关竞技只关热爱

2017 年 3 月 26 日中午 12 时，中国农业大学第一届校园无限制长跑赛开始前的两个小时。饭点时的操场上人影稀落，唯有一些身影匆忙：是来自农建 16 级的志愿者们。后勤组抱着一摞摞锥形筒穿过操场，按照要求分隔出男女生的赛道；裁判组也一遍遍确认各自的站位；计时组则反复核对自己负责的选手号数，直到一切安排妥当。

14 时，选手陆续到来。有些是跑协的老朋友了，穿戴专业的跑步装备和社员熟络地交谈；有些略显脸生，穿着随意，表情有些拘束。选手基本到齐后，跑协训练队开始带领大家做"上下左右前后"的跑前拉伸运动。

15 时，枪响，开跑。女生赛程半小时，男生赛程四十五分钟，这段时间对旁人来说，也许只是数着圈数，可对于选手，每一圈都很不易。身经百战的游佳怡，在比赛结束后也忍不住感叹："实在是太累了！"但只要坚持下来，酸痛也能变得有滋有味。这个看起来白净温柔的女孩，以十五圈的好成绩获得了女子组第一，虽然有未打破个人记录的小遗憾，但她气喘吁吁的话语中仍充满着欣喜与愉悦。

比赛虽然设置了排名，但凡是能坚持到最后的都是胜利者。跑协举办赛事的初衷不是分出输赢，而是希望热爱跑步的人都能参与进来，同时也希望"跑步理由一丝半点，中断理由装满卡车"的同学能尝试改变自己，去享受坚持的过程。

这是跑协的第一场跑步比赛，规模不大，准备过程有些忙乱，但并不影响农大跑步爱好者对它的支持。作为资深爱好者的乔曦博士一知晓消息就毫不犹豫报了名。"毕竟坚持跑了好几年，也很热爱这个团队，必须支持！对于跑协来说，这是一个好的开始。"就像乔博士所说，这是一个好的开始，未来的跑协会继续举办活动，迎接更多的跑步爱好者。

年轻的奔跑者们

说起跑协,很多人都将它与专业团队画上等号,可是高强度的训练和不断被刷新的令人赞叹的跑步纪录背后,跑协也只是一个名为"中国农业大学跑步爱好者协会"的年轻社团。

水利与土木工程学院 2013 级的把永春同学过去常常在思考这样的问题:"为什么农大关于马拉松运动方面是空缺的?为什么不能成立一个属于农大自己的跑步社团?"凭着以往的马拉松经验和对跑步的热爱,把永春开始为社团的建立筹备起来。2015 年 5 月,一个属于跑步爱好者的社团正式成立了。

年轻的跑协有着特殊的社团灵魂——自由,正如他们的口号"Just Keep Running"(坚持奔跑)一样,在跑协人眼里,跑步属于一种本能,一迈开腿就能开始,不需要任何理由就能开始,没有条条框框的限制,没有瞻前顾后的担忧。虽然是爱好者协会,但跑协在为社员"解锁"跑步的"科学打开方式"时并不敷衍。每周星期一、三、五的晚上 7:30 会由训练队带领社员进行晚训,周末也会根据天气情况组织去奥森公园运动。同时为了缓解新生对体测的焦虑,还面向全体进行 3000 米、1500 米的专项训练。

当然,成立不到两年的跑协还很稚嫩,成绩单也略显羞涩,"跑协还是太年轻了,它需要时间的积累,我们也仍然需要努力。"现任社长安星润坦诚地分析了现状,同时也很坚定地表示,"这是一个社团成长必经的过程,跑协会越来越好。"

奔跑路上苦与乐

"高二的时候我最胖,大概有 180 斤,肥胖带给我的除了身体上的负担外,也让我特别地不自信,"每每讲起自己的从前,安星润都会看到别人难以置信、怀疑惊叹的眼神。

的确,谁也无法将眼前这个热情大方、结实硬朗的男生与忧郁的胖子联系起来。

但是轻松平静的语气背后是难以想象的痛苦。最开始跑步的时候,安星润毫无技巧,跑不到一圈就累得气喘吁吁,气馁的心情和极差的身体素质几乎将他推到放弃的边缘,"幸好这时候我在跑协遇到了一群志同道合的朋友,我非常喜欢这里自由的氛围,也喜欢科学高效的跑步方式,心有喜欢,再痛苦的事,咬咬牙也能坚持下来。"

现在的安星润不仅成了众人膜拜的"大神",他还在各式各样的马拉松比赛中取得了很好的成绩。提起这些,安星润的眼中闪着自豪的光亮:"跑马拉松是我之前难以想象的事情,尤其在最后十公里,精疲力竭与崩溃绝望夹杂,完全是在极限上挣扎。但最后只要能靠着意志力挺过来,那种感觉是难以言喻的,不跑步,无法体会到那种滋味!"

"跑协赋予了我太多无比宝贵的东西,我见证了它的诞生,也希望看到它的发展,所以我选择继续陪着跑协奔跑下去,和它一起成长,没有什么能比见证自己热爱的事业成长起来更幸福的了。"当被问到为什么留任社长时,安星润回答道:"我也明白万事开头难的道理，就像我当初没有跑马拉松的经验，第一次参加马拉松长跑因为姿势不正确，身体伤了一个月，那个月里我看了很多关于跑步的书籍，现在跑多少马拉松都没有问题，你看再难的事这不也过来了吗？虽然现在很多事情，比如举办这次活动、积累跑步经验，都得自己摸索，得舔着伤口前进，但这一切都非常值得。"

"我的脚步开始移动，我的思想开始漫游。"这是跑协微信公众号推送的第一句话，也是安星润觉得自己在跑步过程中最大的收获，他解释道："其实人生就像一场马拉松，终点线只是一个没有什么意义的记号，重要的是这个过程你看到怎样的景色，你又是怎样坚持下来的。"因此，跑协在组织跑步活动时，会选择一些沿途风光好的地方，毕竟跑步不是一味地向前，更要学会去享受，去欣赏。

究竟为什么要开始跑步？每个跑协人给出的答案不尽相同，也许是单纯追求奔跑的快感，也许是想逃脱一段毫无热度的感情，也许是想拯救被压力逼到崩溃边缘的自我……开始跑步有万千种理由，但一旦迈开脚步那一步，他们都是心无旁骛的奔跑者，无所畏惧的热忱者。

"你会停止奔跑吗？"

"不会，谁叫我爱它呢！"

（原载《中国农大校报·新视线》2017 年 4 月 15 日）

麦田，音乐与梦想

□张脐尹

2017 年 5 月 25 日晚 11 时，夜色笼罩的北京城，四下寂静。此刻，嘉友国际大厦负一层的牛盾排练室依旧亮着灯，传出一阵阵鼓噪激越的声响。汹涌的音浪之外，插科打诨、嬉笑怒骂也不曾间断，这是麦田乐队的排练现场，他们正在为三天后的麦田音乐节做着最后的准备。

从平行到相交

诞生于 2009 年的麦田乐队，是当时就读中国农业大学农学院的商宇同学等创立的。当年一首《麦田的思念》引燃演唱会现场，成为许多农大学子不能忘却的回忆。这批同学毕业后，麦田乐队一届届传承，时至今日已经历四次更迭，从未停止前进。在他们身后，有着一群共进退的支持者。

对于现任麦田乐队的主要成员来说，加入麦田，是一件机缘巧合的事。

大一刚入学，像所有热血沸腾、渴望共鸣的新生一样，四个男女聚集在一起夜谈，密谋组建一支自己的乐队——ECNO。乐队成员分别是键盘手马汉骁、吉他手姚前位、贝斯手王姜庆榕、鼓手张雨婷。

成立伊始，四人在音乐方面审美迥异。经历了队友们无数次的普及、推荐后，一心喜欢中国风的张雨婷，完成了从民乐团扬琴手到酷爱重金属的鼓手的戏剧性转变；偏爱独立流行音乐的王姜庆榕，也慢慢接受了小众风格，喜欢上氛围音乐。自此，他们开始了一番在音乐江湖中摸索前进的征途。

在 ECNO 成员心目中，从 2012 年起就举办专场音乐会的麦田乐队，显然是老前辈"神一般的存在"。2015 年，年轻的 ECNO 乐队第一次参加麦田专场，他们酣畅淋漓的表现令麦田乐队的老成员印象深刻。于是，大一上半学期将要结束时，ECNO 乐队这批人就"接茬"扛起了麦田乐队的大旗。那段时间，老麦田与"小麦田"们一同演出。

就这样，ECNO 乐队摇身一变，以农大人更熟悉的"麦田乐队"之名，向着音乐的原野迈出了郑重其事的一步。

如今，已是麦田乐队活跃在校内外舞台上的第八个年头。"麦田乐队"意味着什么？或许是青春，或许是自由，或许是信仰，每个音乐爱好者都有自己的解读，似乎很难说得清。不过在马汉骁看来，麦田的精神就是，大家为了一件共同的事而付出的过程。

原创路上的回归

谈起玩音乐的校园乐手们，不少人的第一印象是嘶吼的歌声、凶猛的节奏。而这一代的麦田乐队，在音乐风格上经历了兜兜转转，最终全体沦陷于后摇乐队——发光曲线（Glow Curve）乐队的单曲《死在旋转公寓》。这种没有人声的器乐摇滚，不是以歌词引导听众理解，而是依靠乐器原本的声音推动情绪，进而给人以强画面感，能够战胜文字所施加的心理暗示。那段时间，姚前位经常晚上一个人戴着耳机听到凌晨三四点。

带着对音乐本身及其背后故事的思考，麦田乐队不断寻觅着声音的意义。

起初是翻弹，因为只有一把吉他，不得不硬着头皮改编原谱，却意外使乐队在编曲交流方面走向顺利。在这样的刺激下，他们开始了自己的创作。

被王姜庆榕称为"让 ECNO 走上后摇之路的始作俑者"的原创音乐"In a Station of the Metro"（在地铁车站），是马汉骁躺在沙发上看电视时，随手弹出来的。所谓的创作，就发生在这样的日常中。从四个和弦到八个和弦，慢慢成形，再和其他成员讨论怎么编曲，排练时继续琢磨。一小时的灵感突现，前后花了四五个月的时间反复修改，这首经典作品才算真正面世。

相比于命题作文"主题指挥行文"的过程，乐队的创作更像是逆向思维，从好听的旋律入手，在各种自学试验中偶然表达出想要的内容。

由于缺少专业的学习，硬伤是免不了的。后摇的特殊性在于，无法通过一个强大的主唱带动观众，这就使得每件乐器的配合至关重要，必须清楚响亮、适时出现。如果做不到，观众会不明所以。这种拳头打进棉花的落空感，麦田乐队不止一次地经历过。

"好的和不好的差别太大了。"马汉骁咂了下舌，这样说道。

"制躁"进行时

走进中国农业大学和园四层，很少有人注意到一间"小黑屋"。十几平方米的空间，塞进了各种乐器、设备、杂物。就是这么一个设备东拼西凑，摆设乱七八糟的和园 418 室，成了麦田乐队盛放音乐和情绪的"容器"。

屋子的墙上挂着几块黑板，有老麦田们用文字、线条留下的痕迹，如同一种精神指引，不分昼夜地陪伴着这里的麦田人。

通常每学期开始，乐队会按照固定时间在这里排练。当夜晚来临，排练室周围的工作人员离开，便轮到他们自由释放，让不安随着一声声激昂淡去。而临近演出时，他们会租专业排练室，用更好的设备确认现场最佳的音色。

为了备战这次麦田音乐节,他们每晚都在牛盾排练室加紧练习。5月25日这晚,他们也以巨大的乐器混响声迎接了突然造访的我们。

　　人字拖、大裤衩、23℃的空调、7瓶矿泉水,构成了麦田乐队在此活动的证据。排练过程中,音乐声阻挡了语言的传递,他们只需一个眼神、一个点头,所有节奏、情绪、强度的配合就在这目光流转中完成,这是彼此最默契的交流。

　　乐队正在排练新歌《宇宙以其不息的欲望将一段歌舞炼成永恒,这欲望有怎样一个人间姓名大可忽略不计》(平日里简称为《宇宙》),这个长到奇异的名字是这首歌的亮点,来源于《我与地坛》的最后一句。另外的亮点是一支小提琴的特别添注,参仿东洋色彩的配器衬搭,将原本深居幕后的杨云皓安插到这首与众不同的曲子中。

　　"排到这儿,就觉得差个小提琴。"于是重新改编,为小提琴的表现留下余地,并化解新乐器加入带来的冲突。尝试的结果是惊艳的,在旋律探问之际,琴声悠扬响起,似乎亲眼见证了某些意象的新生。

　　"尽管只是一小段配乐,我还是很愿意花时间去排练。在麦田包容的氛围中共同完成一件事,再棒不过了。"即将以小提琴手的身份登台的杨云皓,这样谈起他的感受。

　　"从进鼓的地方再来一遍!"

　　"停得要坚决,再来一遍!"

　　"再来一遍,没有进去。"

　　"再来再来,再来打一下!"

　　……

　　王姜庆榕几乎是排练室的场控,他总是第一个发现问题,并立即用他的大嗓门叫停。这种作风,严格得像教导主任。可他同样深知大家的辛苦,"休息一会儿"的指令也总是由他发布。这时,乐队会瞬间失序,各种旋律、声音便会从四面八方呼啸而来,冲击着所有人的头脑。

　　乐手们在休息时间闹了起来。贝斯手开始用小提琴弹唱,弹了几下扔给鼓手拉一曲《小星星》。小提琴手坐到了鼓手的位置敲敲打打,键盘手抢过小提琴玩起来。只有吉他手仍自顾自地弹着自己的旋律,弹完一段节奏,将拨片翻转两次,这是姚前位控制节奏时的小习惯。

　　22:34,电源突然跳闸使整个屋子陷入黑暗。

　　鼓手张雨婷在黑暗里大喊:"你们这些插电的乐器,哈哈!哈哈!哈哈!"

音乐节的"事故"

　　年轻的麦田音乐节,前身是"麦田乐队专场",每次只在校内外各请一两个乐队,规模不大。

　　"麦田这个概念不错,也有足够的积淀,应该把它变成一个更容易存在的实体。"抱着这样的想法，以马汉骁为首的这批麦田人，将乐队改造成更好生存的社团形式，并以"麦田音乐"微信公众号作为宣传阵地。为了继续延伸"麦田"的内涵，他们还想打造一个属于农大人的麦田音乐节。

尽管老麦田留下了办专场音乐会的经验，但比起真正的音乐节，还有一定距离。麦田乐队深知，只有与职业乐队面对面交流，才能汲取足够的灵感。这就意味着，要去汇聚了一线音乐人的地方观察。

去草莓音乐节当志愿者，正是这样一段特别的经历。每天睡两个小时，坐 4 个小时的大巴到河北香河，工作一天再回来，身心俱疲。但这段时光，让麦田乐队对于现场演出有了更为深刻的理解。

2016 年 6 月，首届麦田音乐节初试牛刀，遇到了不少状况。

演出前一天，突然得知可能下雨，便临时花了 2000 元钱做雨棚。然而灯光还没调试完，就迎来了倾盆大雨，所有人只得缩着肩膀躲到舞台的棚子下面。作为整场音乐节负责人的马汉骁，那段时间本就一直感冒，再加上淋雨，他的身体备受煎熬。

第二天，距离正式演出只剩半天时间，马汉骁嗓子化脓，疼得几乎不能抬头。他原本想开个药就赶紧回来，却被校医院勒令打消炎针。由于病房里没有信号，他不得不将现场完全托付给王姜庆榕，每隔一会儿，王姜庆榕都会跑过来主动说明现场的情况。

就在这样跌跌撞撞的前进中，第一届麦田音乐节取得了巨大的成功。

2017 年的麦田音乐节，演出阵容和经费上都迎来了全新的挑战。

在乐队阵容方面，他们做足了功夫。去年邀请的多是民谣乐队，今年加入更多摇滚元素，带动现场气氛。因为请到了后海大鲨鱼这样爆红的乐队，各方面要求都非常严苛，加之时间原因导致的经费不足，只好派社员出去拉赞助。最终，现金赞助加上先前办吉他班的结余，东拼西凑才勉强凑齐设备前期一半的费用，剩下的一半还毫无头绪。

艰难时刻，旧交新朋全都派上了用场。麦田的老成员们慷慨解囊，向麦田乐队提供了帮助，校团委、学院老师也纷纷给予支持。这下子，麦田乐队又多了许多要感谢的人，与此同时，一幅崭新的蓝图也在缓缓展开。

麦田乐队为这次音乐节设计了灯箱，中文是"解民生之多艰"，英文是"Rescue People by Rock&Roll"（摇滚拯救人类）。他们认为这种"情怀与酷炫兼具"的混搭，会给演出增添一份美感。

一场表面光鲜的音乐节，背后的辛苦是难以想象的。努力做好每一届麦田音乐节，又何尝不是麦田精神的传承呢？

自由无畏，麦田如故

每支乐队都有自己的轨迹和态度，摇滚未必意味着与世界冲撞，也可以在握手言和中，找到些许人生的思考。如果你还没听过麦田乐队的音乐，不妨来现场试试，或许他们能给予你冲破平凡生活的勇气与力量,并与更多的农大青年一起,感受这个时代的脉动与感动。

2017 年 5 月 25 日晚 11 时 59 分,麦田乐队这天的最后一次排练基本无伤通关,收拾好东西,一行人走入了夜色,嘻嘻哈哈的声音渐渐隐没在街道尽头。

（原载《中国农大校报》、微信公众号"CAU 新视线"2017 年 6 月 10 日）

这个夜晚，
感受大爱的神奇力量

□何志勇

"短短不到 7 个小时，捐款超过了 70 万元。"2017 年 4 月 13 日清晨，中国农业大学师生、校友们的朋友圈被一条信息"刷屏"了："爱的力量如此强大，希望王宇哲同学早日战胜病魔，回到农大这个温暖的家！"

农大博士突患淋巴瘤

王宇哲，一个阳光善良的大男孩，出生在河北省廊坊市一个普通工人家庭，2012 年以优异成绩考入中国农业大学生物学院生物化学与分子生物学专业，成为一名博士研究生。王宇哲在研究生学习期间积极上进，刻苦钻研，表现优秀，曾荣获 2015 年度博士一等学业奖学金、2014 年度博士二等学业奖学金。

学习之余，王宇哲积极参与社会服务工作，担任学院党务助管、参与实验室日常管理，每项工作他都认真细致、勤恳负责，曾荣获学校"优秀学生干部""三好学生""优秀党员"等多项荣誉称号。

然而，天有不测风云。2015 年岁末，一份恶性肿瘤的医疗检查报告单打破了王宇哲平静的生活。2017 年 1 月 4 日，他被诊断为原发中枢神经系统的弥漫大 B 细胞淋巴瘤，属于非霍奇金淋巴瘤（NHL），已侵及右侧额顶叶及左侧颞叶。

弥漫大 B 细胞淋巴瘤是 NHL 中最常见的类型，几乎占所有病例的 1/3。据主治医生介绍，实施大剂量化疗联合自体干细胞移植可以明显提高其长期无病生存率，王宇哲完全有希望得到治愈，重返校园。

王宇哲在北京大学肿瘤医院淋巴肿瘤内科进行四期化疗后，病情有所好转，但巨额的医疗费用却让他的家庭难以承受。目前，王宇哲已经花费 27 万余元，其中检查费用只有部分能够公费医疗报销，化疗药物基本都是自费的。同时，病情所致，化疗方案需要调整，可能需要增加化疗周期，保守估计化疗、自体移植费用将需要 70 万元以上。

王宇哲的家庭并不富裕，母亲下岗十多年，父亲是家里的经济支柱，也曾因心梗做了两次搭桥和支架手术，现在仍需依靠药物维持治疗。父亲高昂的诊疗费用已经让这个普通家庭难以为继,王宇哲患病更是雪上加霜。父母俩人为筹集王宇哲治疗费连日奔波,已经举债累累,但他们表示:"只要能救孩子一命,我们愿意放弃一切。"

吹响农大爱心集结号

当得知王宇哲身患重症后,他所在的生物学院、实验室师生们积极筹集善款,用于初期治疗费用。

一个院的力量还是太小。为了让王宇哲能够顺利完成治疗,重返校园完成学业,中国农业大学教育基金会、生物学院联合向广大师生、校友及社会各界发出倡议,为王宇哲同学捐款,帮助他一起战胜病魔,让他在与疾病抗争的过程中感受到温暖,让这个年轻的生命继续发光发热!

4月12日下午5时15分,教育基金会微信公众号正式发布筹款倡议《农大学子王宇哲同学重病,急需您伸出援手!》,同时借助"灵析众筹"系统平台开展微信筹款——

"王宇哲,27岁,他的人生规划才刚刚开始,还有太多的愿望没有来得及实现,太多美好的事情没有来得及感受,可命运却跟他开了一个玩笑,让这个原本优秀上进青年的才华无处施展。这也许是他最艰难的时刻,也是最需要大家帮助的时候,现在王宇哲同学正在等待下一步治疗,病情猛于虎,时间就是生命!"

中国农业大学教育基金会负责人表示,本次为王宇哲筹集捐款将统一进入学校教育基金会账户,由学校教育基金会、生物学院、王宇哲家属成立专项小组,共同管理善款的使用和支出,并负责及时向社会公开。

"您的转发与扩散,也会为救治王宇哲增加一份希望!"

今夜我们都是农大人

"农大学子王宇哲同学重病,急需您伸出援手!"这条信息迅速在农大人朋友圈里"悄无声息"地快速传播起来,与此同时,10元、50元、500元、2000元……一笔笔捐款也纷纷通过微信支付汇聚而来。

"宇哲加油,我们的祝福和希望你收到了吗?"一位匿名的网友捐款2000元后,留言鼓励王宇哲:"一定会好起来的!"

捐助1000元,网友"飞翔"留言勉励说:"小师弟,保持良好心态,我的一位同事十几年前也病得很严重,现在红光满脸,快乐地工作和生活!"

"学长加油!这是我的奖学金,我们挺你,祝早日康复!"一位不愿留名的同学,捐出了自己1000元奖学金。

"宇哲,坚持就是胜利!"同样是匿名的网友,默默捐助了1000元,留言说:"有大家的关爱和支持,你一定能战胜病魔,恢复正常的学习和生活!"

"北京校友会全体校友关切你的病情,我们是你坚强后盾,让我们一起,坚定信心,共渡难关,战胜病魔! 祝你早日健康回归校园。"

"祝王宇哲同学早日康复,拥有更美好的人生!"

"把你的零用钱捐出去,你只是少买一点玩具,但可以挽救一位哥哥的生命!""等哥哥病好了,可以送我一辆小汽车吗?""哥哥所有的钱都要用来买药治病!""好吧,那就送我一个大大的微笑吧!"网友"YunLu"捐出了给儿子买玩具车的200元钱,他和儿子一起鼓励王宇哲:"请坚强! 我们等待着你的那个大大的微笑!"

"宇哲,永远相信自己,你能够打败一切困难!"远在甘肃的校友"杨天龙·水果玉米"特地资助了999元,他留言说:"我们虽不相识,但是我心与你同在。"

"一位优秀的农家学子,一位才华横溢的农大学生,一位未来的国家栋梁之材!"网友"红兴隆中通快递王冰洁"邀请了两位微信好友共同捐助101.1元,他们希望大家:"拉起手来,帮助这个青年人渡过难关吧!"

这一晚,很多匿名"农大人"慷慨解囊,甚至一掷万金!

这一晚,世界各地的农大人都在牵挂着王宇哲!

这一晚,所有关心王宇哲的人都是"农大人"!

这是大爱的神奇力量

"为救助王宇哲同学的这一次微信募捐活动,是中国农大这个大家庭的一次爱心集结号!"4月13日清晨,当人们再一次打开微信朋友圈,看到满屏都是校长柯炳生的感谢:"这是大爱的神奇力量! 将近8000人捐款信息,带着温暖有力的鼓励,带着无以言表的情谊,通过手机微信,像潮水一般,涌进了基金会的账户,不到7个小时,捐款就超过了70万元!"

就在这个早上,许多"迟到"的网友正准备要捐款时,却发现捐款通道已关闭。原来,在4月12日午夜的23时57分,在短短不到7个小时里,共有7863人次通过网络参与筹款,筹款金额达到700403.43元,达到预期筹款目标! 这时,距离预期完成筹款的时间提前了16天! 与此同时,有4933人留言祝福,为宇哲加油!

这一个平静的夜晚,千万农大人拿起手机,轻触着屏幕,共同创造了一个奇迹。

13日凌晨,农大教育基金会宣布本次筹款结束,在感谢全体农大人的同时,表示将尽快统计汇总其他渠道的捐赠,及时予以公布!

这是一次爱心的集结,也是一次新媒体运用的实践。这次筹款倡议发布之初,相关信息立即公布在新媒体联盟微信群,中国农业大学新媒体联盟成员:农大官微、"CAU我们的团""中国农业大学校友会"等微信公众号相继进行了转发,随后大批在校师生和校友群纷纷予以转发。这一晚,这条消息阅读量达到了9万多次,转发的同时,许多人纷纷加入爱心接力中。

"希望小学弟战胜病魔,重返校园;支持母校对困难学生采取的行动,母校不仅教给我们知识，也教会我们如何做人，谢谢母校。"清晨，网友"蓝天白云"道出了千万农大人的心声——

一夜之间，新媒体把天南地北农大人的心紧紧联系在了一起！

一夜之间，许多农大人发现原来"母校"和"同桌的你"还深深地印刻在自己的脑海。

"感谢老师，感谢同学，感谢同学的家长，感谢校友，感谢校友的家人，感谢那些陌生的社会爱心人士！"所有的人，在这个夜晚的努力，正如校长柯炳生所愿："有你们的支持，有你们的祝福，王宇哲同学一定会战胜病魔，重返校园！"

"我们期待着与大家一起，在毕业典礼上，看到王宇哲同学！"

（原载微信公众号"CAU新视线"2017年4月19日）

新视线人物

蔡旭：
守望麦田，把生命交给土地

□何志勇

　　2018 年 7 月 14 日，宁静的中国农业大学校园里，蔡旭铜像前人头攒动——参加蔡旭院士学术成长资料采集工程项目启动仪式的代表们，向蔡旭铜像敬献花篮，缅怀老先生的"小麦人生"，追忆他的伟大精神和科学品格。

　　"老科学家学术成长资料采集工程"是经国家科教领导小组批准，由中国科协牵头联合 11 家部委共同开展的一项国家工程。蔡旭院士的弟子、中国农业大学校长孙其信在启动仪式上深情回忆："蔡旭老师为小麦育种事业留下了丰厚财产，他在 20 世纪 40 年代留学归国前广泛搜集小麦品种资源，为新中国小麦育种事业奠定了雄厚的物质基础。最近小麦基因测序研究表明，这一奠基性工作和带头践行的'开放育种'思想，对今天的小麦育种仍有深远影响和极大贡献。"

　　"大学作为社会组织能够经久不衰，在于大学精神的不断传承发扬。中国农业大学建校 113 年，究竟是什么精神支撑学校发展到今天并走向未来？"这一天，孙其信又在思索着这个问题，并期待为之找寻答案："这些精神蕴含在大师或一代代前辈留下的浩瀚文献中、走过的人生轨迹中。"

　　"蔡旭老师一生为国为民无私奉献，经历了那么多坎坷磨难，但他一如既往对待工作，把全部心血投入育种和育人事业，对国家和人民始终忠诚不渝。"站在蔡旭铜像旁，大家又一次被众多先贤大师以岁月铸就的"农大精神"所感染，也对孙其信的殷殷期待产生了共鸣："前辈大师留给后人的不仅是有形的财产，更可贵的是精神财富"，"要让这种精神成为学校留给社会、今天留给后人最有价值的贡献之一。"

怀着"科学救国"的理想

　　1911 年 5 月 12 日（农历四月十四），蔡旭出生在江苏省武进县（今常州市武进区）后塘桥蔡家村。

　　武进是吴文化的发源地之一，历史上曾出过 9 名状元、1500 多名进士，为全国县级数量之最。蔡旭的父亲是清末秀才，为人厚道，曾任当地小学、中学校长。母亲操持家务教养子女,还要养猪、养蚕和种田。蔡旭童年常常随母亲下田玩耍,沐浴大自然的阳光雨露和泥土芳香。在母亲辛勤劳动的旋律下成长,他深深体会到衣食来之不易,在幼小心灵中播种下了立志农业的根苗。尤其在母亲认真、艰苦朴素美德的感染下,蔡旭自幼养成了正直淳朴、坚毅进取的性格。

1930 年在江苏无锡中学毕业后,蔡旭以优异的成绩考取了南京中央大学农学院。先学蚕桑,后转入农学系。蔡旭的青年岁月,正处于我国国难深重的年代。在一次次参加抗日救亡的爱国运动中,他更加深切理解了"国家兴亡,匹夫有责"的含义,越发意识到自己肩负保卫国家、科学救国的沉重责任。

1934 年,蔡旭毕业留校任助教,从此踏上了为农业献身的征程。那时,蔡旭住在农事试验场,半天在校教学,半天在农场从事小麦研究工作。他在 40 多亩地上种植了国内外小麦品种数千份,开展上万个穗行和整套纯系育种试验。在老一辈植物遗传育种学家金善宝教授指导下,蔡旭选育和推广了"中大 13-215"等品种,这是我国最早一批推广的小麦良种。

1937 年,抗日战争全面爆发。冬天,南京中央大学被迫内迁大西南。蔡旭背着刚刚收获的小麦良种,乘船溯江而上到达重庆。沙坪坝小镇上一间堆柴小屋,成了他的栖身之所。不惧敌机的时时侵扰,也无暇顾及生活艰难、资料匮乏,蔡旭和同事们立即着手把费尽周折带来的麦种播种在一块山坡地上。

谁也想不到, 在这片敌机轰炸下的战争创伤之地上,蔡旭和同事们培育出 "南大 2419"小麦良种,很快在一些地区推广。新中国成立后,"南大 2419"迅速推广到长江中下游、黄淮平原以至西北高原,直至 20 世纪 80 年代仍有种植。"南大 2419"成为我国小麦种植史上推广面积最大、范围最广、时间最长的一个良种,也是我国大面积推广的第一个抗条锈病品种。

1939 年冬天,蔡旭陪同金善宝教授沿嘉陵江、涪江北上,后经江油、干武前往川西北进行农业生产的实地考察。他们沿途调查农作物分布、品种情况和栽培技术,收集地方品种资源。未曾想,他们认真细致的工作竟遭到国民党政府的猜疑。一天刚出江油城,他们突然被十几个武装人员拦截,冠以"通匪"罪名进行搜查。软禁三天后,经中央大学出面保释才得以脱险。

常年在外奔波,这样的风险在蔡旭眼中成了习以为常的小插曲,吸引他驻足的只有成都平原一片沃野上的无边麦浪。更让他欣喜的是,这里有当时规模最大、条件最好的农业研究单位——四川农业改进所。不久,蔡旭就请调来到川农所工作。在这里,蔡旭推广了"南大 2419"小麦良种,还筛选了"矮粒多""中农 28""川福麦"等品种,主编了《四川小麦之调查试验与研究》一书,文中提供的试验结果和作者的论点基本上构成了新中国成立后我国小麦生态区划的基础。

怀着科学救国的理想,蔡旭于 1945 年春天踏上远赴美国的路程,他渴望把国外先进的农业科学技术学到手,用于改变祖国贫穷落后的面貌。他先后在康奈尔大学、明尼苏达大学深造,并到堪萨斯州立大学等院校考察、访问。他热爱育种事业,学习目的明确,更珍惜这来之不易的求学机会,也收获丰硕。在短短的一年时间里,比较深入地了解到美国一些大学在小麦育种上的思路与实践经验,并逐步形成了回国后开展小麦育种工作的战略构思——以高产、抗病、稳产、优质为主要育种目标。

与此同时,他还奔波于华盛顿州、堪萨斯州等美国几个产麦区进行广泛的调查研究,每到一处尽量收集各种农业资料和小麦品种资源。

为祖国贡献力量的时候到了

1946年夏天,一艘远洋货轮在浩瀚的太平洋上向亚洲大陆行驶着。甲板上,蔡旭凝望着远方,他心潮起伏,恨不得一下子飞回祖国。不久前,当抗日战争胜利的消息传来时,蔡旭欣喜若狂,立即决定返回祖国:"为祖国贡献力量的时候到了!"

漂洋过海,万里归来,蔡旭随身带着三只皮箱。回到家中,三个箱子只剩两个:一个装着衣物生活用品的箱子早已不知所踪,蔡旭的脑子里只想着看护好另两个箱子——这里装着他在美国辛苦收集的小麦品种资源。这两箱小麦品种资源竟达3000余份,无疑是一笔巨大的财富,为新中国小麦育种事业奠定了雄厚的物质基础。

匆匆归国,蔡旭面临着多处盛情的职业邀请,经过认真的思考他选择了北上。因为华北地区是我国主要麦区,在这里可以发挥自己的专长开展小麦育种研究,为抗战胜利后的国家做出更多贡献。

就这样,蔡旭在著名植物病理学家俞大绂的邀请下,来到北京大学农学院任教。那时,学校刚刚迁到罗道庄,一切从头开始。蔡旭率领师生们每天自备干粮,早出晚归,骑车赶到卢沟桥农场播种小麦育种材料。劳累之余,每当别人已经休息了,他还在研究杂交、播种中出现的问题。

1949年初,北平和平解放。这一年,周恩来总理接见了蔡旭,他后来幸福地回忆这段往事说:"周总理亲切地和我握手,他阐明了党的统战方针和知识分子政策,勉励科学家们努力工作,把自己的聪明才智贡献给新中国。这激动的场面深深地感动了我,点燃了我心中的希望。"从此他更坚定地下了决心要把自己毕生的精力,贡献给我国的农业科学研究和农业教育事业。

1956年,蔡旭参加制订了全国长远科学技术规划,并受到毛泽东主席、周恩来总理等党和国家领导人的接见。他关注农业生产,关心国家经济建设,坚信科学技术必须为生产建设服务,也一定能够为生产建设服务。

20世纪50年代,蔡旭还参加了王震将军领导的东北工作团,赴哈尔滨、佳木斯、密山等地指导农垦开发建设。通过调查研究,他和其他专家们从生产技术方面对军队屯垦提出了很多建议。

1959 年,蔡旭担任新成立的北京市作物学会理事长,并兼任小麦技术专业组组长,除交流学术问题外,他把很大精力投入促京郊小麦高产上。他提出通过在队、社、区、县层层建立高产样板田和试验田,通过样板田和试验田带动了大面积生产。每年小麦生育期需要栽培管理的关键时刻,蔡旭都带队深入田间地头,解决问题、指导生产。

1963 年,蔡旭发起并组建了北京市小麦科学技术顾问团,担负起北京市百万亩小麦增产的攻关任务。从 20 世纪 60 年代初到 80 年代中期("文革"中曾一度中断),蔡旭始终如一地深入京郊农村,开展小麦增产技术咨询活动。1963 年,京郊小麦亩产 50 多公斤,到 70 年代末上升到 400 公斤。

育种工作是为人民造福的事业

新中国成立之初,国民经济逐步进入恢复时期。1950 年,农业战线丰收在望,一种小麦条锈病(黄瘟病)却在全国范围内大面积流行,麦田严重感染,呈现一片黄锈色,未老先衰;而在蔡旭的小麦试验田里,却是青枝绿叶,"一尘"不染。周恩来总理亲自领导小麦条锈病防治工作,确定成立全国小麦条锈病防治委员会,点名蔡旭参加这项工作。

重任在肩,经过深思熟虑,蔡旭提出防治锈病最有效的措施、最经济的方法,就是培育优良抗锈品种。在他的积极推荐下,北京农业大学培育的抗锈品种"农大 1 号"(早洋麦)、"农大 3 号"(钱交麦)等先后在京郊、冀中、晋中南和渭北高原种植,成为北部冬小麦区推广的第一批抗锈丰产良种。20 世纪 50 年代后期到 60 年代初期,经杂交育成的"农大 183""农大 36 号"等"农字号"小麦良种在北部冬麦区大面积推广,有效控制了北部冬麦区条锈病的流行。

此后,蔡旭又进一步提出:必须让全国各地农业科研机构协同作战、密切配合,使优良品种合理布局。他身体力行,将上千份原始材料及品种毫无保留地分成 15 份,送给 15 个省、市小麦产地的农业科学工作者,指导和帮助他们开展研究。

"育种工作是为人民造福的事业",蔡旭把事业放在首位,他主张"开放育种,育种材料不应该保密,更不应据为己有,应该加强各科研单位间的合作,以避免工作的重复和人力、物力的浪费。"他把小麦杂交第三代中最好的材料全部分出一套给华北农业科学研究所,该所从中选育出"华北 187"小麦品种,在生产上应用推广。随后他又把自己培育的另一些杂交第三代种子分别送给北京、山西、河北等地的农业科研单位,共同选育。

在蔡旭的积极推动下,"北京 5 号""北京 6 号""石家庄 407 号""太原 116 号"等优良品种陆续被培育出来,为防治小麦条锈病起到积极作用。据不完全统计,在我国推广的第二、三轮冬小麦品种中,约有数百个品种,其亲本均有"农字号"的血统。

从 20 世纪 50 年代初期至 60 年代中期,蔡旭主持育成了四批 20 多个小麦品种,其中"东方红 1 号""东方红 2 号""东方红 3 号""农大 139"等四个品种在 1978 年获全国科学大会奖、河北省科学大会奖。到 1983 年,北京市实现了小麦品种的第五次更新换代,其中第二、三、四次的换代品种都是他主持培育的。

杂交小麦优势利用研究，一直是国际农业重大科研攻关项目。我国小麦杂交优势的研究始于1965年，蔡旭是我国小麦雄性不育杂优利用研究的创始人和开拓者。"文革"期间，科研工作陷入低潮，一些科研机构的相关研究纷纷下马，他认为从国家角度全面考虑，这一工作不能轻易放弃，越是在困难的时候就越需要有人坚持下来。

按照蔡旭"协作攻关，开放育种"的技术路线，在他的呼吁、倡导下，我国分别于1972年和1982年两次组织全国性协作攻关，使小麦杂交优势研究取得新进展，并培养、发展、壮大了杂种小麦研究队伍，为后来取得重大进展打下了坚实基础。

科学家尊重的只能是科学

"我恪守作为一个科学家要正直，要坚持科学态度和求是的信条。"蔡旭这样说，也这样做，他坚持真理，维护科学，能仗义执言，敢于向权威挑战。

1958年，"大跃进"中大刮浮夸风盛行，一时间小麦亩产几千斤、几万斤的"喜讯"满天飞。于是，有人嘲讽说，农业大学不要办了，农业科学也没有用了，教授不如老农民。蔡旭到"高产"的河南荥阳和固城进行了实地考察后，认为产量没有报道的那么高。回京后，蔡旭前往卢沟桥农场小麦丰产田，亲自测算其产量有900多斤，他说："千斤田、丰产田还是在我们学校。"

为反对粮食生产上的浮夸风，蔡旭曾多次受到批判，但他从不气馁。1958年8月，北京农业大学全校师生下放到各地农村，劳动锻炼，改造思想。蔡旭下放到河南遂平期间，当地正在要求学习讨论一个"小学毕业经过理论联系实际，三年就可赶上大学水平"的"红专"典型。蔡旭认真地查看报纸，在"学习会"上有理有据地分析、批判了这个提法："这样的'红专'，不管他是谁树的典型，只能是个普及技术的学校，不可能达到大学水平。"这样的举动，在那个年代需要极大的勇气，但他态度鲜明地说："在这些原则问题上我是一定要讲的。"

当时，在中央任要职的陈伯达找蔡旭谈了两次话，点名要求他与"劳模"比赛、"放卫星"。蔡旭坚决拒绝了这一指令，他对年轻的同事说："我不管他陈伯达是谁，这个战我是没法挑的，因为我怎么算也不可能让一亩地拿出几万斤小麦来。"此举，却使他成为"拔白旗"的对象，受到了批判。一直到"文革"中，他都为这件事在精神上受到巨大的压力，心理上受到严重摧残。

"我知道科学的东西不能虚假，虚假的东西永远不会成为真理和科学，不实事求是，不讲科学怎么能行？"若干年后，蔡旭回忆起那段艰难的日子，他说："我心中只有一个念头：科学工作者尊重的只能是科学！"

实事求是的科学态度也体现在蔡旭的教育理念中。在他主持制订的新中国农业院校农学系第一个教学计中，强调教学、科研、生产三结合，十分注重对学生的全面培养，在专业上不仅给予严格的基础训练,还要求深入生产实际,增强生产观点和劳动观点。他反对只要求读书而不进行生产劳动教育,也反对单纯参加劳动而不注意理论学习。

早在 20 世纪 50 年代后期,蔡旭就开始招收研究生,在指导论文选题和课程设置上也充分体现了这种理论联系实际的思想。1981 年,国务院批准他为第一批博士研究生导师,为培养造就我国新一代高级农业研究人才付出了大量的精力和心血。

在学生眼中,蔡旭治学严谨,一丝不苟,即便是审阅他人的论文,有些数据还会亲自计算核实;写文章字字推敲,他力求做到准确可靠,分寸适宜;在指导生产和选育品种工作中,他要经过周密的观察思考才会谨慎地提出建议、做出决断。

后来成为中国农业大学校长的孙其信,对自己研究生期间的第一位导师蔡旭的言传身教记忆犹新。那是 1982 年的春天,蔡旭与刚刚入学的孙其信谈话时,对他说:"你现在是研究生,但你应该把自己看成是研究课题组的成员,是研究室的主人。你要发挥学习的主动性和创造精神,要多思考,敢于提出问题共同探讨。"从此,孙其信在学习规定的基础课程的同时,还在导师的带领下直接参加了国家"六五""七五"攻关项目——"小麦杂种优势利用研究"的工作。后来,他在导师的鼓励和支持下开创了"电子计算机在遗传育种中应用"的研究。

蔡旭为人和蔼,但在科研工作上却要求严格,北京农学院教授白普一记得:在北京东北旺试验地,蔡旭不准穿鞋底有棱的皮鞋下地;决选单株和株系,也不准戴变色眼镜。他耐心地告诉大家,在试验地走动,特别是播种期,千万不能把一行内的种子带入另一行;决选材料时,戴上变色眼镜就会看不清病害的反应和熟相。

蔡旭年逾古稀时,仍然到田间弯腰决选植株,他有一根刚好一米长的拐杖,他说这是"一物二用",既能帮助走路,又能丈量株高。蔡旭的弟子、在一起工作十多年的北京三元农业公司技术员王宏锦,对这根拐杖有一次特殊的记忆:一次生产队给小麦地浇了水,两天后蔡旭去看这块麦田时发现有一片没有浇上水,他用拐杖戳着地发火,连声责问。工作人员马上补浇,蔡旭则用拐杖转着圈指挥,这里跑水了,那里要叠埂。看到小麦地的水浇好了,他才放下心来:"我的脾气不好,大家不要生我的气。"

有谁会生气呢?大家都知道,在蔡旭的心中,科学不能有半点差错,更不能有半点虚假。

我的一生都是要为人民服务

"在漫长的岁月里,蔡旭挨上的春天不算多……"与蔡旭共同生活了 52 年,老伴王洁陪伴着他为坚守科学真理而遭遇批判,也见证了他与"病魔和劳累"赛跑,为国家农业建设贡献毕生精力。

"文革"期间,农大外迁陕北,试验田搬不走,科学仪器无法使用,但蔡旭仍然坚持工作。后来,他因得了严重的克山病,只能带病回北京休养。但路经洛川县时,他却停留下来近一个月时间,对那里种植的育种材料作了详细的观察选择。回到北京,一家五口挤在一间小屋中,蔡旭看到屋旁边有半亩荒地,便拉着老伴整理出来,又搞起了小麦育种试验。那时,他是不准"乱说乱动"的人,但离开了小麦育种,他简直无法生活,于是在夜里偷偷去看麦地,被造反派发现后,挨了不少批斗。

这些对于蔡旭而言,并不是最大的劫难。1974 年,河北涿县农大试验站遭到哄抢,1000 多亩小麦育种试验田被挖毁,全部抗锈育种试验材料和 600 多份国内外搜集的宝贵材料被铲走。几十年心血的结晶毁于一旦,蔡旭掉下了眼泪。他与同事们一锹一锹,把坑坑洼洼的土地平整好;一棵一棵,把残存的幼苗,从土里扒出来,重新栽到预定的畦里。最终,从这些残余的材料中选育繁殖出了新品种"农大 198"。后来,《人民日报》刊发长篇通讯,报道了"农大 198"的艰辛选育过程,这个"一批不怕棍棒的人在棍棒之下劫后余生育成的品种",被誉为"抗棍棒的种子"。

1978 年,全国科学大会召开,迎来了科学的春天。接到参会通知时,68 岁的蔡旭兴奋不已:"我要抖擞余年,为实现农业现代化的宏图大略献全力!"

20 世纪 80 年代初,蔡旭年逾古稀,又患心脏病,行动不便。但他为了节约资金,不要公车接送,坚持每天清晨自带午饭乘坐公共汽车出门,下车拄拐杖步行几十分钟到东北旺小麦试验地工作。有一段时间生病在医院疗养,但他心里却惦记着小麦,常常借故请假脱身,下地看小麦。

1983 年,蔡旭不顾年迈体弱,还亲自到河北石家庄、沧州等地去考察杂种小麦。那年农历大年三十晚上,他忘了回家吃团圆饭,坚守在温室给刚栽下的春化小麦苗浇水。1984 年至 1985 年间,他因患心肌梗死,数次住院抢救。医生告诫他必须长期安心静养,他在给助手的信中写道:"医生说对我这种病还没有灵丹妙药,如果再犯,就没有办法了。但我静不下来,总是挂念着工作。"

1985 年夏天,蔡旭又一次住进了医院,发烧谵语"昌平、通县……小麦增产措施……"满脑子都是小麦。这年秋天,他抱病撰写《加强育种和良种繁育体系建设,把种子工作搞活》的报告,这份报告的日期是"1985 年 11 月 7 日"。11 月 14 日,他不顾天气严寒,拖着病重的身体,前去东北旺小麦试验田进行观察,这是他最后一次下地。

1985 年 12 月 15 日清晨,蔡旭因心肌梗死突发,抢救无效病逝,终年 74 岁。前一天晚上,他一直工作到深夜 11 点多。回到卧室,躺到床上他还没有睡意,怕影响老伴休息,又拿起小手电筒照着查看试验研究资料"记载册"……为了小麦,他一直奋斗到生命的最后一息。

"他心中全是小麦,唯独没有他自己。"蔡旭逝世后,人们震惊而惋惜。

"为人民服务这句话深深地印在我的脑海里。"蔡旭生前曾说,"我的一生,我的全部工作都是要为人民服务。"

人民也不会忘记蔡旭。他逝世后,人们以塑像的形式表达纪念,也借以景仰他赤忱报国、科学为民的事迹和精神。消息传开,35 个单位主动赞助,农大师生、农村干群 950 多人自发捐资,在中国农业大学树立起校园里第一座人物塑像——蔡旭半身铜像。

他曾说,搞育种离不开土地和农民。

今天,他把生命交给土地,依然守望着心中的麦田……

资料来源:①蔡旭,科学家尊重的只能是科学,《科学的道路》,上海教育出版社,2005。②张树榛、郎韵芳,知识分子的楷模,《当代后稷——中国农业大学名师风采》,中国农业大学出版社,2014。③北京农业大学农学博士孙其信的成长之路,《北京研究生教育(1949-1989)》,航空工业出版社,1989。④王洁,风雨同舟春雨同沐,《常州文史资料(第7辑)》,1987。⑤吴水清,科学是他心中唯一的念头,《中国当代著名科学家故事》,贵州人民出版社,1998。⑥王宏锦,怀念恩师蔡旭教授,《小麦人生——蔡旭纪念文集》,中国农业大学出版社,2018。⑦白普一,无尽的思念永恒的激励,《小麦人生——蔡旭纪念文集》,中国农业大学出版社,2018。

(原载《中国农大校报》、微信公众号"CAU 新视线"2018 年 10 月 25 日)

辛德惠：
忘我无我，呕心沥血黄淮海

□何志勇

2018 年 10 月 20 日晚，河北邯郸大剧院座无虚席，历经十个多月创作排练的原创大型舞台剧《天绿》在这里首演，精彩的演出引起 1200 余名观众强烈共鸣，现场掌声不断。

《天绿》为中国农业大学曲周实验站建站 45 周年而演，以弘扬"曲周精神"为主题，讲述了一个真实感人的故事——

20 世纪 70 年代初期，以河北曲周为代表的黄淮海平原大部分地区盐碱、荒凉、贫困、落后。当年，遵照周恩来总理的指示，北京农业大学石元春、辛德惠等一批青年教师，从京城来到曲周改土治碱，一场前所未有的农业革命拉开序幕。最终，农大人找到盐碱治理的中国经验，让这片世代盐碱地变成了一片绿洲，并将这种精神和实践一直延续到今天，发展科技小院，实施富民工程，为这片土地带来了新思想、新理念、新生活。

"《天绿》深情讴歌了中国知识分子怀揣理想，扎根基层，心系人民，让知识变成鲜活的生产力，为国家粮食安全和人民幸福做出的巨大贡献。"当地媒体评价说，这部剧"让那些曾经的人民功勋重新回到我们身边，矗立在我们的心头"。

"中国农业大学在曲周的 45 年，是农大精神一代代薪火传承的典范。"演出次日，校长孙其信在中国农业大学农业绿色发展示范区（曲周）启动仪式上深情回望"45 年峥嵘岁月"，他说："45 年间，一代又一代农大人薪火相传，不仅在曲周创造了丰硕的科技成果，凝练出了'责任、奉献、科学、为民'的曲周精神，更深刻诠释了中国农业大学百年历史沉淀形成的'为国为民的家国情怀、敢为天下先的创新追求、自强不息的奋斗精神和追求卓越的创新魄力'，这样的农大精神生生不息、代代相传，成为始终引领农大不断前进的精神力量。"

这一天，人们又一次来到曲周实验站，再一次看望《天绿》的"主角"之一——曾经战斗在曲周、如今长眠于此的辛德惠院士，一幕幕改土治碱、决战黄淮海的往事也浮现眼前。

无私无畏，汗水淋洗盐碱地

在中国农业大学校园里，有一座石碑，碑的正面镌刻着"改土治碱　造福曲周"八个烫金大字,背面则书写着 12 万曲周人民的深情:"旱涝盐碱自古为害","昔日茫茫碱滩,今朝一片绿洲,缘木思本,饮水思源,特树此碑,以志永念。"碑文中,盛赞当年北京农业大学数十名教职员工"暑往寒来,十五个春秋,栉风沐雨,备尝艰辛。"

辛德惠的名字也被镌刻在这块圣洁的汉白玉石碑上。

辛德惠祖籍辽宁省开原县(今开原市),世代务农,家境贫寒。"九一八"事变后,举家逃难入关到北京。1931 年 12 月 24 日,辛德惠在北京出生。国难当头,全家人在"难民大院"里讨生活——母亲常常怀抱幼小的他,端着碗,排队等候救济难民的大锅粥。"七七"事变后,全家逃难石家庄投亲靠友,艰难求生。

在日本侵略者铁蹄下艰难的亡国奴生活中,辛德惠度过了少年时代。1947 年,他又回到北平(北京市)读高中,虽然衣不御寒,食不果腹,却能发奋学习,立志图强。1949 年他在通县潞河中学加入共青团,1950 年考入北京农业大学肥料学系,在大学二年级时加入中国共产党。此时的他,在心灵深处有了这样的信念:"全心全意为人民服务的思想支配了我的一切,形成了我的基本认识和实践的指南:个人对社会的关系是贡献与牺牲,而社会对个人的给予是激励和鞭策。"

1954 年,辛德惠毕业留校任教。1958 年,赴苏联莫斯科大学生物土壤系读研究生,1962 年获生物科学土壤专业副博士学位后回国继续任教。

人们没有想到,这个留苏回来的"洋博士"后来却一头扎进了曲周农村,投身"黄淮海"。

在中国辽阔的土地上,黄河、淮河、海河流域,被称作"黄淮海"。跨越京、津、冀、鲁、豫、皖、苏五省二市,这里有 2 亿多农业人口,耕地和人口均占全国五分之一,是全国的粮食主产区,2012 年 12 月的《科技日报》报道说,这里"粮食和棉花的产量分别占全国总产量 17% 和 21%,是中国十大农业区产量最高的地区"。但在 20 世纪 70 年代,黄淮海平原却长年因地势低洼,季节性气候影响和一些人为因素,农业生产低而不稳,连年饱尝旱、涝、盐碱、风沙灾害。粮食不仅不能自给,还吃掉 5 亿多公斤的"返销粮"。

河北曲周,曾经是全国盐碱危害最严重的地方。战国时期,这里"斥卤"肆虐,故名"斥章"。据明朝曲周县志记载,明崇祯年间"曲邑北乡一带盐碱浮卤,几成废壤,民间赋税无出"。两千多年来,人们战盐碱,求生存,却始终无法改变"春天白茫茫,夏天水汪汪;只听耧声响,不见粮归仓"的穷困面貌。据统计,从 1949—1975 年的 27 年间,全县粮食亩产只有 4 年达到 100 公斤,其余 23 年平均亩产只有 75 公斤,在这期间吃国家"救济粮"1 亿公斤。

1973 年 7、8 月间,抱病主持工作的周恩来总理在北方地区抗旱会议上,听取了有 20 多万亩盐碱地的曲周县的汇报以后,要求把改造这片寸草不生的荒原作为全国重点科研项目——以曲周所在的河北黑龙港地区为试点,围绕地下水开发和旱涝盐碱治理组织科学会战。

带着周总理"为华北人民做点好事"的嘱托,辛德惠与石元春、林培、毛达如、雷浣群、黄仁安、陶益寿等北京农业大学青年教师来到曲周,决定扎进盐碱最严重的张庄。

　　此时的曲周连降暴雨,正遭遇几十年不遇的涝灾。据 1997 年编撰的《曲周县志》记载,仅在 1973 年 7 月 28 日这一天,"最大降雨量达 500 毫米以上","大面积积水一尺至二尺,深处三尺,房屋倒塌,电话中断,道路不通。"雨涝成灾,积水围村,辛德惠和大家一起挽着裤腿、蹚着泥水进了村。

　　张庄的老人们,后来常常会想起当年的情景:"我们把村上最好的房子腾出来给老师住,可还是漏雨、漏风、漏盐土啊!吃的只有又苦又涩的棒子面、杂面和红薯面,俺们看着心疼。"

　　生活上的困难没有难住辛德惠和同事们,但要开展工作还是比想象中难得多。村民们都一直在观望:就这么几个书生能改碱?多少年了,一拨拨人都说来改碱,井打了,井填了;沟挖了,沟埋了;人来了,人又走了。可盐碱地还是盐碱地。

　　"治不好碱,我们不走!"很快,村民发现这群人却不一样,在农大老师的带动下,曲周农民纷纷加入改土治碱的行列。"他们天天测水、测土、画线,还带着俺们一块平地、挖沟和打井,"当年的生产队长张老伯后来常常想起:"辛老师和我一起挖沟,晒得膀子上出大泡,我劝他别干了!他笑了,说没事,越晒越结实。"

　　在这个 1973 年开始的国家重点科研项目"旱涝盐碱地综合治理"研究中,辛德惠是主要参加人之一。在实际观察勘测中,农大的青年科教工作者掌握了第一手资料,查明了曲周盐碱地成因和类型:属于大陆盐碱化浓缩型,在盐渍土中以盐化为主。由于长期受蒙古高压反气旋形成的强大季风的影响,春旱秋涝造成土壤的季节性积盐－脱盐过程的更替,盐分在土体和潜水中频繁交换,从而导致了土壤的盐化和地下水的矿质化。夏涝抬高了潜水层,春旱加剧了土壤水分挥发,使这一情况越来越加剧。同时土地高低不平和缺少肥料也是形成盐碱化的重要因素——这些研究在后来扩展丰富成为"半湿润季风气候区水盐运动"理论。而在理论形成之初,他们即提出从地下碱水入手,以"浅井深沟"为主体,农林水并举的综合治理方案。这也是后来黄淮海中低产田改造的第一声春雷。

　　但那时还是在"文革"后期,国务院在河北获鹿县(今石家庄市鹿泉区)召开科学大会,辛德惠受大家委托带着改造盐碱地的"浅井深沟体系"材料参加大会。讨论曲周试验点的报告时,有人质疑:"不就是打打井,挖挖沟嘛,这也算科学?"还拿出外国的研究来否定曲周的研究成果。辛德惠针锋相对:"河水深层水资源有限,超量开采会采大于补。地下水位下降,形成漏斗,又会破坏生态平衡。而打浅井,开采浅地下水,可以旱涝盐碱兼治,一举多得。"辛德惠的据理力争被视作和上级唱"对台戏",被勒令"悬崖勒马"。辛德惠和同事们并不害怕,依然"顶风"而上他们的"浅井深沟体系"。

　　让辛德惠欣慰的是,1974 年的春风吹到曲周的时候,张庄第一代试验区 400 亩重盐碱地上,小麦长势良好。秋天,小麦亩产达到 200 斤,在这片以前几近颗粒无收的碱窝里，居然达到了曲周历史最好年景的最高产量。1978年，曲周以王庄为中心建设第二代试验区。1979年，第一代试验区粮食亩产达到602斤。

1980年，经联合国农业发展基金会考察论证，认为曲周试验区的科技成果是有效的、可靠的，于1982年确定了该基金会在中国的一个最大的农业项目——曲周县北部1.87万公顷盐碱地综合治理区的外资项目。在这期间，以中国农业大学曲周实验站为依托，二、三代试验区发展连片，形成了黄淮海平原旱涝碱咸综合治理曲周试验区——被誉为黄淮海科技大会战的"12颗明珠"之一。

"六五""七五"期间，国家把黄淮海平原中低产田综合治理工程列为"○○一号"重点科技攻关项目，在冀、豫、鲁、苏、皖五省12个县建立了12个国家级不同类型综合治理开发试验区；同时，在28个县建立了75万亩的6类专题研究试验基地。"12个试验区，像镶嵌在黄淮海平原上的12颗明珠闪闪发亮"，媒体盛赞："25年间，一场黄淮海科技攻关大会战在全国打了一个漂亮的翻身仗。"这一仗，一举扭转了我国南粮北调的历史。

1988年7月28日，国务院隆重表彰奖励了开发黄淮海平原的优秀农业科技人员。辛德惠等16位科学家，获得一级表彰，并与石元春等9位科学家作为一级科学工作者代表，在北戴河受到党和国家领导人的亲切接见。

1993年，辛德惠作为主要参与者的"黄淮海平原中低产地区综合治理的研究与开发"项目获得国家科技进步奖特等奖，科技界骄傲地称其为农业界的"两弹一星"！

利他利国，泛生态学枝叶绿

20世纪90年代以来，人类发展面临着许多新的挑战，人与自然环境的关系出现了紧张和对立，整个生态系统不断受到破坏。新旧世纪之交，人类可持续发展尤其是农业可持续发展，面临着资源短缺、耕地流失、环境退化、全球气候变暖等诸多问题，让世界为之困扰。而中国，因人口众多，资源消耗大，更是在这期间让国内外学者发出了"谁来养活中国人？""谁为中国人造饭碗？"的疑问。

1997年，辛德惠提出"为了振兴我国，建成社会主义现代强国，必须制定和实施粮食、农业-农村、国民经济和社会发展的一体化系列战略。"他认为，"粮食战略是农业-农村发展战略的重要组成部分，而后者又是科教兴国战略和可持续发展战略的基础组成部分。"

"中国人民能否养活、养好自己，是整体战略的核心。"辛德惠的这一观点，以《对我国粮食问题和农业-农村发展战略思考》为题，被当年出版的《中国权威人士论：中国怎样养活养好中国人》收录，他进一步提出："可持续发展战略包括持续生存和持续发展双重战略目标。而持续发展则是包括农业-农村发展在内的各领域的优化发展模式，其实质是生产-经济增长、发展，社会-文化进步，与资源-环境保护、改善和替代同步（一体化）进行的良性发展，从而避免走上以资源破坏和环境恶化为代价来发展经济的人类自我毁灭的道路,得以持续生存。因此,必须采取可持续发展战略。"

"我们怎样养活和养好自己,是当前和今后须脚踏实地去解决的根本问题。"辛德惠前瞻性地预想:到 2030 年至 2040 年时,在"全国民族素质大提高,""生物技术,特别是农业生物的遗传基因工程育种,取得重大突破和广泛应用"的前提下,"实施以发展社会主义现代农业、建设社会主义新农村和培育社会主义新农民为总目标的农业-农村发展战略,实施可持续发展的国土大开发战略。"

"这是中国人民永远能够养活和养好自己的根本性战略。"辛德惠认为:"它们是建立在我国'生产-经济-社会-自然'大系统综合协调整体可持续发展的总战略之中的。"为此,他提出了农田建设与保护、可持续发展的国土大开发、山区治理与开发、海洋开发与综合利用、积极参与国际合作与全球开发资源的发展战略路径。

同时,辛德惠还提出了实现上述农业-农村发展战略目标的三个阶段:即综合治理开发阶段,以生态农业为主体,在中低产地区综合治理基础上建立优化农田生态系统和农业生态系统;综合-高效-持续发展阶段,在综合防治的基础上,建立综合系统农业,发展优化的农业-农村生态经济系统;城乡一体化阶段,建立智能-环控农业;以县城为综合发展中心,合理布局高水平中心化乡镇;形成不同层次的优化的生态经济社会系统。

这就是被学界关注的"农业-农村发展战略'三段论'",从 20 世纪 90 年代至今 20 多年的发展路径和未来更长时间的发展在验证着辛德惠的论断——而这一理论的形成同样经历了 20 多年的积淀。

辛德惠早年留学苏联,回国后早期从事微生物菌肥和土壤微结构等研究,但在学术发展上起始于 20 世纪 70 年代初开始的黄淮海盐碱地综合治理实践与他深厚的土壤学、地学基础相结合,借助其杰出的哲学素养和对系统科学、现代生态学乃至生态经济学理论与方法的吸收,逐步形成了以系统科学和生态学为主体的独特的学术思想和学术风格。

20 世纪 70 年代,在盐渍化农田生态系统的改造与调控的长期研究过程中,辛德惠及其科研集体得出了系统的基本规律和基本模型,并在长期的科研和生产实践中发展了系统思想和方法,创立了"工程生态设计的方法与理论"。

1983 年,辛德惠在其撰写的研究生教材《农田生态系统概论》前言中,估计了未来的世界粮食安全形势,指出"为解决粮食问题,我国应作出自己的贡献",提出了"对农业生态潜力的限制因素加以改造,对生态环境系统加以合理调控,建立起综合发展的高质量农田生态系统"。辛德惠在这本书里较早地采用系统论的方法综合考虑人类社会的发展问题。

在"七五"攻关研究中,辛德惠在曲周试验区、邯郸市菜篮子工程等方面运用了生态设计的思想和方法,在农业-农村综合发展中,逐渐形成并于 20 世纪 90 年代初正式提出了普适性工程生态设计及其理论——泛生态学。

"结合自己对系统科学、生态学、工程学乃至科学、美学、哲学、思维科学的长期研究，辛德惠大胆提出了泛生态学理论，并与我国农业－农村可持续发展实践相结合，其整个理论体系体现了科学大统一、大协调、大战略的特点。"2003年，辛德惠的弟子、从事生态农业与区域发展研究的吴文良教授在恩师逝世三周年、曲周实验站建站30周年之际，撰文纪念："泛生态学理论与农业－农村可持续发展研究独树一帜，自成一家，既有以往长期综合实验研究的延续，又有结合新时代要求进行的大胆创新。"

"资环学院年已二十，资环学科全国第一，生态学科冲进前十；生态旗帜，迎风招展；资环大军，整装上路。"2013年，在辛德惠逝世13周年、曲周实验站建站40周年之际，吴文良以诗感怀："请告诉我，哪里，是您远眺的顶峰？那里，便是我们的目的地。"

无我忘我，无限真情留大地

辛德惠勤于思考，笔耕不辍，他长期保持着记笔记、写日记的习惯。

"他有一个小本子，遇到什么问题都记在上面，然后去琢磨、去思考。"学校老领导毛达如教授生前曾回忆说："有时候，我们自己都忘记了，辛先生却会在某一天拿着本子突然跑过来问'你那天说的那句话，是什么意思？'他勤于思考、善于思考，所以他在学术方面才有很宽阔的思路，才能构建'泛生态学'理论。"

数十年来一直在低产、贫困、落后的地区工作，条件艰苦，积劳成疾，辛德惠却在日记中自述"甘之如饴，乐此不疲"。治碱经年，他关心生产实际中亟待解决的问题，唯独忘记了他自己，忘记了他自己的家庭。

1986年底，辛德惠在曲周感到胸部不适，在大家一再催促下到医院检查。经确诊是心肌梗死前兆，必须立刻住院。住院期间，地方领导及学生、同事前来探望，他却抓紧时间研究课题，帮研究生修改论文，与地方领导商讨农业农村发展问题，向工人、农民了解情况……半年后，他心脏病得到了控制，左臂却没有脉搏。医生再三叮嘱他不能劳累，不能激动，否则会有生命危险。可是一出院，他又忙碌地奔波在北京—石家庄—邯郸—曲周这条线路上。

在曲周，辛德惠有个绰号"马司令"。一次他一边切菜一边看治碱专著，把中指切伤，他拿了纱布，一边包扎一边看书，纱布却缠在食指上，人们见了哄然大笑，叫他"马大哈司令"。还有一次，大家都在吃饭，他却口若悬河说着治碱的事。饭后，有人问他吃了几个窝头，他拍拍肚子说，"四个。"大家笑得前仰后合，那四个窝头还都在他的盘子里；离京前，他把两个女儿托付给邻居大妈，说了句"麻烦您照顾一下"，就背着包走了。直到孩子生病，惊动了从北京林业大学下放到云南的爱人刘一樵教授，爱人来信责问，他才拍着脑门想起："啊，我太马虎了！"虽然在生活上马虎，大家发现他对科学研究却一丝不苟，于是把"大哈"二字去掉，叫他"马司令"。

缺乏照顾的孩子瘦弱多病，爱人一人带3个孩子，还要兼顾事业，也身心交瘁。辛德惠虽痛心疾首，却没有更多的时间给爱人刘一樵和孩子以慰藉和照顾。1989 年 6 月，爱人被诊断出患白血病，35 天后就不幸辞世。爱人辞世第二天，前去慰问者却见辛德惠坐在桌边正在本子上写着"八五"攻关课题的安排。他吃力地对沉默的人们说："我写写，分散一下……"只有工作，才能化解他的悲痛。

1999 年初夏，一种毁灭性病害——松材线虫病从境外传入我国，如果不加以扼制，将会危及南方五省 42 万亩松林，乃至于黄山、中山陵等名胜风景区的大片珍奇松树也都将毁于一旦。5 月 25 日，中国科协和中国林学会迅速组织 8 位中国工程院院士和 7 位林业专家火速赶往受灾现场。专家组 25 日到了安徽合肥，看材料、听汇报、考察现场；26 日一大早又驱车去马鞍山；26 日下午抵达江苏南京，直奔中山陵；27 日又长途跋涉，赶赴浙江。在象山县，在松线虫为害严重的一个土坡上，辛德惠还端着相机，对着感病的黑松仔细拍照……

这天下午，在前往宁波途中，连日劳累的辛德惠突然心脏病复发，经全力抢救无效，猝然离世。

辛德惠去世的噩耗传到曲周，300 多位农民含着热泪跑到县委，要去北京为他送别："他为俺曲周做了那么多好事，他为俺曲周带来那么大变化，他为俺曲周人民操碎了心啊！""麦收大忙季节，急需要人收粮，辛先生要是九泉有知，会不高兴的。"县委书记说服大家，却把曲周老百姓的心声带到了中国农业大学："我们要把辛先生的骨灰迎到曲周，世世代代纪念他。"

人们整理辛德惠的遗物时，发现了他坚持记写了 20 多年的日记——

"无私无畏，忘我无我，利他利国，才能真正为人民服务，为党的事业奋斗到底。这是我的全部信念和行动指南。"

参考引用资料：①辛德惠，对我国粮食问题和农业－农村发展战略的思考，《中国怎样养活养好中国人》，中国财政经济出版社，1997。②郝晋珉，辛德惠院士学术成就概览，《二十世纪中国知名科学家成就概览（农学卷）》，科学出版社，2012。③范建、桂芹，未完成的日记，《科学新闻》周刊，1999 年第 24 期。④石元春，《战役记——纪念黄淮海科技战役 40 周年》，中国农业大学出版社，2013。⑤吴文良，区域农业与农村可持续发展研究探索，《中国农业大学学报》，2003（增刊）。⑥周茂兴、倪永珍、黄美玲，呕心沥血黄淮海，《当代后稷——中国农业大学名师风采》，中国广播电视出版社，2014。⑦安峰，春——献给在河北曲周农业试验基地上拼搏的知识分子，《农民日报》，1984.8.26。

（原载《中国农大校报》、微信公众号"CAU 新视线"2018 年 11 月 10 日）

陈文新：
见微知著，踏遍青山为中华

□何志勇

作为我国著名的土壤微生物及细菌分类学家，陈文新院士在根瘤菌这条"既艰辛耗时又偏僻生冷"的研究道路上，数十年踏遍青山，采集、研究根瘤菌，让这种看不见的微生物为人类做出大贡献。她一手创立的"中国农大根瘤菌研究中心"成为我国现代根瘤菌分类学的开拓者，引领我国的根瘤菌分类研究进入世界先进行列——

辗转求学，烈士遗孤自图强

1926 年 9 月 23 日，陈文新出生在湖南浏阳镇头镇炭坡。其父陈昌（字章甫）是中国共产党早期湖南学运和工运的领导者之一，曾参加北伐战争、南昌起义，也是毛泽东当年在湖南第一师范求学时的同窗挚友。

1917 年，陈昌与毛泽东同在湖南一师附小任教，同住长沙青山祠，一锅吃饭，亲如一家。1920 年毛泽东和杨开慧的婚事，也由陈文新的母亲毛秉琴一手操办。

不幸降临，1930 年初，陈昌同杨开慧一起惨遭反动派杀害。从此，母亲毛秉琴一人艰苦求生，抚养陈文新姐妹三人。父亲牺牲前对母亲的唯一嘱托是："好好抚育三个女儿，继承父志。"母亲含辛茹苦，千方百计让三个女儿多读点书，她知道有了知识、有了本领才能自立于社会。

早早识得人间艰辛的陈文新从小就学会上山拾柴火，下水捞鱼虾，种菜、养猪、抬土、担粪，样样农活都干过。白天，她跟着在小学教书的大姐上学，晚上则伴着妈妈的纺车借着微弱的灯光学习。大姐的小学只有四年级，没有高小。为了能继续读书，大姐带着她跑遍了长沙、浏阳，寻找可以免费借读的学校。这样，从高小到初中五年的课程，她只断断续续读了三年。

这时，侵华日军进犯湖南，长沙学校大举外迁。1942 年，陈文新远赴武冈战时中学——国立第十一中学求学。这所中学名师荟萃，德高望重的老师们诲人不倦的精神给她留下了深刻印象，成为她终身学习的榜样。

1945 年抗战胜利，陈文新高中毕业回到家乡教了两年小学，她把工资积攒起来，于

1948年考入武汉大学，靠勤工俭学维持学习。

进入武汉大学，陈文新选择了农学院的农业化学系，当时她是出于两个考虑，"第一，我是农村长大的，对农村和农民的情况比较了解，觉得中国的农民很苦，农业比较落后，所以想学农；第二，我上中学的时候比较喜欢数学、化学，所以报了农业化学系。"陈文新回忆说。

当时学农的学生不多，整个农学院只有两个年级（农学院1947年开始招生），30多名学生，而陈文新所选择的农化系只有5个人。

第一堂课上的是著名植物生理学家石声汉教授讲授的《植物生理学》。"石老师在黑板上画了一株有根、茎、叶和花的向日葵，画得很漂亮，给同学们仔细地讲植物的生理过程。"这堂课陈文新至今还记忆犹新。这让当时的她兴奋不已，觉得上大学"真是件幸福的事情！"

在这所学术殿堂，陈文新开始了自己新的求学之路。大三时，著名植物病毒学家高尚英讲授《普通微生物学》，著名土壤微生物学家陈华癸讲授《土壤微生物学》，这些专业课教师很多都从国外留学归来，不论是教学方法还是内容的讲授，都能让同学们大开眼界，也能轻松地理解、吸收。

1949年9月，农业化学系更名为土壤农业化学系，这让对土壤研究产生浓厚兴趣的陈文新如愿以偿。"当时有很好的业务学习条件，每个课程有理论讲授，也有实验操作"，回忆那段如饥似渴的求学时光，陈文新依然印象深刻，"图书馆藏书丰富，环境幽静，真是个进德修业的好地方。我感到很新鲜，每天学习很紧张，但很有兴趣。"

留学苏联，毛主席教诲牢记心

1951年4月，正在武汉大学读书的陈文新为母亲代笔，给毛主席写了封信，在信中她向毛主席汇报了自己上学的情况。5月初的一个早晨，她收到毛主席的亲笔回信："希望你们姐妹们努力学习或工作，继承你父亲的遗志，为人民国家建设服务！"

这年七一前夕，在北京华北农科所(现中国农业科学院)实习的陈文新受邀到毛主席家做客。毛主席说："你父亲为人民而牺牲，要学习你父亲的精神"，并为她写下了"努力学习"四个字。陈文新暗下决心牢记毛主席的教导，为人民和国家服务。

1954年，正在北京留苏研究生预备班学习的陈文新再次被邀请到毛主席家做客。这次，毛主席和她进行了一次深入的谈话，主题是农业生产。毛主席问了很多问题，从土壤结构、培肥地力、土壤的矿物质成分，到植物营养吸收和中南地区的土壤改良等，还询问全国学习土壤学的人数，并语重心长地说："要增产，不研究土壤怎么行呢？应该有更多的人学农。"当谈到土壤改良时，陈文新谈了从书本上学到的有关苏联草田轮作制的原理和做法。毛主席说："我们农民才几亩地，都拿去种草，吃什么呀？我们又没有什么畜牧业，种的草拿去干什么？"陈文新为自己脱离实际之谈感到很愧疚，但毛主席简单的话语却让她懂得了脱离中国国情照搬苏联经验是不行的,理论必须联系实际。

这一次见面长达六小时,他们聊了很久。陈文新发现,毛主席对农业、对土壤改良十分了解,他甚至还谈到了苜蓿、根瘤菌、固定空气中的氮等问题。毛主席给陈文新上了根瘤菌的第一课,他讲到了空气,说豆科植物固氮是把空气中间的氮气变成肥料,工业和农业都应该多利用空气。

这次谈话不久,陈文新便前往苏联进入季米里亚捷夫农学院学习土壤微生物学,成为土壤微生物学家费德罗夫博士的第一名中国研究生。

费德罗夫博士的研究方向是生物固氮,其专著《普通微生物学》和实验课本后来翻译为中文,成为我国大专院校教材。在苏联,中国留学生接触到了全新的研究思想,也学习到了新的研究方法。"瓦波呼吸器、土壤气体成分分析仪等,在国内我们都没有使用过。"陈文新感觉到,"我们能学到更多东西"。

费德罗夫导师给陈文新定的毕业论文课题是"有芽孢和无芽孢的氨化细菌生理特性的比较研究",研究这两类菌不同的生理特性和它们对分解蛋白质的功能差异。

经过三年的坚持研究,通过大量的实验,陈文新在论文中对土壤里两类细菌对各种有机物质作用的特点和差异,对材料分解的速度、产氨量等进行了全面阐述。同时,她还研究了这些细菌对无机盐、含氮化合物在土壤里如何转化,也清楚了两类细菌转化氮的方法。

1958 年岁末,陈文新的论文顺利通过答辩,获得副博士学位。

安贫乐道,30 年执着根瘤菌

1959 年,陈文新学成回国后,进入北京农业大学从事教学和农业科研工作。不料这一时期无休止的政治运动阻断了科研工作。1973 年恢复工作,陈文新选择了"既艰辛耗时又偏僻生冷"的研究——根瘤菌。

根瘤菌是一类共生固氮细菌的总称,这类细菌在许多豆科植物的根或茎上形成根瘤并固定空气中的氮气供植物营养,这种高效、节能、环保的微生物能够为农田生态系统提供其所需的 80% 的氮,并在极大程度上改良土壤结构。自从 19 世纪发现根瘤菌的固氮作用以来,人类对它已进行了一百多年的研究,但人们对这类资源依然没有完全认识和了解。

从此,陈文新带领学生并组织同行 100 多人,开始了在中国的土地上进行豆科植物根瘤情况的调查和采集工作。30 多年来,陈文新科研团队对 32 个省(直辖市、自治区,包括台湾地区),700 个县市,不同生态条件下的各种豆科植物结瘤情况进行挖掘调查,采集植物根瘤标本一万多份,其中 300 多种植物结瘤情况此前未见记载;分离、纯化并回接原寄主结瘤确认后,入库保藏根瘤菌 12000 株;通过对 7000 株菌的 100 多项表型性状分析,发现了一批耐酸、耐碱、耐盐、耐高温或低温下生长的抗逆性强的珍贵根瘤菌种质资源。

在全国根瘤菌调查的基础上，陈文新建立了国际上最大的根瘤菌资源库和数据库，菌株数量和所属寄主植物种类居世界首位（此前国际公认最大的美国 USDA 菌库存量为 4016 株）。与此同时，她还率先在我国建立具世界先进水平的细菌分子分类实验室，这是目前国际上两个最主要的根瘤菌分类实验室之一；确立了一套科学的根瘤菌分类、鉴定技术方法及数据处理程序。

1988 年，经过八年枯燥、烦琐的重复性实验，陈文新发现了第一个新属——当时世界已知的第四个根瘤菌属"中华根瘤菌"，这是第一个由中国学者发现并命名的根瘤菌属。陈文新率领课题组在对 2000 株根瘤菌进行多相分类研究后，又相继描述并发表了另一个新属——"中慢生根瘤菌"和 15 个新种，占 1984 年以来国际上所发表根瘤菌属的 1/2，种的 1/3。

陈文新一手创立的"中国农业大学根瘤菌研究中心"成为我国现代根瘤菌分类学的开拓者，一度引领国际根瘤菌分类的潮流。中心研究结果为现代根瘤菌分类体系的发展做出了重要贡献。这期间，陈文新发表的论文有 80 多篇被最权威的国际科技文献检索系统 SCI 收录。1998 年，她受邀撰写有"细菌学圣经"之称的《伯杰系统细菌学手册》的根瘤菌部分内容。

见微知著，根瘤菌做出大学问

陈文新在祖国丰富的自然资源中挖宝探秘，最终使我国的根瘤菌分类研究进入了世界先进行列。通过 30 多年漫长枯燥的研究，陈文新团队获得了对根瘤菌－豆科植物的共生关系的新认识，修正了国际上的一些传统观点。

——证明根瘤菌－豆科植物的共生关系的多样性。100 多年来，根瘤菌的"宿主专一性"被看作根瘤菌的一个重要特性。认为每个根瘤菌种都只与特定的一种或数种植物结瘤固氮，反之，每种植物也只与特定的一种根瘤菌共生。陈文新的研究证明，一种植物可与多种根瘤菌共生，上述传统观念不能准确归纳根瘤菌与豆科植物共生关系。

——揭示了根瘤菌的生物地理学特征及与之相关的基因组差异。针对中国不同地理区域不同植物共生根瘤菌的分布研究，揭示出其生物地理学特征。陈文新进而提出，进行根瘤菌选种时必须注意菌株对地区的适应性。

——揭示近源菌株与植物不同品种间的共生有效性差异巨大，并已分析确定部分相关基因簇。陈文新据此提出，在应用方面我们特别强调必须针对作物品种进行菌株筛选，如能筛选到品种广谱高效菌株则更方便于工厂大规模生产。

——对根瘤菌共生机制的进化提出了新观点。近年来，国际上存在"多样的根瘤菌共生机制与根瘤菌的物种系统发育历史无关"的认识。通过比较基因组学分析，陈文新团队在 2012 年发现：在根瘤菌适应共生互作和其他环境条件的过程中广泛调用了系统分支特有的基因,这个过程受着根瘤菌物种形成机制的调控,而这个过程本身也可能就是根瘤菌物种形成与分化的重要途径。

——发现禾本科植物与豆科植物间、混种植可以排除根瘤菌"氮阻遏"的障碍,并且两者互作共高产。多年来,陈文新带领团队通过小麦蚕豆盆栽实验、内蒙古苜蓿田间小区实验、冀鲁田间大豆选种接种实验证明了豆、禾间作有互惠共高产的效果,并开始探索其作用机理。

"我们对根瘤菌的认识还是很不够的,但在研究过程中认识不断提高,新问题也不断出现,从而研究领域不断拓宽,又进一步获得新的认识,这就是不断地积累,不断地创新。"回顾30多年的研究历程,陈文新感悟,"对自然现象的研究必须从大量的资源入手,先获得它最基础的信息,结合其生态环境,多方分析,逐步深入,最终才能对它有本质的认识,才能有更多理论和技术的创新。"

付出总有回报。2001年,陈文新主持的"中国豆科植物根瘤菌资源多样性、分类和系统发育"课题荣获国家自然科学奖二等奖。2009年,她被授予新中国成立60周年"三农模范人物"。

初衷不改,小豆科发挥大作用

中国地域辽阔,拥有复杂的生态环境和丰富的生物资源。其中,尤其是微生物资源还没有被充分认识和利用。几十年来,陈文新踏遍青山采集根瘤菌,研究根瘤菌,就是想让这种看不见的微生物在祖国大地为人类做出贡献。

近年来,陈文新对我国农业生产中过量施用化肥农药,已造成严重的环境面源污染和土壤肥力水平下降而忧心忡忡。根瘤菌的固氮作用可以减少化肥大量使用造成的环境污染,提高土壤肥力,改善生态环境。当发现豆科与禾本科植物间作能克服"氮阻遏",促进豆科植物更多结瘤固氮时,陈文新兴奋不已。

1999年,70多岁的陈文新听到国家"西部大开发"的号令后,邀请几位科学家共同上书国家有关领导和部委,建议将"根瘤菌-豆科植物共生体系"纳入西部种植计划,让小豆科在西部大开发退耕还林还草中发挥大作用。

21世纪以来,陈文新积极组织力量进行豆科植物根瘤菌共生体系机理研究和应用基础研究,多次向党中央、国务院建议:充分利用豆科植物根瘤菌共生固氮作用,优化我国农牧业种植系统,以减少化肥用量、改善土壤性状、减少环境污染,保障我国农业可持续发展。

2013年11月,陈文新在《中国科学报》撰文呼吁《发展新型无废弃物农业,减少面源污染源》,她指出我国农业存在"作物重茬,病虫危害,滥用农药,由此导致病原菌和害虫抗药性的提高;残留农药进入水体和食物链,造成食品安全隐患,威胁到人民的身体健康"两大问题。她提出"有机肥与化肥结合,种地与养地结合;充分利用生物固氮,减少氮肥用量;豆科与其他作物间套轮作,发挥生物间互惠作用;豆、禾间作混播,发展草地农业"等建议,希望保持我国"种养结合,精工细作,地力常新"的经营无废弃物农业传统,为实现我国绿色农业可持续发展和改善城乡人民生活环境提供可靠保证。

"我国每年消耗 5900 万吨化肥,占世界消耗总量的 35%,比起 30 年前增长了 2 倍,造成了严重的环境问题,"2014 年 11 月,陈文新不顾舟车劳顿,赴武汉出席全国土壤微生物学术研讨会。她在大会报告中呼吁重视生物固氮:农业需要可行的技术方案来降低生产中对化肥、农药的依赖,从而构建起支撑我国人与自然和谐相处,永续发展的生态与环境基础。

如今,年过九旬的陈文新依然精神矍铄、思维敏捷,她还以极大的热情思考着、呼吁着,为开拓一条将根瘤菌资源优势、认知优势转化为生产优势的成功之路而努力着,遥望着……

(原载《中国科学报》2015 年 6 月 12 日,

微信公众号"CAU 新视线"2018 年 11 月 25 日转载)

吴常信：

立德树人，良师益友师之范

□何志勇　李菁菁

　　吴常信，浙江省嵊县（今嵊州市）人，1935 年 11 月出生，1957 年毕业于北京农业大学畜牧系，留校任教。1979—1981 年留学英国爱丁堡大学进修动物遗传育种学。历任北京农业大学（中国农业大学）副教授、教授，系主任、动物科技学院院长。1995 年当选为中国科学院院士。曾任中国畜牧兽医学会理事长、世界家禽学会中国分会主席、世界"遗传学应用于畜牧生产大会"国际委员会委员、中国马业协会理事长。现任教育部科学技术委员会常务副主任兼学风建设委员会主任、中国科协道德与权益专门委员会委员、全国生物物种资源保护专家委员会副主任、国家畜禽遗传资源委员会副主任、第二届国际生物多样性计划中国国家委员会副主席、第二届高等学校学科创新引智计划专家委员会委员。

　　1935 年 11 月，吴常信出生在浙江嵊县。后来，他在宁波上了小学，在杭州念的中学。1953 年，这名对生物学感兴趣的追梦少年考入北京农业大学，因为自幼喜欢动物，他选择了畜牧专业。

　　1957 年，吴常信本科毕业面临工作分配时，他的第一志愿选择了当时偏远荒凉的海南岛，立志建设祖国边疆；第二志愿选择了土地勘探研究所，可以走遍祖国山山川川，建设新牧场；第三志愿是北京农业大学，投身教育事业。由于成绩优异，吴常信被安排留校任教，从此开始了他的教学和科研事业。

　　吴常信长期从事动物遗传理论与育种实践研究，在选种理论、参数估计、"农大褐 3号"小型蛋鸡培育、猪高繁殖力的基因标记和畜禽遗传资源保存等理论和技术研究领域取得了重要成就，曾多次荣获国家科技进步二等奖、国家科技发明二等奖等奖励。

　　在科研领域取得丰硕成果的同时，吴常信时刻没有忘记自己是一名教师。从大学毕业到现在 60 余年，以教育教学为第一己任，始终坚持工作在教学第一线。

立德树人　身教言传

　　大学时，吴常信遇到了两位重要的恩师：著名动物遗传学家、中国动物数量遗传学科奠基人吴仲贤先生和畜牧学家、绵羊育种学家、中国家畜生态学的创始人汤逸人先生。吴仲贤坚持原则，捍卫真理；汤逸人治学严谨，一丝不苟，这两位恩师不仅传授给吴常信专业知识，更教会了他怎样做人。

在两位恩师的影响下，吴常信给自己定了座右铭：做事要认真，做学问要实事求是，做人要多为他人着想。与此同时，他也找到了一条自己的科研路线：学习前人，敢于提出不同观点；努力实践，勇于修正自己的错误观点；选择科学研究的最佳突破口；每个科研阶段都要有跟上时代发展的新目标。

吴常信传承着恩师的教育思想和学术理念，始终坚持立德树人，经常认真思考人才培养规律，无论对本科生还是研究生，主张既要抓业务培养，即"学知识"，也要抓觉悟培养，即"学做人"。

在研究生的业务培养过程中，吴常信坚持"过程严要求，重点抓两头"：对教育部和学校规定的研究生培养的各个环节都要严格要求，但重点是抓选题和毕业论文两头。他常常教导青年学子们选题要新颖，要瞄准世界学科的前沿，如分子数量遗传学、分子模块设计育种等热门问题。但有时前沿不一定是热门，如小型蛋鸡的选育、藏鸡高原低氧适应的遗传机理等，这又需要以超前的眼光，更高的视角看问题——十几年前没有多少人研究，而现在国内外研究的人就很多了。毕业论文是衡量研究生教育质量的一个重要标志，从文献查阅、试验设计、实验操作、数据收集和分析、论文撰写等各环节都要严格把关。有一年，两名博士生预答辩没做好，吴常信就推迟了正式答辩，一名学生答辩了两次才通过，而另一名学生则答辩了三次，最后被评为"优秀"。在吴常信看来，导师的严格要求是对学生的爱护。事实也是如此，如今，这两名博士生工作都非常出色，一人在国外工作，已相当于研究员水平，另一人在国内也成长为博导、副校长。

对研究生的觉悟培养，吴常信始终坚持"身体力行，身教重于言教"。在科研工作中，吴常信自己也曾经走过弯路，在"敢想、敢说、敢干""放卫星"的特殊时期，也出现过失误。吴常信不回避这些失误，反而会以此为教材，告诫年轻人搞学术研究一定要遵循科学规律，不能凭主观臆断；一定要认真论证，及时摒弃错误观点。

他每年为研究生新生讲授"科研诚信与学术规范"课程，指导学生坚守学术规范和科研道德。他鼓励科研道路上跋涉的年轻人："从事科学研究，很多时候就像是小孩子玩的电动玩具车一样，会不断地'撞墙'，然后掉转车头另寻其他的路。科学研究跟这很相像，会不断地碰壁，所以我们要不断地摸索，不断地发现问题，然后去寻找解决的办法，这就是一种探索。"

"我的课题实验设计，得到了吴先生的精心指导。他对整个设计进行了多次的修改、完善，对每一个细节都反复论证，做到精益求精，提出了许多创新性思路。"很多同学都像中国农业大学 2009 届博士生姚玉昌一样，得到了吴常信细致入微的严谨指导。

吴常信还提出了"后研究生教育"的理念，他认为尽管研究生教育是高等教育的最高层次，但作为教师不仅要"活到老、学到老"，而且也要"活到老、教到老"，学无止境，教也无止境。导师既要关心在读研究生的培养也要关心研究生毕业后的提高。主要培养方式是通过博士后流动站和院士企业工作站，前者以提高理论为主，后者以解决生产实际问题为主。

"吴先生对我的教诲，最重要的一点就是耐得住寂寞，终身对学问的追求。"每当2003届硕士生蔡卫国"面临研究困境，躁动不安"的时候，"吴先生穿着白大褂在实验室认真数果蝇的背影就会浮现在我的脑海里，提醒我，做研究要耐得住寂寞！"

良师益友　身正为范

"那一年开学时，我们去畜牧楼参加迎新大会。一拨拨的同学进入畜牧楼大门，我前面的一位老师走进大门后，把住门，笑容可掬地让后面学生都进去后，才放开门。作为新生，我们对这样的举动备感亲切。开会的时候才知道，这位老师是我们的院长——吴常信先生。"2006届硕士生马虹回忆起1994年入学时的一幕，仍然感觉温暖。

更多的同学则是在课堂上认识并开始喜爱、尊敬吴常信的。他给本科生主讲的课程有：生物统计学、动物遗传学、家畜育种学、群体遗传学；给研究生主讲的课程有：数量遗传学、动物比较育种学、现代动物育种进展；参加部分讲授的课程有：畜牧学概论、动物育种概论、生命科学进展；同时，他一度还给农业部干训班和农业广播学校讲授家畜遗传育种学。

吴常信讲课语言生动、逻辑性强，以轻松幽默的语言，把同学们带入神奇美妙的科学世界，深受学生欢迎。一些毕业多年的同学回忆起当年听吴老师的课，还记忆犹新："先生上课时微笑的表情，深入浅出的语言，对学生的谆谆教导历历在目，耳边仿佛还萦绕着先生亲切的话语。"

随着高校对SCI等研究型论文成果的日益重视，教学与科研难免存在一些矛盾。对此，吴常信坚持认为，作为教师就应该高度重视教学，只要把握好一个尺度，两者不仅不会产生矛盾，还可以相互促进。除教授大批本科学生外，他还悉心指导了一百多名研究生和进修教师。在这些弟子当中，先后产生了中国工程院院士、英国皇家科学院院士、"973"首席科学家、"长江学者"特聘教授、"全国百篇优秀博士论文"获奖者，更有一个个在动物科技界崭露头角的青年专家，他们有不少已是教授、研究员和博士生导师。

吴常信教学经验丰富，除了讲课，他还亲自编写教材，主编了《动物遗传学》《家畜遗传育种》，合编了《数量遗传学》，参编了《家畜育种学》《动物育种各论》。在认真授课的同时，吴常信还非常重视教学研究和教学改革，已完成的教学研究"坚持改革，不断提高'群体遗传学'和'家畜育种学'的教学质量"，获1989年北京市高教局优秀教育成果奖；他主持的教学研究项目"动物科学专业本科人才培养方案和课程体系改革研究与实践"获2001年北京市教育教学成果二等奖；2006年，被评为北京市"教学名师"，他主讲的

"动物遗传学"被评为国家级"精品课程";2016 年,他主持的"研究生培养中导师的责任、爱心和创新"项目,获中国学位与研究生教育学会研究生教育成果一等奖。

吴常信在多年工作积累的基础上,开创了一门新的动物遗传育种专业研究生必修课——"动物比较育种学",是国内外动物遗传育种领域的首创课程。该课已有 20 年的历史,吴常信每年都会更新内容。

身体力行贯彻党和国家的教育方针,吴常信经常通过亲身体会对学生进行爱国主义思想教育,真正做到教书育人,为人师表。1989 年,他被评为北京市优秀教师;1991 年,国务院为他颁发了"为发展我国高等教育事业做出突出贡献"证书;同年中组部、中宣部、共青团中央、国家教委、中国教育工会五单位又联合授予他"全国普通高等学校优秀思想政治工作者"称号;2004 年,获中国农业大学"师德标兵"称号;2018 年又被中共北京市委教育工作委员会、北京市教育委员会、中国教育工会北京市委员会联合授予"北京市师德标兵"称号。

坚持理论联系实际,吴常信经常到北京市牛场、猪场、鸡场进行现场考察和指导工作;在全国建立了十余个院士企业工作站,切实为企业解决生产实际问题;应邀到各地举办学术讲座和技术培训,积极参加科普宣传。作为教育部科技委学风建设委员会主任,他组织编写了《高等学校科学技术学术规范指南》(第一版、第二版);又作为北京市和教育部科学道德与学风建设宣讲团成员,从 2009 年到 2018 年,应邀到全国 5 个省(直辖市、自治区),15 个部委院所和 380 所高校作"科研诚信与学术规范"宣讲报告共 610 场,听众人数 2 万余人。

吴常信如今虽年过八旬,仍坚守在一线教学岗位,主讲两门研究生课程。每堂课的内容他都要亲自撰写、准备,每年的课件都要修改更新。他每学期还亲临青年教师的课堂听课、参加课堂讨论,甘当人梯,做好传帮带,激励引导青年教师爱岗敬业,培养了一批批的中青年骨干教师。

六十余年来,吴常信始终用他的一言一行在履行着做一名"好老师"的神圣职责,是学生的良师益友,也是广大教师学习的榜样。

(原载《中国农大校报·新视线》2019 年 1 月 10 日)

武维华：

初心不忘，只愿躬身静耕耘

□何志勇

哈佛归来"老醯儿"[①]

1956 年 9 月，武维华出生在山西省临汾市，五岁时随父亲回到农村老家——孝义县（今孝义市）兑镇镇兑镇村。

孝义，背倚吕梁山脉，衔吕梁之雄峰；面俯晋中盆地，吞汾河之浩水。这里物华天宝，人杰地灵，有着悠久的历史文化。隋朝末年，当地孝子郑兴"割股奉母"，"孝行闻于朝"，到了唐贞观元年，唐太宗亲赐"孝义"之邑名。兑镇镇位于孝义市西部丘陵山区，旧称"兑九峪"，这是一个千年古镇，民间有着"先有兑镇村后有孝义城"的说法，由于其重要的地理位置，这里也被俗称为"晋西旱码头"。在这个"行孝仗义"，民风淳朴之地生活长大，在高中毕业后的第四年，即"文革"后恢复高考的第一年，武维华考上了山西大学。

山西大学的历史可以追溯到 1902 年成立的山西大学堂，是我国创办最早的三所国立大学之一（另两所是京师大学堂、北洋大学堂）。在这所百年学府里，武维华选择了自己未来的科研之路——植物生理专业。1982 年，从山西大学毕业后，武维华走进了黄浦江畔的中科院上海植物生理研究所继续深造。在这里，他师从我国著名植物生理学家娄成后先生，于 1984 年 12 月获得硕士学位，并随导师娄成后先生来到北京农业大学工作。

1987 年 12 月，武维华由国家基金委资助赴美进行访问研究，并于翌年开始在美国新泽西州立大学植物科学系攻读博士学位。1991 年，他博士毕业后到莘莘学子一心向往的哈佛大学，后来又前往宾州州立大学，在两所著名大学的生物学实验室从事博士后研究。这段时间，武维华的科研论文不断出现在国际著名学术刊物上，他迎来了事业上的第一个高峰。

在美国，武维华自己专心博士后研究，妻子也在另一所大学从事研究工作，家庭生活

———————————

① 中国古代称醋为"醯"，称酿醋的人为"醯人"，称酿醋的醴为"老醯"。山西人善酿醋、爱吃醋，"醯"和山西的"西"字又同音，所以世人称山西人为"老醯儿"。

轻松、安定。1994年9月，武维华全家却出人意料地回到了祖国，来到中国农业大学任教。在日常工作中，武维华要指导研究生写论文，要为本科生、研究生授课，要申请科研项目，要进行实验室的建设管理、学科的建设和管理，还要参加各种国内外学术交流活动……似乎每天都有做不完的工作，几乎没有休息的时间，他却从不后悔自己的选择。

在很长时间里，有无数的人问过武维华同样一个问题："你怎么就从美国回来了呢？那里的条件可不是国内能比的！？""我妈想我，我想我妈呗。"这个自然流露却又出乎意料的回答让很多人讪讪而退。谁又能体会到，当年父亲家信中的一句话——"希望在有生之年还能看到你们回国服务"——让武维华这位一米八的吕梁汉子涕泪横流，心底的那一份故土亲情使他毅然携妻带女回到祖国。

身在北京，武维华和家乡、母校保持着亲密的联系。他利用各种机会向山西的有关领导进言，提出自己的建议和想法，期待能对山西的经济发展有所帮助；他应聘担任了山西大学兼职教授，每年都抽出时间回到母校与同行切磋，时时勉励同学们以求实、求新的态度探求新知；他说："无论走到哪里，也不会改变'老醯儿'的本色。"

2008年5月8日，已是中科院院士、全国政协常委的武维华回到母校参加山西大学建校106周年庆典。在与老师和校友们座谈时，武维华深情地回忆了30多年前在母校难忘的求学经历，畅谈了当前生物科学界的现状及前沿发展，并回答了师生们的提问。在座的每一位同学，都感受到了浓浓的故土深情、校友情谊，都被武维华的奋斗经历所激励。

甘于寂寞勤耕耘

从1978年3月进入大学学习植物生理专业开始，在长达30年的时间里，武维华一直在植物生理学研究领域默默耕耘。回国10多年来主要从事植物细胞信号转导分子机制、植物细胞跨膜离子运输调控机制、植物高效利用养分及抗逆的生理及分子遗传调控机制等方面的研究。

1994年回国后，武维华一直在中国农业大学生物学院工作。他先后主持了国家杰出青年科学基金、国家基金委优秀创新群体科学基金、国家自然科学基金项目、国家重点基础研究规划（"973"）项目、国家转基因作物产业化专项、"863"生物技术项目、美国洛克菲勒基金会专项研究基金等多项科研项目，先后有数十篇研究论文在国际学术刊物上发表。同时，他还兼任了中国植物学会副理事长、国务院学位评定委员会学科评议组成员、教育部和农业部科技委委员、《科学通报》副主编等多项学术团体职务，并于2008年11月开始，兼任国家自然科学基金委生命科学部主任。

虽然在研究领域不断取得新进展，在国内外学术界的影响也越来越大，但这些年来，社会媒体上却鲜有武维华的身影——他几乎谢绝了所有媒体的采访。武维华的理由很简单："我们这个行当与别的不同，最需要的是静静地做事。"他的心中始终有一个坚定的信念："人的一生太短暂,要想做好很多的事实在不容易。我只能在植物生理这个领域做点事,哪怕只有一两件呢,也心满意足了。"

"做一两件事",说起来容易,做起来可不简单。"不仅要能吃苦,还要耐得住寂寞",武维华曾经说:"基础研究只是一个探索阶段。从基础研究到应用基础研究,再到应用研究,还有很长的路要走。我的主要工作就是实验,实验,再实验,一项实验要走过五年、十年,也许一辈子才能得出结果来。人家是十年磨一剑,我们这行一辈子也许才能磨一剑。"

在寂静无声、广阔无边的科学田野上默默耕耘着,武维华似乎成了"山中无甲子,寒岁不知年"的隐士。甚至于很多个春节,武维华也是在实验室度过的。刚开始,家人会劝他:"大年初一,就歇一天吧。"武维华却不听,他说:"人要过年,我实验室的苗子可不过年,它该长还要长,并不是大年初一就不长喽。"家人对武维华的事业也多了一份理解和支持。

新年如此忙碌,更别说日常的周末、节假日了。曾经有家乡的媒体记者在周末前来拜访,那是一个风和日丽,草长莺飞,正是春游好时候的早春二月。这位记者却是在实验室里找到了武维华。这位记者带着"惊奇"问道:"星期天也不休息啊?"武维华回答说:"不能休息,工作的头绪很多,每天都有不少事做呢。"记者追问:"每天搞研究,不觉得很枯燥吗?"武维华说:"习惯了,习惯了,要是有一天不研究,反而会觉得浑身不舒服呢!"

习惯了争分夺秒埋头工作,习惯了甘于寂寞专心科研。2006 年,武维华带领的研究团队取得的科研成果在《细胞》(Cell)杂志发表,轰动一时,他仍然按照自己的习惯——回绝了几乎所有慕名而来的媒体采访。

十年磨砺宝剑出

《细胞》是与《科学》(Science)、《自然》(Nature)等齐名的权威学术杂志,是国际公认的生命科学研究领域的顶尖杂志,主要刊登全世界在生命科学研究领域的最新、最重要的原创性、系统性研究成果。目前,在生命科学 SCI 期刊的排名中,《细胞》居第一位。能够在《细胞》杂志上发表学术论文,是生命科学研究者孜孜以求的目标,也是展示大学和科研机构研究实力的重要依据。

这种意义有多重大?《南方周末》曾经这样描述:在好杂志上发表一篇好论文,通常被科学家视为进军科学皇冠的起点。从这种意义上讲,中国科学家的现实目标并不是去赢取什么诺贝尔奖,而是首先发表出色的研究论文。一篇《细胞》论文之于生命科学研究者,大体相当于一枚世界大赛金牌之于运动员。

1980 年 8 月,中国科学家曾在《细胞》发表过一篇论文。但此后的四分之一世纪,《细胞》上面却迟迟不见中国大陆的第二篇论文。虽然,在这份杂志上不时会出现一些中国人的名字,但他们都是身在国外的华人学者。有专家指出,与老牌学术杂志《科学》和《自然》相比,《细胞》不仅要求研究工作新颖,而且要求全面和细致,讲述一个完整的故事,国内研究因此一时难以达到《细胞》的要求。于是,整整 25 年的《细胞》空白,成为中国生命科学研究者一个难解的心结。

但到了 2005—2006 年间,我国生命科学研究成果却连续发表在《细胞》这份顶级杂志上,国内外惊呼:"就像井喷一样!"

武维华也在这场学术"井喷"的舞台上大放异彩。他领导的研究小组对植物响应低钾胁迫及钾营养高效的分子遗传及生理生化机制进行了多年研究,研究成果揭示了调控植物在低钾胁迫条件下高效吸收钾离子的分子调控网络机制。

钾是植物生长发育所必需的大量元素之一。我国大部分耕地土壤严重缺钾,而我国钾资源又极端匮乏。因此,农作物生产中作物钾营养不良、钾肥施用比例严重偏低的状况已成为限制我国农作物生产发展的重要因素。许多研究发现,不同基因型(不同种类或不同品种)植物的钾吸收利用效率显著不同,说明植物钾营养性状是遗传控制的。因此,通过现代生物技术方法对作物品种的钾营养效率进行遗传改良是解决上述问题的可能途径之一。

武维华课题组的研究表明,模式植物拟南芥根细胞钾离子通道 AKT1 的活性受一蛋白激酶 CIPK23 的正向调控,而 CIPK23 的上游受两种钙信号感受器 CBL1 和 CBL9 的正向调控。植物根细胞钾离子通道 AKT1 是植物细胞自土壤溶液中吸收钾的主要执行者。在拟南芥植物中过量表达 CIPK23、CBL1 或 CBL9 基因以增强 AKT1 的活性,能显著提高植株对低钾胁迫的耐受性。基于研究结果,提出了包括 CBL1/9、CIPK23 和 AKT1 等因子的植物响应低钾胁迫的钾吸收分子调控理论模型。该项研究结果在认知植物钾吸收利用的分子调控机理方面有重要理论科学意义,也可能在利用分子操作技术改良植物钾营养性状方面有潜在应用价值。

2006 年 6 月 30 日出版的这期《细胞》,在编发武维华课题组科研成果的同时,还发表了国际同行的评论,对此项研究予以了很高评价。

十年磨一剑的艰辛历程,武维华却从不提起。2007 年 5 月,中国农业大学举办的"博士讲坛"上,武维华的弟子陈利清等四名博士,讲述了这篇文章背后的故事。对于这项持续了近八年,前前后后共有五届研究生参加的科研工作,陈利清平淡地说:"在这漫长的科研路上,不同年级、不同年龄的人各有分工、各有侧重,要想研究始终朝一个方向进行,不同年级同学之间的工作交接尤为重要。我们采取阶梯式的交接法,保证实验一直按前人的设计思路往下走,才取得了最后的成功。做科研也是互相促进的过程,其关键是我们注重团结协作,而不去计较一些细节上的事情。"

三尺讲台写春秋

在开展科研工作的同时,武维华先后承担了植物生理学、生命科学研究进展综述、生命科学研究进展、植物细胞信号转导等多门本科生、硕士研究生、博士研究生课程及实验教学工作。在教学过程中,武维华转变教学理念,更新教学内容,改革教学方法,取得了好的效果。

在 1995 至 1998 年间,武维华结合主讲的生物科学专业本科生"植物生理学"课程,首先对课程的教学内容进行了逐步更新、并同时尝试教学方法的改革,针对国内当时"植物生理学"课程教材内容局限、陈旧等问题,积极采用当时国际上较多使用的先进教材作为教学参考书,并将重要章节内容传授给学生,不仅充实和更新了教学内容,而且还锻炼提高了学生的英文阅读能力。根据生物科学作为实验科学的特点,武维华在课堂教学中注重介绍新科学研究内容和实验方法,通过对一些经典、巧妙的实验构思和方法的介绍而自然地引出课程须讲授的重要理论知识,不仅增加了学生的学习兴趣,还培养了学生"重实验证据"的科学素养、激发了学生积极参与实验教学和一些科学研究实验的主动性和积极性,培养了学生"独立思考和自主学习"能力。

从 2000 年开始,武维华投入大量精力,历时三年组织编写了新的《植物生理学》教材。在教材的编写中,依据植物生理学的自身学科性质,在力求较全面地阐述基本概念和介绍基础知识的基础上,参考当时国际上较通行的植物生理学教材的章节框架和内容,尽可能在内容上反映国际上植物生理学领域的最新研究成果,使教材内容达到在基础性、通用性、先进性、参考性等方面的统一。该教材出版后已被我国内地及香港、台湾地区的多所大学和中科院研究生院采用,并被列入"21 世纪高等院校教材"和"国家理科基地教材"。

2001 年,武维华倡导并组织实施了针对本科生科研训练的"URP 计划"(Undergraduate Research Program),鼓励本科生自愿参加老师们主持的科学研究工作。这个计划为本科生参与科研实践创造了环境条件,锻炼了学生的科研实践能力,培养和提高了创新意识。

为使学生在学习专业基础课和专业课知识的基础上能更进一步及时了解和把握生命科学的前沿进展和新的科学思想,他组织开设了针对高年级本科生的新必修课程生命科学研究进展综述,介绍各科研领域的前沿进展及未来的可能发展方向,在使学生了解学科前沿动态的同时,极大地激发了学生从事科学研究的兴趣,帮助很多同学在本科毕业阶段根据个人兴趣和优势选择了较理想的未来发展方向。

武维华主持的博士生生命科学进展课程云集了全国生命科学领域的十几位院士、科学家和著名教授,他们精彩的学术报告,从宏观到微观,从科研工作的方法思路到科研立项,涵盖多个学科,知识面广,课程自 1997 年开设至 2009 年,十余年来先后使 3000 余名博士生从中受益,成为中国农业大学研究生优秀课程。

截止到 2009 年,武维华指导 26 名本科生的毕业论文实验工作,毕业论文答辩全部获得优秀。自 1995 年起,他先后共指导 15 名硕士研究生、33 名博士研究生的学位论文工作,迄今已有13名研究生毕业获硕士学位,18名研究生毕业获博士学位。已培养博士后(出站)6名。桃李满园,武维华不仅向学生们传授科研方法,也向学生们严谨求实的科研态度——

武维华的弟子们说:"严谨是科研必备的品质,从细节处培养严谨的科研态度,是武维华老师指导研究生的一贯做法","武老师会关注工作中的每一个细节,在我们写工作汇报、谈问题的时候,他从来不放过我们任何的一个小错误,比如基因名称的大小写、正斜体,杂志名称的写法,甚至一个标点符号等。很多东西我们当时不在意,但是后来就慢慢明白细节与严谨在科研工作中的重要性。"

本文摘自《科学人生——中国农业大学院士风采录》,中国农业大学出版社2009年出版。

(原载《中国农大校报·新视线》2017年12月20日)

张福锁：
砥砺前行,探寻绿色发展路

□何志勇

2017 年 12 月 3 日,"中国农业(博鳌)论坛"在海南举行,600 余名国内外嘉宾齐聚一堂,围绕"未来农业——绿色、生态、智能、共享"这一主题,集农业众智,为中国农业的健康、可持续发展献智献策。

中国农业大学资源环境与粮食安全研究中心主任张福锁教授应邀作大会主题报告"走出污染,绿色发展",他强调"这是未来农业的方向"。

"党的十九大提出'加快生态文明体制改革,建设美丽中国','坚持走绿色发展之路'。"张福锁认真学习、反复研读了党的十九大报告,专业的敏感度让他兴奋不已,激动与振奋溢于言表:经历 30 多年的不懈追求,我国集约化现代农业发展终于到了一个新的历史转折点,绿色生产方式和理念已经成为未来农业的必由之路,开启了农业发展的新时代。

作为"中国农业(博鳌)论坛"的发起人之一,这是张福锁第二次参加论坛,而这一次,他的身份有了变化——就在几天前,他刚刚当选中国工程院院士。

来美丽海南的次数很多,但每次都是行色匆匆。这一次,张福锁还是在夜色中,踏上了返回北京的航班。虽然总是无暇"面朝大海",但此刻又何尝不会"春暖花开"?

蓝天之上,不忘初心,张福锁一直砥砺前行在探寻"绿色发展"的路上——

选择属于自己的土壤

"我非常幸运!"是张福锁的"口头禅"。

1978 年 10 月,张福锁从家乡凤翔县横水镇吕村来到陕西杨凌,踏入西北农学院(现西北农林科技大学)的大门,成为中国改革开放恢复高考后的第一批秋季入学大学生。

"我们幸运地赶上了改革开放的时代大潮",从农村来到大学校园,张福锁感觉"就像来到了天堂"。从小爱读书的他,在家乡那个小山村里时,认为自己读了"很多"书,到大学里一看,图书馆里居然有几十万本书!"我才读了几本啊?"在感到"幸运"的同时,他也无比珍惜这来之不易的求学机会,"我就使劲地读书,小说、哲学、历史……"

让张福锁对土壤化学专业产生浓厚兴趣,则是来源于一堂农业化学课。那堂课上,老师讲的是"人粪尿"。"'人粪尿'还有科学?"但一堂课才开始张福锁就发现,虽然一直把"人粪尿"当作肥料施用,但却从来不知道其中的养分含量,也不明白其化学转化过程,"原来这么简单的东西里,还有科学的原理!"

1982 年,大学本科毕业时,"一颗红心,两手准备"的张福锁又"十分幸运"地考上了北京农业大学(现中国农业大学)攻读研究生学位。"这里的一切太不一样了",进入北京农业大学,张福锁发现有的老师在研究造纸废液的利用、有的老师在研究腐殖酸的应用、有的老师在研究无人飞机……在那时传统土壤化学系师生的观念里,这些无异于"歪门邪道"!今天,张福锁却十分感谢那段经历带给自己的理念更新:科学研究需要站在更加广阔的社会需求大平台上,"眼界越开阔,成绩就会越大"。

1985 年,张福锁也许从未曾奢望过,自己能走出国门到德国霍恩海姆大学学习,并且师从世界闻名的植物营养学家——赫斯特·马施奈尔教授。即使是马施奈尔教授在这一年夏天到北京农业大学面试时,张福锁也没有想过自己会得到这样的机会。"回想起来,我是非常幸运的!"

当年远赴德国时,张福锁最好的衣物是母亲为他买的一条价值 8 元钱的"的确良"裤子。到了国外,"才发现又到了另一个世界"的张福锁察觉到了中国的落后,"当初花了两堂课才讲明白的'人粪尿',在这里,科学的图表和数据让你一目了然!""到了德国,才明白原来科学研究还有那么巧妙的方法、那么系统的思想",张福锁倍加珍惜这来之不易的学习机会。

"当时出国求学的学生,都是'一颗红心'。"德国的生活、学习和工作条件虽然诱人,但张福锁却没有产生留在国外的想法。他说,"出国是想了解国外的发展情况,在国外多学东西,回来好报效祖国。"

20 世纪 90 年代初,张福锁学成回国,正好遇上中国社会、经济在改革开放大潮中飞速发展。1992 年,北京农业大学的土壤与农业化学系、土地资源系、农业气象系和遥感研究所等单位合并组建了全国第一个农业资源与环境学院,一个新的学科"土壤植物营养"应运而生。31 岁的张福锁成为植物营养系副教授,他浑身充满干劲,一头扎进科研,把从德国导师那里学到的严谨、认真和刻苦的精神全部用到教学和科学研究中。

改革开放初期,我国基础条件都很差,化肥生产也不例外。不仅技术差,数量也远远不足。农作物就像一个时常忍饥挨饿的孩子,经常出现营养不良的状况。如何让作物"自力更生、丰衣足食"成为张福锁研究的主要任务,他把自己的研究锁定在根上:研究植物根系是如何活化和利用土壤养分的。

在 20 世纪 90 年代,我国农业生产中化肥用量快速增长,但粮食产量却徘徊不前,化肥的增产效应和利用效率都开始下降,环境问题也日渐显露。依靠改土施肥等传统的思路解决不了既要增产又要环保的问题,必须创新理论和技术,找到增产与环保协同的新途径。张福锁就是这样坚持从生产一线发现问题,把理论创新、关键技术突破和大面积技术应用模式的创新贯穿在 30 多年的工作中，一步一个脚印，探索出一条国际领先的农业转型之路。

领先之路意味着要克服一个又一个困难，经历一次又一次挫折，坚持不懈，顽强奋斗，30 多年如一日，辛勤劳动终有硕果：

——发现小麦缺锌分泌的植物铁载体类根分泌物；发现植物铁载体类化合物不仅受缺铁，而且还受缺锌的诱导，在禾本科植物体内合成并主动分泌到根际环境中去，改变了国际植物营养界过去公认的"缺铁专一性反应机理"的观点。

——证明了铁载体化合物对根际微量元素活化能力的非专一性；提出植物感受养分胁迫诱导体内生物合成根分泌物-根系主动分泌-根际养分非专一性活化-根系专一性吸收四位一体的根际营养理论，并把这一理论运用于植物营养遗传改良和农田养分管理技术创新中。

——在国际上首次报道了花生和玉米间作改善花生铁营养状况的现象和机理，并把这一成果运用于我国传统的间套作生产体系中。

……

长期以来，人们主要利用施肥和改土措施来实现作物高产，张福锁的这些研究成果在当时不仅使应用生物或化学方法创造新型高效肥料成为可能，还使现代生物技术在植物矿质营养遗传特性的改良方面得以应用。这不仅在理论上有重要意义，更在实践上为"高产、高效、优质"农业技术创新开辟了一条崭新的生物学途径。

这些研究成果，在国内外学术界引起了很大反响。1993 年 9 月，张福锁被选为国际植物营养委员会唯一一名中国常务理事，1997 年获得连任；2001 年 8 月，被推选为国际植物营养委员会主席。2005 和 2008 年，他主持的"提高作物养分资源利用效率的根际调控机理研究"和"协调作物高产和环境保护的养分资源综合管理技术研究与应用"项目，先后获得国家自然科学二等奖和国家科技进步二等奖。2017 年 10 月，何梁何利基金授予张福锁"科学与技术进步奖（农学奖）"，以表彰他"在植物营养理论和技术创新与应用方面做出的突出贡献"。

"Ohne Fleβ, Kein Preis"，在刚回国的那几年里，张福锁一直把这句德语的座右铭贴在办公桌旁边的墙上，时刻鞭策自己"没有努力，就没有成就"。

"一定要选择属于自己的土壤。"谈到这些年的收获，张福锁认为："只有在适合自己的土壤里，才能充分汲取养分，生根发芽。"

艰苦努力，让张福锁变得"幸运"，他更感慨的是，"我们这一代人很幸运，生逢一个伟大的时代，能够选择属于自己的土壤。"

把脉土地走出污染

进入 21 世纪以来，随着化肥产量的提高，我国农作物摆脱了"吃不饱"的困境，却又陷入了"吃撑了"的窘境。

过去的 40 年里,中国利用地球上 7%的耕地,解决了占世界 20%人口的吃饭问题,为中国经济增长和社会稳定提供了保障。但这期间,化肥用量不断提升,牲畜粪尿、秸秆等废弃物也大量增加,富营养化和面源污染对城乡生态和人民生活环境产生了不良影响。

张福锁领导的科研团队在对全国 30 多年资源开发、化肥生产、农业施用以及土壤化学性状研究数据的系统分析发现,从 20 世纪 80 年代到 21 世纪,全国农田土壤的 pH 值平均下降了 0.5 个单位。这种规模的 pH 值下降在自然界通常需要数百乃至上千年的时间,但我国过量施用氮肥 30 年就使土壤显著酸化。让张福锁痛心的是,土壤酸化不仅影响作物根系生长,甚至造成铝毒,导致作物减产,还会造成重金属元素活化、土传病虫加重等一系列问题,进而严重威胁农业生产和生态环境安全。

这个发现与 20 世纪 80 年代欧洲森林大片死亡不同,那是因为硫的过量排放,二氧化硫形成酸雨造成森林土壤的酸化;这也与 80 年代末 90 年代初澳大利亚豆科作物造成的草原土壤酸化不同,那是因为豆科作物固氮使亚表层土壤发生酸化。而我国大面积农田土壤酸化的主要成因是氮肥的过量施用造成的。20 多年连续的监测数据显示,我国陆地生态系统大气氮沉降近年来增加了 60%,其中 2/3 来自化肥等农业源;在小麦、玉米、水稻这些粮田里面,70%的酸化是因为过量施氮造成的;在果树蔬菜田里,过量施用氮肥对酸化贡献高达 90%。

2010 年,张福锁团队的这些相关研究成果发表在《科学》(Science)杂志上,面对当时的一些质疑,他反复强调:"虽然农田土壤酸化会给农业生产和生态环境带来什么具体影响目前尚缺乏系统研究,但中国农田土壤显著酸化现象已经摆在我们面前,土壤酸化至少告诫我们,化肥本身是好东西,但一定要科学施肥,特别要管好氮肥。"

在这一时期,粮食增产速率明显变缓、化肥投入持续增长、资源环境代价越来越高,全球农业面临着高产与环保的双重挑战。我国粮食生产的资源环境代价有多大?未来粮食增产的潜力有多大?是否还要通过增加肥料用量来保障国家粮食安全?未来粮食增产能否以更低的资源环境代价来实现?这是未来农业发展急需回答的重大问题。对此,张福锁研究团队联合农科院、中科院等及河北农大、西北农林科技大学等全国 18 个科研单位,建立全国协作网,共同破解"作物高产、资源高效"的理论与技术难题。

从 2010 年到 2015 年,张福锁研究团队课题组在我国三大粮食作物主产区实施了共计 153 个点/年的田间试验,以大样本的田间实证研究来回答我国未来粮食增产的潜力及资源环境代价。研究发现,土壤-作物系统综合管理使水稻、小麦、玉米单产平均分别达到每公顷 8.5 吨、8.9 吨、14.2 吨,实现了最高产量潜力的 97%~99%,这一产量水平与国际上同期生产水平最高的区域相当。研究证明,土壤-作物系统综合管理在大幅度增产的同时,能够大幅提高氮肥利用效率。

2014 年 8 月,张福锁团队在《自然》(Nature)杂志发表相关研究论文《以更低的环境代价获得更高的作物产量》，《自然》杂志主编评价这一成果"解决了中国的问题，也解决了世界的问题"。张福锁领衔的这一研究成果，"提出并验证了一种既可提高产量又可降低环境代价的种植模式"，为农业可持续、绿色发展提出了新的思路，被评选为"2014年度中国科学十大进展"之一。

未来农业的绿色畅想

农业是一个古老的产业，在很多人的印象中，它还是一个弱势和落后的产业。但在当今世界，面对越来越高的粮食需求，越来越匮乏的资源消耗，越来越沉重的环境破坏，人们意识到：农业决不能是弱势产业和落后产业，而应当是科技最集中、应用最广泛的行业，也应该是朝阳产业和战略产业。

要让农业生产走上一条可持续、集约化的绿色发展之路，说到底，还得靠科技。

河北曲周，冀南一个普通的农业县，历史上长期饱受土地盐碱之苦。1973年，石元春、辛德惠等老一辈农大科学家来到这里改土治碱。经过几十年的努力，将以曲周县为中心的盐碱滩变为"米粮川"，并辐射到整个黄淮海平原，一举扭转了中国南粮北运的历史。在这一过程中，几代农大人与曲周人民群众水乳交融，塑造了中国农大的"曲周精神"。

以曲周为代表的华北平原作为我国传统的农业主产区。近年来，解决了温饱的曲周人民，面临着水资源紧张、农业生产资源环境代价大等一系列难题——这也是前进中的中国面临的一大难题。如何解决资源消耗大、环境污染，在中低产田实现粮食高产？曲周能否再次为全国农业发展探索出一条绿色发展的新路呢？

2009年5月5日，"中国农业大学-曲周县万亩小麦玉米高产高效示范基地"在曲周白寨乡揭牌。张福锁带领团队师生们接过"曲周精神"的接力棒，在乡村建起科技小院，与曲周人民一道为实现"作物高产、资源高效、环境友好"的绿色发展目标而努力。

"有人说我们是一群'疯子'，"张福锁常常给团队师生们"打气"："想一想当年石元春老师、辛德惠老师，在我们现在这个年纪的时候，他们在哪里？他们蹲在曲周农民的地里呢！"

九年来，科技小院研究生队伍不断壮大，更为曲周"吨粮县"建设提供了有力技术支撑。2009年到2015年的7年间，当地小麦、玉米产量分别提高了28.2%和41.5%，而化肥用量增长很少，实现了区域绿色增产增效的目标，农民增收2亿元以上。

如今，张福锁团队联合各科研院所、涉农企业，在地方政府支持下推广"曲周模式"，在20多个省（直辖市、自治区）建立了80多个科技小院。

2016年9月，一篇题为《科技小院让中国农民实现增产增效》的研究论文在《自然》发表。《自然》杂志审稿人、国际小农户研究专家基里尔（K.Giller）则评价这一成果说："'科技小院'这种扎根农村助推小农户增产增效的创新模式，是全球最成功的典型案例之一。"

绿色可持续发展是当今世界的时代潮流。2016年联合国正式启动了《2030年可持续发展议程》，提倡世界各国为实现全球可持续发展目标而努力。作为一个负责任的发展中大国，一个新兴的快速发展的经济体，我国政府正致力于积极参与、推动并引领全球可持续发展。

　　"党的十八以来，我国中央领导集体对外积极推动'一带一路'绿色发展国际联盟，推动并引领全球绿色可持续发展；对内明确提出绿色发展、乡村振兴战略，以前所未有的决心和勇气推动农业绿色可持续发展，以求根本性解决'三农'问题。"张福锁和他的团队成员们万分欣喜，也感到重任在肩："党的十九大召开后，生态环境保护从认识到实践发生了历史性、转折性和全局性变化。"

　　中国农业大学是我国农业高等教育和科学研究的排头兵，秉承着"解民生之多艰，育天下之英才"的校训，在黄淮海地区旱涝盐碱综合治理、解决国家粮食安全等重大问题上曾经做出了历史性贡献。

　　如何构建华北地区可持续绿色发展、乡村振兴模式，实现发展方式的根本转变，推动全国农业绿色可持续发展？这个当前亟待解决的大问题，也是张福锁一直思索的大命题。

　　在新时代，张福锁认为新一代农大人应该有新担当："我们理应抓住机遇，坚持'扎根农村、立地顶天'，传承'曲周精神'，吸纳和利用全球智力资源，打造农业可持续发展新模式、支撑国家绿色发展战略。"

　　中国经验，可以全球分享；全球智慧，也可以助力中国发展。"党的十九大提出'乡村振兴战略'，'加快生态文明体制改革，建设美丽中国'，'坚持走绿色发展之路'，这让我们感到无比振奋！"2018年，将是科技小院创建的第十个年头，也将迎来中国农大与河北曲周县校合作45周年、中德国际合作40周年，张福锁和他的团队决心在曲周"再打一场解决国家绿色可持续发展问题的'黄淮海'新战役！"

　　一个服务美丽中国建设，依托曲周实验站打造面向未来的绿色农业研究示范基地，把曲周县建成国家绿色农业样板，把华北平原建成国际绿色农业榜样——这个宏大的计划在张福锁的脑海里日益明晰。

　　新时代、新使命、新工程、新贡献。

　　张福锁和他的团队整装待发，迈向未来……

（原载《中国农大校报·新视线》2017年12月20日）

长征路上的王观澜:
脚蹬毛主席送的布鞋,走到了陕北

□何志勇

王观澜(1906—1982),浙江临海人,中国共产党最早从事农民运动和土地革命的领导人之一。1934年参加长征,任中国工农红军第一、三军团地方工作部科长、中央工作团主任。1964—1967年任北京农业大学党委书记、校长。

"既来之,则安之,自己完全不着急。"毛泽东在信中勉励说:"对于病,要有坚强的斗争意志,但不要着急。"

1941年秋天,王观澜病了。

虽然只有30多岁,但因在长征途中患了肠胃病,身体一直很虚弱,工作一累就会犯病。虽然病情不断加重,可王观澜仍坚持拼命工作。妻子徐明清焦急万分,担心他身体会彻底被拖垮,无奈之中,只好向毛泽东求援,请主席出面劝一劝。

初冬的一天,毛泽东把王观澜找了来。

王观澜拖着病躯,好长的时间才来到毛泽东的住处。毛泽东关切地问:"观澜同志,你每天都是怎样做工作的呀?"

王观澜实话实说:"每天无论工作怎样多,我总要处理完毕才睡觉。"

"做事情要分个轻重缓急,像你这样怎么行呢?我们要让懒人学勤快,让勤快人学巧干。"毛泽东看王观澜的身体已经太虚弱了:"你看,到我这里来你都走不动了,赶紧住院去。"

最终,王观澜不得不住进了延安郊区的中央医院治疗。

一天早晨,毛泽东从杨家岭出发,徒步走了五六里山路,涉过一条河,专门到医院探望王观澜。

王观澜确实病得不轻了,长期严重失眠,面容憔悴,头疼难忍,躺在床上都无力动弹。毛泽东安慰说:"观澜同志,不能睡就静静地躺着,不要着急,总会睡着的。"

12月16日,毛泽东又派秘书到医院给王观澜送去一封信:

既来之,则安之,自己完全不着急。让体内慢慢生长抵抗力和它作斗争,直到最后战而胜之，这是对付慢性病的方法。就是急性病，也只好让医生处治，自己也无所用其着急，因为急是急不好的。对于病，要有坚强的斗争意志，但不要着急。这是我对于病的态度。书之以供王观澜同志参考。

王观澜从此安心养病。1945 年初春来临，病情有所好转。毛泽东闻讯后，立即赶来看望，热情鼓励王观澜坚持锻炼身体，争取参加党的七大。但是，王观澜眼看身体好转又拼命看文件、读书。由于精力、体力消耗超过限度，七大召开前夕，他旧病复发，且更为严重。1946 年春，他已是手不能抬，腿不能伸，情况万分危急。苏联派驻边区的医生告诉徐明清："王观澜活不了一周，准备后事吧。"

徐明清含着泪水，给毛泽东写了一封充满悲伤情绪的信。这时蒋介石正抓紧时间部署全面内战，毛泽东的工作相当繁忙，但接到徐明清的信后，于 4 月 14 日给她回信说：

你的信我们都看了，甚为感动。观澜同志的病情如此，当然使你难过到这种程度；但是一种事实到了面前，如果是无可如何时，再急再痛也无益，只好承认事实，而客观地对待之。何况观澜的病不一定是你所说的那样，不一定不能救……请你代我们问候观澜同志。

这时延安已处于敌人重兵包围和封锁中，物资供应严重不足，生活极为困难。但在毛泽东的关怀下，中央医院对王观澜关怀无微不至，组织中西医专家会诊。毛泽东得知王观澜的肠胃消化不良后，特地把自己平时土法烤馒头片的铁鏊送去；接着获知王观澜手脚发凉、头晕失眠，又把自己用的热水袋、体温表、西药针剂和葡萄糖粉送去。

在党中央、毛泽东的关怀和医务人员的精心治疗下，王观澜极度虚弱的身体竟奇迹般地逐渐好转。

王观澜的病，要从红军二万五千里长征说起。

他身披林伯渠送的油布，腿穿徐特立送的裤子，脚蹬毛泽东送的布鞋，一步一个脚印地走到了陕北革命根据地

王观澜原名金水，1906 年出生在浙江临海的一个贫苦农民家庭，很小就在外放牛，做农活，9 岁才读私塾启蒙，16 岁以优异成绩考取临海县第六师范学校，在那时改名观澜。他利用夜晚与假期为《台州日报》抄写稿件，半工半读。1925 年六师学生会成立，被推选为学生会主席，加入中国共产主义青年团。1926 年冬转入中国共产党，任学生党支部书记。

1927 年，"四一二"反革命政变后，王观澜被党组织派往莫斯科东方大学学习。1929 年初，转入莫斯科劳动者共产主义大学。1930 年底奉党组织召唤，秘密回国。

1931 年初，中共中央指派从苏联回国的王观澜从上海前往江西中央苏区后，他的第一项任务是从事新闻工作——担任闽粤赣特委代理宣传部部长，负责主编特委机关报《红旗》，同时还担任闽粤赣军区政治部宣传部部长。

这年 11 月,中华苏维埃临时中央政府(又称中央工农民主政府)在瑞金的叶坪乡成立,毛泽东当选为主席。成立大会期间,王观澜负责会议的宣传报道工作,"红色中华通讯社"应运而生,会后由他筹备和主编中央政府机关报《红色中华》。

在王观澜和编辑部同志们的努力下,《红色中华》从 1931 年 12 月 11 日创刊时的发行三四千份,很快就增加到了一万多份。当时,王观澜和毛泽东的住处仅一墙之隔。一向重视宣传工作的毛泽东,经常到《红色中华》编辑部去看望大家,指导工作,同王观澜促膝谈心,交换意见,两人成了知心朋友。

后来,中央苏区领导层在斗争方针上出现分歧,王明"左"倾教条主义占据上风,排斥毛泽东的领导。王观澜的革命意志毫不动摇。他不怕戴"狭隘经验主义""富农路线""右倾机会主义"的帽子,毅然根据毛泽东的指示,在中央政府所在地叶坪乡进行"查田"试点工作。

叶坪乡查田试点工作的成功,在苏区引起了强烈反响,受到广泛欢迎。王观澜根据毛泽东的指示,认真总结叶坪乡查田的经验,起草了以经济剥削占有比重作为划分农村阶级基本标准的文件。毛泽东看了很高兴。他以原稿为基础,进一步加工修改,定稿为《怎样分析阶级》,由当时中央工农民主政府通过颁布,作为划分农村阶级成分的标准(后编入《毛泽东选集》第一卷时又改名为《怎样分析农村阶级》)。

由于这篇光辉著作是毛泽东和王观澜在政治逆境中患难与共、密切配合、相互合作完成的,所以毛泽东总是念念不忘,经常向别人介绍是他"和王观澜同志合作写的"。

1934 年 10 月,王观澜跟随红一方面军踏上了长征路。1935 年 6 月,王观澜随先头部队翻越长征路上的第一座大雪山——夹金山。在同四方面军会合后,又翻越了两座雪山,向毛儿盖地区前进。这时,部队要穿过千里茫茫的大草地,筹集足够的粮食就成为十分紧迫的任务。王观澜再次奉命筹粮,付出了极大的努力。他四处奔跑,衣服和鞋子都磨破了,脚趾头露在外边,严重影响走路。

一次他带队外出筹粮,自己的口粮却断绝了。他只得把一匹病马杀掉,煮食充饥。不料却感染上了痢疾,一昼夜拉了 57 次,人也虚脱了。但为了完成任务,他带病翻山越岭,日行百余里,三天后到达了目的地。他没有吃药,只是稍加休息,拉痢疾就自行停止了。可此后,他却患上了致命的肠胃病,身体虚弱无力。幸好途中巧遇了毛泽东、林伯渠、徐特立等人,毛泽东将自己从江西苏区带来的一双新布鞋送给王观澜,徐特立和林伯渠则分别送给他一条裤子和一块油布。

长征后期,王观澜正是身披林伯渠送的油布,腿穿徐特立送的裤子,脚蹬毛泽东送的布鞋,一步一个脚印地走到了陕北革命根据地。后来,王观澜提起这段经历时常说,"我和主席的脚一般大,长征时我穿上他送的鞋子,感觉像坐上飞机一样,走起路来特别轻快。"

红军到达陕北后,于 1935 年 12 月 17 日召开了瓦窑堡会议。会后,中华苏维埃共和国中央政府即设立了西北办事处，王观澜担任土地部部长和中央农民运动委员会主任。

"最懂得农村、农民的有三位：一位是毛泽东，一位是邓子恢，还有一位就是王观澜。"

新中国成立后，王观澜历任中共中央政策研究室副主任，农业部党组书记兼副部长，国务院农林办公室副主任。

1964 年，王观澜又兼任北京农业大学校长和党委书记。由于长期从事农村和农业工作，熟悉和热爱农村、农业和农民，他逐渐在农业领域形成了自己的一套指导思想和有效工作方法。中央和国家机关也流传一种说法，最懂得农村、农民的有三位：一位是毛泽东，一位是邓子恢，还有一位就是王观澜。

王观澜到校后，正值全国推广半工半读，他积极响应并认真贯彻中央的指示，在北京农业大学试行半工半读的教育制度。

在这期间，王观澜经过认真调查了解了一些学校的情况，积极争取将农垦部所属河北涿县实验站划归北京农业大学，作为半工半读教育基地与校办农场。在探索半工半读教育的过程中，制定出一系列规章制度，提出了一系列教学改革的措施。

在贯彻执行中央教育改革进行半工半读试点工作中，王观澜提出了三个原则：第一，贯彻少而精原则；第二，贯彻理论联系实际原则；第三，贯彻学用结合，学以致用原则。在这一思想指导下，试点工作取得了不少收获。

在对试行半工半读一年进行总结时，王观澜认为："1965 年是学校大变化、大发展的一年，半工半读教育制度的实行，引起了各方面的深刻变化。"他列举了当时普遍反映学校的"七变"：人的思想变了，教育的面貌变了，生产情况变了，科研方向变了，人的关系变了，领导作风变了，学生质量变了。

1966 年初，学校制定了继续实行半工半读与全日制两种教育制度的全面规划与实施方案。规划提出，北京农业大学要办成以半农半读为重点，包括社来社去农业中技校、社来社去大专、半农半读本科、全日制本科、研究院（培养研究生）多层次教育体系的高等农业学府，这就是王观澜"五层楼"的办学设想，是他为北京农业大学设计的新蓝图。

1966 年 4 月，在王观澜的主持下，学校拟定了《北京农业大学实行半农半读和全日制两种教育制度，试办研究院和社来社去大学规划的初步意见》。然而，这一设想和规划都因"文革"爆发而化为泡影。

但无论如何这一设想，是在当时的历史背景中，探索高等教育如何适应新中国国情的一次有意义的尝试。

王观澜对农业教育和北京农业大学有着深厚的感情，虽然在"文革"中遭受严重迫害，但他对广大师生无怨无悔。

"文革"中，北京农业大学辗转陕西延安艰难办学。1971 年 5 月，还没有完全"解放"

的王观澜专程到陕北探望搬迁至清泉沟办学的农大师生。当了解到那里地方病严重，教师们身受其害，很难继续办学时，他非常痛心。返京后，他立即给周恩来总理写信，反映情况。1972年3月，他和王震将军一起再次写报告给周恩来总理，希望尽快解决北京农业大学的问题。

1972年12月，王观澜在一次"关于农大搬迁问题座谈会"上作了发言，他指出，"现在中央提出，1980年全国要搞8000亿斤粮食，我们农业部的任务很大啊！我们靠什么？要靠科学，要靠群众。"他还说，"'文革'中，都不愿要大学。不要把大学当包袱，要让大学为生产建设服务。中国是一个大国、一个农业大国，农业大学一定要与发展全国的农业生产联系起来，有机地结合起来。"在当时那样的历史环境下，王观澜连自己的党组织生活还没有恢复，但他还敢讲教育重要、科学重要，这是需要很大勇气的。

此后，王观澜为学校回迁河北涿县做了大量工作。

1976年10月粉碎"四人帮"后，王观澜多方设法反映农大在河北涿县办学的困难，争取各方面的支持，终于在1978年11月，经中央批准，北京农业大学得以迁回北京原校址办学。

后记：

作为一位数十年从事农民运动和农村发展工作的老同志，王观澜把大半生都奉献给了中国的农村建设事业，对农村和农民始终怀有深厚的感情。

1981年9月，王观澜带领一个工作组到河北保定、安国、博野等地连续考察了两个多月，并亲自起草了调查报告。11月底赶回北京，参加五届全国人大四次常委会议。会后，感到身体极度疲乏的王观澜便病倒了，不幸于1982年1月19日在北京病逝。

系统研究中国农民问题成了王观澜的未竟事业，但他的英名却长久地留在了中国共产党历史上，留在了现代中国农业发展和研究的历史进程中。

今天，中国农大人带着老校长的寄望，不忘初心，正走在强国富民，解困"三农"的新长征路上……

资料来源：①陈冠任，《红色中枢：深层解说中央机关和高层领袖的风云往事》，中共党史出版社，2012。②刘建平、苏雅澄、王玉斌，《不曾忘却——中国农业大学先贤风范》，中国农业大学出版社，2015。③许人俊，《王观澜与毛泽东的深情厚谊》，《党史博览》杂志，2005年第5期。④刘东平，《王观澜：国内最早的"三农"问题专家》，《人物》杂志，2006年第12期。⑤东平，《王观澜——关注"三农"第一人》，《党史纵横》杂志，2006年第9期。

（原载微信公众号"CAU新视线"2016年10月23日）

彭彦昆：
让生鲜肉品质检测只需"扫一扫"

□何志勇

进入 2018 年，彭彦昆教授从海外归国来到中国农业大学已经整整十年。

1 月 8 日，国家科学技术奖励大会在北京人民大会堂召开。万人大礼堂灯火辉煌，坐在第七排的彭彦昆，近距离见证着习近平总书记等党和国家领导人向获奖代表颁奖。这个光荣的时刻，同样也属于自己——

彭彦昆教授领衔的"生鲜肉品质无损高通量实时光学检测关键技术及应用"项目，通过十年攻关，取得了一系列原创性成果，获得 2017 年度国家技术发明二等奖。

"当前，我国发展站在新的历史起点上，推动经济高质量发展，满足人民日益增长的美好生活需要。"空阔的大礼堂里，李克强总理鼓励科研工作者们继续努力，"面向增进民生福祉，开展重大疾病防治、食品安全、污染治理等领域攻关，让人民生活更美好。"

"十年工夫没有白费。"彭彦昆激动而欣慰，在人们对食品质量安全越来越关注，对生鲜肉品质提出了更高要求的今天，"我们团队的研究也为'人民生活更美好'做出了一份贡献。"

无损快检保肉类安全

我国是全世界最大的肉品产销国，2016 年肉品总产量约 8364 万吨。随着经济快速增长，生活水平显著提高，市场对猪肉、牛肉、羊肉等生鲜肉的需求量不断增加，同时，消费者对生鲜肉的质量安全越来越关注，对品质要求也越来越高。

但是，生鲜肉产销链中出现腐败肉、注水肉等劣质肉产品的现象却时有发生，严重危害了广大消费者的健康。

传统的生鲜肉品质检测方法主要有两种，一是感官评定法，二是理化分析法，但这两种方法都存在一定局限。

感官评定法对评定人员的技术水平和经验有很高的要求，评定结果也很容易受其专业水准的影响，人为误差相对较大。

"理化分析法虽然准确率大大提高，但也存在耗费时间长，样品采集有局限，检验过程对样品有破坏性,检测结果有滞后性等缺点。"彭彦昆介绍说,理化分析法首先是采样,然后拿到实验室进行检测,在这一过程中,通常需要绞碎或其他检测前处理,不能保存样品的完整性。而且,这样检测通常要等待数小时甚至几天才能获得结果。

"由于这种方法对样品有破坏且无法实时检测,对大批量样品检测时,通常只抽查,而无法对所有样品逐一检测和筛选。"彭彦昆解释,理化分析法在具体操作中,很容易出现漏检的情况。

为了破解肉品检测长期存在的前处理过程烦琐、测试时间长、在线快速的新鲜肉判定及品质分级困难、严重缺乏智能检测装备等国内外共同关注的技术瓶颈难题,彭彦昆领衔的"生鲜肉品质无损高通量实时光学检测关键技术及应用"项目以主要家畜生鲜肉的食用品质为检测对象,在多项国家重点研发计划支持下,历时十年,开展了无损高通量实时检测新方法、核心关键技术、系列新型检测装备的研究,取得了一系列发明创新成果。

无损是指无损伤非接触,检测过程对样品没有破坏,不需要实验前处理;检测速度也大大提高,检测结果即刻知晓。这些,为这一技术在肉类生产加工流水线上的应用奠定了基础,也大大提高了检测效率和准确率,能有效提升生产效率、保障食品安全。另外,这一技术也能用于肉品质量安全监管部门。

无损快检的发明创新

2018 年 1 月 1 日,《牛肉大理石花纹检测装置》(JB/T 13261—2017)、《牛肉嫩度光学无损检测装置》(JB/T 13262—2017)、《猪胴体背膘厚度测量装置》(JB/T 13266—2017)、《猪肉新鲜度光学检测装置》(JB/T 13267—2017)四项食品机械行业标准正式施行。

这些行业标准的制定者,正是彭彦昆和他领导的科研团队,这些标准的基础,也正是团队研发的多个检测装置和仪器的经验集成和应用反馈。

彭彦昆教授介绍说,"生鲜肉品质无损高通量实时光学检测关键技术"主要实现了三大发明创新:

——揭示了生鲜肉的光散射规律特征及其与品质属性的关系,发明了基于细菌总数的生鲜肉剩余货架期的无损预测方法,实现了可食用新鲜肉的无损快速判定。发现了生鲜肉内部光的 2 个重要散射规律,探明了物理属性用洛伦兹函数表征,生物属性用冈珀茨函数表征;提出了从扩散轮廓求取峰值、宽度、斜率和渐近值 4 个散射特征参数的方法,构建了多元散射特征光谱,拓展了肉品的独立特征参数数量,实现了生鲜肉细菌总数及剩余货架期的无损实时定量预测,细菌总数的预测相关系数可达 0.96,剩余货架期的预测正确率大于 95%。

——发明了生鲜肉品质无损高通量实时光学检测的特征图谱建模关键技术,建立了定量预测模型及模型库,实现了多品质参数的同时高通量、实时快速、定量检测及精准分级。突破了生鲜肉光学信息的快速获取、特征图谱动态辨识和解析、双波段融合等技术难点;通过大样本试验建立了生鲜肉主要品质参数(水分、嫩度、挥发性盐基氮、脂肪、蛋白质、背膘厚、大理石花纹等)的 18 个定量预测模型及 6 个多品质同时检测模型库,各参数预测相关系数均在0.92-0.96之间,实现了基于国家标准的注水肉判定、生鲜肉品质检测及分级。

——创制了生鲜肉品质参数的无损高通量光学检测的移动式、在线式、便携式等系列装备,实现了生鲜肉食用品质的在线和现场实时检测。针对生鲜肉产销链环节的不同需求,研发了 8 个系列检测装备,包括细菌总数检测、多品质参数同时检测、胴体背膘厚和大理石花纹在线分级等装备。移动式检测速度为 0.74 秒/检测点、在线式为 1~3 个样品/秒、便携式为 3~4 秒/样品,检测正确率为 92%~100%,相对误差 ≤4%,技术参数均满足实时在线检测实际需要。

有了"生鲜肉品质无损高通量实时光学检测关键技术",肉类检测只需"扫一扫",手持检测设备对生鲜肉一扫描,立刻就能给出准确的检测结果。

有了这一技术,在生鲜肉的实际检测尤其是肉制品工业化生产线上效益更加明显:速度快,实时检测出不良产品,避免了售后召回;大量节省人力,成倍提高生产率;检测率高,避免人工抽样的漏检现象;不破坏样品,降低因检测而产生的经济损失。

彭彦昆团队的这一成果,正在实现对屠宰前、中、后三个环节的无损快速检测,保障家畜禽肉产品加工、销售全过程高效、安全监控,已经在我国主要肉品企业得到了推广和应用。据不完全统计,近三年来这一检测技术的应用,已经实现新增销售额约 19739 万元、新增利润约 9297 万元;近三年综合经济效益(含节支降耗等)10.66 亿元。

与此同时,这一技术也在食品卫生、市场管理等国家行政监管部门得到了应用,先进实用高效的检测手段,大大提高了监管效率及检测水平,保障食品安全,社会效益显著。

未来检测的"智能化"

长期在国外工作、生活,2007 年回国后的耿直"山东大汉"彭彦昆在很长一段时间,并不太适应国内的环境。

1991 年初,彭彦昆东渡日本求学,攻读博士学位期间,他运用声波干涉原理开发了一个能动噪音控制(ANC)系统,有效降低了农业机器操作者头部附近噪音。1996 年,这一成果在日本农作机械会上展出,引起极大关注。如今,这项技术及相关技术已经广泛运用在汽车生产当中,被誉为"远离嘈杂的静心之作"。

1997 年,彭彦昆主要承担日本国家重大项目,在国际上率先研发了环境可控的昆虫生产工厂(IPF),并创新了一种全自动检测控制系统,使不受自然环境影响、全天候由昆虫生产人类所需有用材料变为可能。这一成果发表在日本农业机械学会年会上,1999 年获得蚕丝科学技术进步奖。

2000 年,彭彦昆漂洋过海远赴美国工作。他先后承担了美国农业部、美国国家卫生研究所等多项重点项目,涉及水果内部品质属性的红外线非破坏检测系统的开发、活性肌肉阶跃激励的收缩速度和动态特性的检测、食品感知特性的电子扫描系统开发等。这些研究成果发表了数十篇高水平论文、获得了多项奖励,被美国各种媒体报道,成为农业与生物工程领域的知名学者。

凡事有弊也有利,国外的科研工作为彭彦昆在国内的科研工作开阔了视野,也激发了新的灵感;国外生活中克服内心孤独,以苦为乐的经历,又让他能够"放下"一些东西。

"人生有几个十年啊?!"尽管经历波折,但回想回国工作的这十年,彭彦昆并不后悔:"祖国的发展、故土的召唤是我回国的原动力!"而这十年当中,能用自己所学为国家发展做出自己的贡献,也是他最大的愿望。

如今,"生鲜肉品质无损高通量实时光学检测关键技术"项目已经获授权发明专利32 项、实用新型 24 项,登记软件著作权 22 项,获得了包括国家、省部级在内的 10 余项奖励。项目完成过程中,已经出版中英文专著 3 部,发表论文 151 篇(其中 SCI/EI 文章 111 篇)。同时,这一项目开发出的不同检测设备已经在大型家畜屠宰厂、肉品加工厂、肉品监管部门等得到了有效应用。中国农学会组织知名专家对这一项目进行了科学评价,认为整体技术达到国际领先水平。

但这一检测技术的"用武之地"不仅仅局限在质检部门、屠宰厂以及生鲜肉加工企业,也可满足普通消费者对生鲜肉品质安全检测把关的需求。

"不少人买肉是学中医'望闻问切',问出产时间,看看颜色,闻闻味道,再用手按一按。"彭彦昆说,对于大多数消费者来说,判断肉新鲜与否还是凭借肉眼,以经验来判断。

在未来,彭彦昆希望能够开发出更加便捷的检测装置来帮忙。

"我们研制了一种轻便型的生鲜肉检测设备,并将其与自主开发的手机应用软件(APP)相关联,"彭彦昆介绍说,"当启动手机 APP,按下检测设备的按钮,相关信息即可传输显示在手机上。"

不过,在目前的技术水平下,无损检测还不能完全替代传统的理化试验检测。"比如,我们现在能检测出细菌总数,但其中大肠杆菌有多少?"彭彦昆坦言,从理论上说,无损检测方法可以实现,但受制于目前芯片技术和硬件条件,暂时还不能精准检出数据。同时,设备制造成本也还是制约这一技术在消费者层面普及应用的瓶颈。

目前,彭彦昆团队正在开展相关研究和技术攻关,并不断完善仪器和装置,以实现生鲜肉检测"智能化"。

也许在不久的将来,"智能化"的生鲜肉检测技术能克服各种制约因素,更加便携、小型、低成本,像手机那样便捷。

到那时,消费者拿着手机 APP"扫一扫",就能了解生鲜肉品质。

(原载《中国农大校报·新视线》2018 年 1 月 10 日)

王福军：
打造水利系统的"超强心脏"

□何志勇 王方

"毛主席说'水利是农业的命脉'，在现代社会和农业生产中泵站是水利系统的'心脏'！"2018年1月7日，中国农业大学教授王福军在接受记者采访时说，"很多泵站在人迹罕至的深山老林或是城市地下的管网沟渠，一般人看不到泵站，但它们却时时刻刻为我们的农业生产、城市发展服务着。"

大型灌溉排水泵站在农田灌溉提水、防洪排涝体系中占有重要地位，多年来，王福军带领团队奔走在祖国大山大河、城市乡村，只为守护和打造水利系统的健康"心脏"。他领衔的"大型灌溉排水泵站更新改造关键技术及应用"项目，通过十多年联合攻关，取得了一系列创新成果，获得2017年度国家科学技术进步奖二等奖。面对荣誉，王福军说："只有到泵站里去，我才感到踏实，只有为泵站解决了问题，我才有成就感。"

泵站是水利的"心脏"

水只会从高处往低处流，要想让地表水往更高处、更远处流动，灌溉农田，还得靠泵站。人的血液能够在周身流动，其与心脏的关系大抵如此。"1934年，毛泽东主席高瞻远瞩，指出'水利是农业的命脉'。"王福军说，现代农业中，泵站则是水利的心脏。

大型灌溉排水泵站是指设计流量大于50立方米/秒或装机功率大于10000千瓦的灌溉排水泵站，它担负着农田灌溉与排涝任务，是保证粮食安全和生态安全的重要农业基础设施。王福军介绍，我国泵站类型和规模均居世界之首，大型灌溉排水泵站有效灌溉面积1.92亿亩，占全国总有效灌溉面积20.1%；有效排涝面积1.37亿亩，占全国总排涝面积42.9%；年耗电约320亿千瓦时。"虽然为全国总产量1/4的粮食生产提供保障，保护着1.5亿群众的生命财产安全，然而，大型灌溉排水泵站普遍存在装置效率低、运行稳定性差、供水保证率不足的问题，面临着艰巨的更新改造任务。"

"目前我国大型灌溉排水泵站的布局是20世纪70~80年代确定的，运行到现在出现了老化和性能下降的情况，还受到了河湖水位变幅大、水中泥沙含量高等客观因素及泵站技术体系不健全等主观因素限制。"王福军及其团队调研了全国百余处(座)大型灌溉排水泵站,敏锐地指出了共性问题所在。

在世界多数国家,灌溉排水泵站均是农业领域最为耗能的设施装备。王福军以一座小型泵站为例算了一笔账:一台泵功率 7500 千瓦,全天 24 小时运转将耗电近 20 万度,按照一座泵站装 8 台泵、一度电 1 元算,一天的电费就得 160 万元。许多大型泵站用电更多。

"大型灌溉排水泵站必须要提高运行稳定性和节能降耗,这也是我们更新改造关键技术研究的主要目标。"王福军介绍说,项目组自 2006 年开始,在国家科技支撑计划和国家自然科学基金重点项目等支持下,依托水利部"全国大型灌溉排水泵站更新改造规划(2010—2015)",采用理论分析、数值模拟、模型试验与现场测试相结合的方法,系统开展了大型灌溉排水泵站更新改造关键技术研究,取得了一系列创新性成果。

水利工程的"换心术"

山西尊村灌区一座泵站,2009 年进行机组更新,安装了 4 台某知名水泵公司设计制造的大型双吸离心泵,投入运行后不到一个月,因压力脉动大而导致振动突出,叶片出现裂纹,于是泵站就此"罢工"。2012 年尊村引黄灌溉管理局采用王福军团队的技术为泵站换"心脏"。

王福军形象地描述,泵站压力脉动大,如同人的心脏跳动快,会带来稳定性差、噪声大、磨损、泄漏等一系列问题。尊村泵站实现了安全稳定运行,新换的泵正是项目组研制出的超低压力脉动高效双吸离心泵。

项目组首次发现离心泵叶片载荷分布对压力脉动有显著影响,在此基础上形成了定量化的离心泵"交替加载技术",设计了交替加载式双吸离心泵。叶轮呈"V 交错构形",与传统叶轮明显不同。传统叶轮存在的螺旋流动现象在交替加载式叶轮内基本消失。

水的流动会形成涡,如果我们仔细观察,会发现桥墩尾部有动态涡街。大型灌溉排水泵站也是如此,前池与进水池存在不同尺度涡街以及表面涡、附壁涡等。这是导致机组运行稳定性差的主要原因之一。

项目组基于瞬态涡街计算模型,提出了以变高度导流墩和 X 形消涡板为结构特征的泵站控涡技术。其中,设置于前池并与最低水位平齐的八字形导流墩用于消除大尺度回流涡;其后顺水逐渐降低的川字形导流墩用于对八字墩尾部瞬态涡街进行二次整流;末端的 X 形消涡板用于消除附底涡和附壁涡。

广东永湖泵站,其前池存在大尺度旋涡及附壁涡。王福军团队为之新增设八字墩和川字墩。改造后,泵站回流系数达到 0.166,优于国内外现有技术所能达到的 0.218;水泵振动烈度由 5.96 毫米/秒下降至 2.37 毫米/秒,泵站运行稳定性大幅度提高。

王福军介绍,大型灌溉排水泵站一般采用蝶阀或球阀进行工况调节,由于依赖液控或电控等外部动力源,在停泵时不可避免地存在一些问题:若提早关闭,形成直接水锤;若延迟关闭,又有倒流喘振。项目组实现了摆脱外部动力源的束缚,只靠水压能量进行启闭控制。依据"泵站自适应多段式控制模式",创制了由阀前后水流压差驱动的自平衡式水力控制腔,用于驱动大小两个独立阀板。如此,新控制阀让泵站直接水锤发生概率和倒流喘振发生概率由传统的 40% 左右直接降为零。

项目组集成创新了浑水条件下泵站流道"流态匹配技术",制订了泵站高效稳定运行技术规范,解决了泵站偏离设计工况运行问题。该成果有力支撑了我国大型灌溉排水泵站更新改造技术标准体系,几乎应用到了全国近五年改造的所有大型灌溉排水泵站,装置效率平均提高 13.4%。

打造水利"超强心脏"

与国内外同类技术对比,王福军团队"大型灌溉排水泵站更新改造关键技术及应用"中 4 项关键技术的指标参数均是占优的,或者是填补该领域国内外空白的。

以泵为例,项目组所研制的比转速 125 的交替载加载式双吸离心泵水力模型,经第三方测试,最优效率达 90.6%,压力脉动只有 6.56%。而目前国外同类产品的最优效率为 89.0%,压力脉动约为 11.56%。王福军团队成果已在 129 处(座)大型灌溉排水泵站得到应用,占列入水利部"全国大型灌溉排水泵站更新改造规划(2010—2015)"并已完成更新改造的大型泵站总量的 67%,覆盖黄河流域 80% 以上的大型灌溉泵站。

国内大型水泵制造厂采用交替加载技术制造的大型离心泵已达 8400 台,在山西尊村泵站等大规模应用。控涡技术已在全国 80 多座泵站得到应用。新控制阀在甘肃西岔泵站、福建鸭姆潭左泵站等泵站得到应用。安徽众兴泵站应用流态匹配技术,泵站装置效率由原来的 61.8% 提高至 79.4%,能源单耗下降至 3.91 千瓦·时/(千吨·米)。

在该项目整体技术大规模应用之前,我国大型灌溉排水泵站装置效率平均只有40%,水泵压力脉动高达 33%,灌溉/排水保证率不足 60%。换泵、控涡、换阀,实现最佳匹配,围绕"心脏"的一系列改造让大型灌溉排水泵站获得了新生机。如今,大型泵站能源单耗平均降低 1.1 千瓦·时/(千吨·米),压力脉动平均下降到 9.1%,灌溉保证率提高9.4%。根据应用证明统计,近三年内为国家节电 5.03 亿千瓦·时,增产粮食 11.87 亿公斤,取得了显著的社会和经济效益。

"中国农业大学和中国灌溉排水发展中心、中国水利水电科学研究院、株洲南方阀门股份有限公司、上海连成集团等,我们是一个团队,分工明确、优势互补、联合攻关,共同建立了项目主要成果。"王福军说。项目成果覆盖我国灌溉排水面积 1.67 亿亩,提高了这些区域的灌溉保证率及综合供水能力,保障了粮食生产和人畜饮水需求,提高了排涝能力和排涝标准。这,正是科学家们心中最愿意看到的场景。

（原载《中国农大校报·新视线》2018 年 1 月 10 日）

李晓林：
我是快乐的"新农民"

□何志勇

    34 岁破格晋升副教授，36 岁破格晋升教授，38 岁主持国家杰出青年科学基金项目；曾获国家自然科学二等奖，在国际学术刊物发表 60 多篇论文，是国务院政府特殊津贴获得者……中国农业大学植物营养系教授李晓林的学术生涯，可谓一路高歌猛进。

    但在 2009 年，51 岁的他却做出决定：从实验室走向田间，将主要精力投向农业技术推广、科技扶贫和专业学位研究生培养模式探索。

    "以前一头扎进实验室，从事基础研究；现在必须两条腿走路，让'实用'这条腿也壮实起来。"为了学科的发展，也为了挑战自己，李晓林较上了劲。

    教学科研得心应手，对农村却已陌生。从象牙塔到黄土地，能不能把庄稼种得比农民好，李晓林心里没底，"但一咬牙就下去了"。

    第一个据点是河北曲周。2009 年，学校在曲周建立万亩高产高效示范基地，李晓林来到了这里。当地分散种植的现状深深触痛了他。李晓林在万亩基地中打造出核心示范方。核心方 163 亩，却分散为 74 块地，一块地最多 4 亩，最小才 5 分，"原本开拖拉机两三天就能播完的地，最后却用了 11 天，我们才发现一家一户分散经营效率这么低。"

    农民的不信任也让李晓林头疼。他动员农民按技术规程种植，但有的人不愿冒险，有的嫌麻烦，有的打心眼里不服气："我种了几十年地，还不如你们？"

    "要把试验示范做好，与农民建立互信是第一位的。"李晓林反思，"必须先把自己变成农民！"

    住得离农民太远，李晓林就在示范区找了一处满是荒草，没水、没厕所的废弃房子。"想一想，我们是来送科技的，这个小院就叫'科技小院'吧。"他很乐观。

    发展现代农业，关键是让广大农民掌握科学种田的本领。科技小院为曲周"吨粮县"建设提供了有力的技术支撑：2009—2015 年，当地小麦、玉米产量分别提高了 28.2% 和 41.5%，而化肥用量增长很少，实现了区域绿色增产增效的目标。曲周全县 40 万亩小麦玉米每年增产粮食 1.15 亿公斤，农民增收 2 亿元以上。

    八年探索，科技小院研究生培养有了"实践—理论—再实践"的清晰路径。科技小院创立的研究生培养模式先后获得北京市一等奖、国家二等奖。

　　什么是科技小院？"就是长期扎根农村一线，进行科学研究、科技示范、人才培养的一个综合性平台。"总结八年历程，李晓林这样定义，"其目标就是让农业增效、让农民幸福、让师生成长。"如今，80多个科技小院根植在大江南北。更加忙碌的李晓林说，他是一名快乐的"新农民"。

（原载《中国教育报》2017年9月10日，

《中国农大校报·新视线》2017年10月15日转载）

对话李建生：
"非一般"的玉米
□何志勇

　　新年伊始，2016 年度国家科学技术奖励大会传来喜讯：中国农业大学国家玉米改良中心李建生教授主持完成的"玉米重要营养品质优良基因发掘与分子育种应用"项目获得国家技术发明奖二等奖。

　　玉米是我国第一大粮食作物品种，其种植面积约占全国农作物总面积的 1/4，产量则达到了全国农作物总产量的 1/3。但 2016 年，在"化解玉米暂时性过剩"的忧虑中，我国玉米总产量同比 2015 年下降 2.3%。

　　粮食总产量"十二年连增"就此止步。除其他自然条件因素的影响之外，玉米等作物种植结构的转变无疑是影响粮食产量的重大原因之一。

　　我国玉米产业的"阵痛"要痛多久？在行业"疲软"中，又如何能一举夺得国家科学技术大奖？带着这样的疑问，记者采访了中国农业大学国家玉米改良中心李建生教授。

玉米的"供给侧"改革

　　从 2004 年开始，我国粮食生产进入了改革开放以来持续时间最长的粮食增产阶段。数据显示，从这一年到 2015 年，我国粮食总产量进入"十二连增"阶段。

　　2016 年岁末，国家统计局公布的数据显示，2016 年中国粮食产量为 6.162 亿吨，比上一年减少 0.8%。

　　全国粮食产量止步"十二连增"。究其原因，除了变化莫测的天气，"政府改革农业政策，促使农户减少玉米播种面积"也是主要原因之一。

　　统计数据显示，2016 年中国玉米产量为 2.196 亿吨，低于 2015 年的 2.246 亿吨。

　　"我国的玉米生产面临一个暂时的、阶段性的过剩，从长远看，玉米还是一个刚性需求。"李建生说，"我们有 13 亿人口，我们对鸡鸭鱼、肉蛋奶的需求越来越多了，而所有这些东西都是谷物变的，是饲料变的。"

　　"现在不是讲'供给侧'改革吗？"李建生认为这是玉米种植调整的一个重要原因。

　　这是一次"主动调整种植结构"的结果。2016 年，全国种植业结构调整，以我国第一大粮食作物品种玉米的种植区域、面积为减调重点,在我国的"镰刀弯"地区,采取"玉米改大豆""粮改饲"和"粮改油"等措施调整农业种植结构。年初,我国政府在取消了实施多年的临时收储项目,玉米播种面积随之减少3.6%。

为什么要调整?

在粮食总产量连年增长的喜人局面背后,其资源环境代价也逐渐引起关注和忧虑。中国用不到7%的耕地养活地球上超过20%的人口,农业生产中的化肥和农药使用量占全球35%。但一方面,化肥、农药投入的报酬递减规律也日渐凸显,导致"增肥低增产";另一方面,农业农村的生态环境为此付出了高昂代价。

在2016年3月十二届全国人大四次会议举行的记者会上,农业部部长韩长赋答记者问时就表示,"十三五"期间不追求粮食连续增产,而是要巩固和提升粮食产能。

早在2015年11月,针对"当前玉米供大于求,库存大幅增加,种植效益降低"等矛盾,农业部出台了《关于"镰刀弯"地区玉米结构调整的指导意见》。

2016年中央一号文件《关于落实发展新理念加快农业现代化实现全面小康目标的若干意见》中提出优化农业生产结构和区域布局,明确提出"在确保谷物基本自给、口粮绝对安全的前提下,基本形成与市场需求相适应、与资源禀赋相匹配的现代农业生产结构和区域布局,提高农业综合效益。"

紧随其后,《全国种植业结构调整规划(2016—2020年)》出台。这一《规划》指出,我国农业发展环境正发生深刻变化,老问题不断积累、新矛盾不断涌现。新形势下,农业主要矛盾已由总量不足转变为结构性矛盾,推动农业供给侧结构性改革,加快转变农业发展方式,是当前和今后一个时期农业农村经济的重要任务。

"差不多3公斤玉米可以转换成1公斤动物性产品,我国13亿人的生活需求还在不断增加。"李建生再一次强调说,"我们现在面临着改革中的一些问题,集中反映出一个暂时的、阶段性的过剩。"

"就玉米而言,过去我们重产量,对品质不是太重视。"李建生坦言,由于我国人口压力太大,过去"只能先把肚子填饱,粮食安全的压力非常大。"

"今天,我们所说的玉米不仅仅是传统的玉米,玉米不光可以做饲料,还有能生吃的鲜食玉米、用来榨油的玉米等,这都需要提高玉米的品质。"

这是"非一般"的玉米

"我们通过对玉米品质的改良,调整种植结构,增加农民收入,对'供给侧'改革也是有意义的!"

2002年,"玉米重要营养品质优良基因发掘与分子育种应用"立项之初,玉米还是我国种植面积第二大作物。但在那时,李建生团队就已经意识到,不断提高农作物品质将是未来我国农业生产的必然趋势。

"21世纪以来,我国的粮食安全逐步有了保障,在解决了温饱问题的同时,我们就面临着一个新的问题——那就是营养问题。"李建生说,"你吃饱之后,就要考虑怎么样吃得更好!"

　　农产品从产量增长到品质提升,早已形成了世界范围的广泛共识。20世纪70年代,联合国粮农组织(FAO)提出了"粮食安全"这一概念,2015年则进一步提出了《全球粮食安全和营养战略框架》,开始关注日益复杂的全球营养挑战,提出了"粮食和营养安全"的概念。

　　李建生的项目团队,其初心正是要培育出一批营养品质"非一般"的玉米。

　　玉米籽粒维生素A原、维生素E和油分是对人类健康和动物生长发育有益的重要品质性状。其中,玉米油富含不饱和脂肪酸,是健康食用油,也是高能饲料原料;维生素E是最主要的抗氧化剂之一,对心血管等疾病有保健作用;维生素A具有维持正常视觉功能、维护上皮组织细胞的健康和促进免疫球蛋白的合成、维持骨骼正常生长发育、促进生长与生殖等重要生理功能。

　　维生素A缺乏是发展中国家公共健康面临的巨大挑战。2003年,世界银行、盖茨基金会等资助启动了国际生物强化项目,旨在提高玉米维生素A原等营养元素的含量。

　　"新中国成立以来,我国玉米单产和总产的增加很大程度上依赖于玉米育种水平的不断提高。在诸多增产因素中,玉米新品种的贡献率达到35%左右。"李建生说:"近20年来,随着植物分子生物学技术的发展和应用,对作物遗传育种产生了极其深远的影响。生物技术与常规育种技术的有机结合,可以实现作物遗传育种新的技术突破。

　　李建生团队利用先进的基因组学技术,针对玉米油份、维生素E和维生素A原,利用高密度的分子标记定位数量性状位点(QTL),克隆控制玉米营养品质性状QTL的基因,阐明这些基因的遗传机理,挖掘优良等位基因,开发功能分子标记,并将其应用于分子育种。

　　经过14年的努力,"玉米重要营养品质优良基因发掘与分子育种应用"项目进展显著,取得了三大创新:

　　——阐明了玉米油份提高的遗传学基础,挖掘了油分优良等位基因及功能标记,开启了玉米油份分子育种的先例。李建生团队通过全基因组关联分析发现72个影响总油分和脂肪酸组分及比例的基因,验证了COPII、ACP、LACS、GAPT、TAGL等五个基因的功能,开发了相应功能标记,获得了4项发明专利。针对一个主效高油基因,利用功能分子标记辅助回交,将我国推广面积最大的杂交种"郑单958"籽粒含油量提高了26.5%,并开始示范推广。

　　——挖掘了维生素E优良等位基因及功能标记,建立了分子育种体系,开辟了玉米品质育种的新方向。李建生团队开发了InDel7和InDel118两个可以显著提高维生素E含量的功能标记。利用开发的功能分子标记鉴定ZmVTE4(生育酚甲基转移酶基因)最优单倍型，筛选出"中农大甜 419"等 5 个维生素 E 总含量（干基）平均比对照提高 70.43%的高维生素 E 甜玉米新品种，以及一系列高维生素 E 的新材料。

——发现了高维生素 A 原优良等位基因分布的遗传规律，开发了功能标记，提高了国际生物强化项目的育种效率。李建生研究团队克隆了控制玉米维生素 A 原含量的基因——crtRB1（β 胡萝卜素数量性状基因）。首次发现 crtRB1 的优良等位基因在热带及亚热带和温带玉米材料中分布频率明显不同的遗传规律，提出了利用温带玉米优良等位基因改良热带玉米维生素 A 原含量的新思路。开发了 InDel1 等 6 个控制维生素 A 原含量的功能标记，创制了籽粒维生素 A 原含量提高了 37.7%以上的新材料，国际玉米小麦研究中心等国内外单位应用该成果选育的品种已经得到推广应用。

国际玉米小麦改良中心种质资源项目主任 Kevin Pixley 称赞说："这些分子标记在国际生物强化育种项目中的应用，是全球分子育种中最成功的例子。"

目前，这一项目共获得授权的优良等位基因发明专利 4 项；培育通过审定的玉米新品种 9 个、新组合 1 个；获得品种权 1 项，申请品种权 1 项。项目完成过程中，在国内外学术期刊发表原创性论文 37 篇，其中 SCI 收录论文 31 篇。2010 年和 2013 年先后在《自然遗传学》(Nature Genetics)发表论文一篇，在国内外引起广泛反响。论文总影响因子达到 136，总引用次数 813 次，其中他引 610 次。

2012—2015 年，这一项目培育的优质甜玉米新品种在全国累计推广 354.14 万亩，占全国甜玉米种植面积的 21.54%，农民累计新增产值 28.33 亿元，企业累计新增利润 4244.4 万元。

玉米中心第二个十年

"这既是一个国际合作项目，也是一个国内合作项目。"作为国际生物强化育种项目的中国项目课题，"玉米重要营养品质优良基因发掘与分子育种应用"项目以李建生教授研究团队为主，联合国内优势单位华中农业大学严建兵教授、广东省农业科学院作物研究所胡建广研究员和中国农业科学院作物科学研究所王国英教授共同完成。

"这是一个理论与实践相结合，高新技术与传统技术相结合，学科发展与人才培养相结合的项目。"李建生说，这一项目"既瞄准国际科技前沿，又面对国内重大需求"，既开展了基础理论研究，发表了高水平论文，也应用到育种的实际问题当中；将传统育种技术与分子育种技术结合；在 14 年里培养了 10 名博士研究生，也培养出了年轻的"杰青""长江学者"和教育部"跨世纪人才"……

这次收获的国家科技奖励，也是国家玉米改良中心面向种业重大技术需求，瞄准国际科学发展前沿的发展缩影。

2017 年，李建生伴随国家玉米改良中心的发展走过第 19 年头，这既是硕果累累、人才凝聚的 19 年，也是团结协作、走向世界的 19 年。

自 20 世纪 50 年代开始,老一辈科学家李竞雄院士作为我国杂交玉米的先驱,亲自向周恩来总理等国家领导人进言,积极倡导玉米杂种优势利用,育成了我国第一代玉米双交种,实现了农家品种到杂交种的飞跃,为我国玉米增产做出了重大贡献。之后,以戴景瑞院士、许启凤教授、宋同明教授为代表的创新研究团队,相继在高产育种、高油玉米等资源创新方向取得了重大成果。

在此期间,2002 年"优质高产杂交玉米品种农大 108 选育与推广"获国家科技进步一等奖;2005 年"优良玉米自交系综 3 和综 31 的选育与利用"获国家科技进步二等奖;2006 年"高油玉米种质和生产技术系统创新"获国家发明二等奖。

2015 年,中国农业大学图书馆情报研究中心对 2005 年以来发表的相关玉米研究文章进行的数据统计分析显示:我国玉米研究在数量上已经成为领跑者,而在质量上也跻身第一梯队。进一步对统计数据细读,国家玉米改良中心为这一论文产出的"成绩单"带来了 1/3 以上的贡献。

"我们要与时俱进。"展望国家玉米改良中心的未来,李建生强调,"学科的发展要与生产相结合,要与国家的发展相结合,我们的研究要面对国民经济的重大需求,也要继续聚焦国际科技前沿。"

"十年以前,我们戴景瑞老师、宋同明老师都还是传统玉米育种研究;在过去的十年里,我们传统育种和高新技术育种结合了;未来的十年,我们也将迎来新的变化,在学科发展中我们需要更多注重一些基础理论的研究。"李建生解释说:"我们要注意应用研究和基础研究的平衡,当然,这两方面不是互相排斥的。"

"未来,我们一方面要强调高技术的深入研究,另一方面要加快高技术向种子企业转移,真正地、全面地提升我国玉米产业的竞争力。"

悄然间,国家玉米改良中心的第二个十年之庆,已经不远了……

(原载《中国农大校报·新视线》2017 年 2 月 25 日)

张勤、张沅团队:

为了国人餐桌上那杯牛奶

□刘铮

　　一杯牛奶,强壮一个民族。牛奶是大自然赋予人类最接近完美的食物,世界卫生组织把人均乳制品消费量作为衡量一个国家人民生活水平的重要指标之一。清晨,伴随着温暖和煦的阳光,早餐喝上一杯美味营养的牛奶,已经成了很多人的习惯,但是,您知道吗？在这杯奶走进千家万户摆上餐桌前,经历了怎样的生产过程,又有多少人为提高我国牛奶的产量付出了几年、甚至几十年的辛劳,他们在崎岖的科研之路上攀登,中国农业大学张勤、张沅团队就是其中杰出的代表。

心系大众苦钻研

　　"现在我国奶牛的产奶量不高, 我们还处在提高产奶量的阶段。"2017 年 1 月 11 日,在中国农业大学西区动科楼的办公室,动科学院教授张勤谈了自己对国内产奶量的认识。

　　为了提高我国奶牛的生产水平, 张勤教授和张沅教授带领团队联合北京奶牛中心、北京首农畜牧发展有限公司、上海奶牛育种中心和全国畜牧总站等 5 家单位, 实施了"中国荷斯坦牛基因组选择分子育种技术体系的建立与应用"项目, 取得了丰硕的研究成果, 荣获 2016 年度国家科技进步二等奖。

　　提到牛奶,人们首先会想到黑白花奶牛,但是很少有人知道,这种奶牛学名叫中国荷斯坦牛, 它是从国外引进的荷斯坦牛与中国本土黄牛杂交并经过多年的选育形成的,是我国的主要奶牛品种,目前我国饲养的近 1400 万头奶牛中,80%以上是中国荷斯坦牛。

　　但我国的奶牛生产水平与欧美等奶业发达国家或地区相比曾有较大差距,有两个数字让人触目惊心:2010 年,我国奶牛平均单产在 4500 公斤,美国同期是中国的两倍多,为 9500 公斤。这样类似的数字也刺痛了张勤、张沅等,他们决心用自己所学,为提高牛奶产量、为中国奶业作出贡献。

　　我国奶牛产奶量低下的主要原因之一是育种工作落后,主要表现为自主选育优秀种公牛的能力不强。国际业界公认,优秀种公牛对奶牛群遗传改良的贡献率达 75%。所以,培育优秀种公牛就成了奶牛育种的重点。

　　但是优秀种公牛的选育费时费力,选出一头优秀种公牛通常要 6 年的时间。这样漫长的时间是因为公牛本身不表现产奶性能,在传统育种中只能用后裔测定来选出公牛,也就是通过其后代母牛的产奶性能来准确评价公牛的遗传优劣性。长期以来,我国的种公牛主要依赖从国外引进,传统育种方法周期长、效率低,难以改变落后状况。

　　在研究人员为时间痛心时, 基于基因组高密度标记信息的基因组选择技术问世,利用该技术,可实现青年公牛早期准确选择,而不必通过后裔测定,从而大幅度缩短世代间隔,加快牛群遗传改良速度,并显著降低育种成本。

　　张勤、张沅团队敏感地抓住了这个机遇,及时开展了全面系统的研究,建立了我国自己的基因组选择分子育种技术体系。

另辟蹊径攀高峰

　　在基因组选择分子育种技术体系中,建立大规模高质量的参考群体尤为关键。国外通用的做法是用经过后裔测定的验证公牛构建参考群,但我国奶牛育种的基础薄弱,验证公牛的数量太少,不足以构建参考群,对于这一问题,张勤、张沅团队创造性地提出了用记录完整的母牛构建参考群的方法。

　　项目团队从 2006 年开始组建中国荷斯坦牛基因组选择参考群体, 经过持续扩充,建立了由 6000 头母牛以及 400 头验证公牛组成的参考群。对参考群中的每头牛测定了高密度 SNP 标记基因型和产奶、健康、体型、繁殖等 34 个性状的表型。

　　研究结果表明,这样的参考群是可行的,所获得的选择准确性与大部分国家的选择准确性相当,而且有助于提高选择的无偏性。现在,这一构建参考群的方法已经被国际所接受和借鉴,就连美国也开始在参考群中大量加入母牛。

　　基因组选择的另一个关键技术是利用基因组高密度标记信息进行个体基因组育种值估计。国际上的主流方法是 GBLUP 和贝叶斯方法。GBLUP 核心是用基因组信息分析牛只合体间的亲缘关系,构建反映亲缘关系的 G 矩阵,但是这一矩阵未考虑不同性状间的遗传差异,因而对所有性状是相同的。

　　张勤、张沅团队提出了改进的方法:TA-BLUP。该方法考虑了不同性状的遗传差异,因而是性状特异的。研究结果表明该方法显著提高了基因组育种值估计的准确性。在 2010 年 QTL-MAS(家畜育种的数量性状位点和标记辅助选择)国际会议上,各国研究人员用相同数据对不同方法进行比较,TA-BLUP 方法获得第一, 也让这一方法广为人知。除了 TA-BLUP,张勤、张沅团队还研发了 BayesTA、BayesTB 和 BayesTC 等一系列方法,这些方法的创新为高水平的基因组选择提供了技术支撑。

　　此外,项目组还在奶牛产奶性状功能基因挖掘、奶牛主要遗传缺陷基因诊断、亲子关系分子鉴定等方面取得了多项具有创新性的研究成果,获得了国家授权发明专利 15 项、软件著作权 14 项, 发表学术论文 107 篇。将这些成果整合, 项目组提出了针对我国牛育种实际的基因组选择分子育种的具体实施方案, 使得这一技术在我国的应用落在了实处。

2011 年底, 该研究成果通过了教育部组织的专家鉴定。2012 年, 农业部畜牧业司、全国畜牧总站、中国奶业协会分别发文, 确定由项目组建立的中国荷斯坦牛基因组选择分子育种技术体系, 成为我国荷斯坦青年公牛遗传评估的唯一方法。

任重道远再出征

张勤、张沅团队的基因组选择分子育种技术体系在应用中取得了丰硕的成果。自2012 年起, 应用该技术对全国各公牛站的青年公牛进行基因组遗传评估, 选出优秀青年公牛并投入使用, 获得大量优良后代母牛, 大幅度提高了母牛群的生产性能, 使我国奶牛遗传改良速度较成果应用之前提高了一倍, 极大地推动了我国奶牛业的科技进步, 缩短了与发达国家的差距, 产生了显著的经济效益和社会效益。

我国自主培育种公牛的能力得到大幅提升, 优秀种公牛的国产化率由不到 20% 提高到 50% 以上, 全国奶牛平均产奶量由 4500 公斤提高到 5500 公斤, 接近欧盟的平均水平; 在北京市, 平均产奶量由 7500 公斤提高到 9000 公斤, 接近北美平均水平。

根据农业部公布的《全国奶业发展规划(2016—2020 年)》, 到 2020 年, 奶业要整体进入世界先进行列, 奶类产量达到 4100 万吨, 这是对中国奶业发展的激励。张勤、张沅团队也在谋划扩大参考群、研发新方法、完善实施方案、扩大应用范围, 使这一技术体系在我国奶牛业发展中发挥更大作用。

为了你我餐桌上的那一杯美味营养的牛奶, 张勤、张沅团队想做的还有很多。

(原载《中国农大校报·新视线》2017 年 2 月 25 日)

呙于明：
更希望年轻人获大奖
□何志勇

走进办公室，满屋的装饰和摆设让记者眼前一亮。

三面墙上，国画"群芳绽放"富丽堂皇，"宁静致远"书法苍劲有力，浓墨重彩的油画色彩斑斓；墙角一棵金琥，桌上一盆绿箩，绿意盎然，葱葱郁郁；窗台之上，泰山石印、陶瓷玩偶、法老雕塑、纪念奖盘……让人仿佛置身艺术家的创作室。

这间办公室的主人却是一名科学家，他是 2011 年度国家科技进步二等奖获得者——中国农业大学呙于明教授。

在这些艺术品中，有很多鸡：异域风情的陶瓷鸡盘、憨态可掬的母鸡储钱罐、栩栩如生的雄鸡油画……这让记者想到了呙于明教授的研究方向：家禽营养代谢与调控、营养与免疫、微量营养素营养、饲料添加剂及应用技术研究。

在这里，记者想起了另一位科学家袁隆平，想到了他拉起小提琴时陶醉的样子；也想起了中国农业大学党委书记瞿振元曾经说过的一句话："让艺术的阳光照亮科学探索的心灵。"

在这样一间充满艺术气息的屋子里，记者开始了与呙于明教授的对话。

记者：最近 30 年来，养禽业有了巨大的变化和发展，专家预计在未来的 10～20 年间，也还将继续发展。伴随着家禽行业的不断发展壮大，许多陈旧的生产理念和方式急待更新，发展的愿望显得尤为迫切，于是，更具前瞻性的生产管理理念被不断应用到家禽行业中来。您的团队关于"肉鸡健康养殖的营养调控与饲料高效利用技术"的研究刚刚获得了国家科技进步二等奖，你们的研究对于行业发展来说有什么意义？

呙于明：正如你所说，肉鸡养殖业是占畜牧业比重很大的一个产业，为人类生产动物蛋白食品——鸡肉；肉鸡也是饲料转化效率最高和生产周期最短的一个畜禽品种。我国肉鸡养殖业在过去 20 多年里发展很快，集约化规模化程度越来越高，但产业发展中的问题还很突出。养殖业主面临防疫和肉鸡保健的压力越来越大，需要提高存活率和饲料转化效率；消费者期望鸡肉产品安全优质，要求产品无抗生素等药物、无病原菌和无重金属残留；社会需要养殖业节约资源和保护环境生态。

"肉鸡健康养殖的营养调控与饲料高效利用技术"项目成果就是针对肉鸡健康、鸡肉安全、饲料高效和环境友好等几个方面开展营养理论和饲料生产技术研究取得的；在肉鸡早期快速生长和后期代谢病控制技术、增强免疫抗病力的饲料营养技术、日粮类型针对性酶制剂应用及其营养释放当量、氨基酸平衡日粮技术、宏量和微量矿物元素减排技术等方面取得进展。这一成果以技术集成创新为主，也不乏原始创新，包括具有自主知识产权的安全新型生物饲料添加剂产品开发及其应用技术，本项目成果中有 13 项国家授权发明专利并且部分已转化产生效益。

记者：我看到一份材料指出，在 2010 年，全球消费鸡肉 5500 万吨，它相当于每年生产 7400 万吨活鸡或 370 亿只体重 2 公斤的肉仔鸡。为此，肉鸡业每年将需要消耗约 1 亿 4500 万吨的饲料，其价值近 300 亿美元。在这方面，你们的研究有所突破吗？

呙于明：我们开展这项研究的社会意义就在于，高效生产，为养殖业主增收；产品安全，让消费者放心，出口创汇能力增强；提高饲料资源利用率，节约资源；减少氮磷及其他金属元素排放，保护环境和生态。这个项目累计培训产业技术人员 2.8 万人次，提高了产业人员技能。

过去五年里，这项成果在山东六和集团、河南大用实业公司、河南永达食业和北农大动物科技等多家合作单位得到了应用，研究成果转化生产饲料 1900 多万吨，生产肉鸡 39 亿只，累计产生经济效益 18.96 亿元。

记者：这项成果服务产业的特色明显，项目组制修订了 8 个行业或国家技术标准和规范。这对于相关行业的发展的意义是什么？

呙于明：我国肉鸡养殖业及整个畜牧业发展很快，也处在产业升级和现代化的进程中，标准化是现代化的标志之一，技术标准或规范是标准化体系中的重要组成部分，是我国畜牧业发展所亟须的，尤其在消费者日益重视产品安全的新时期。行业/国家标准或规范对国家的整个行业的生产都具有指导和约束作用，项目组制定的标准和规范已经并将继续对肉鸡健康养殖业的可持续发展起到积极的促进作用。

记者：据我了解，这项成果多学科交叉特色明显，涉及动物营养学、免疫学、微生物学、细胞生物学、饲料学、分子生物学和生物工程技术等，这样一个多学科交叉的团队是如果组建起来的？

呙于明：这个项目成果是过去十年的工作积累，研究团队主要是在承担国家重大基础研究项目计划（"973"计划）课题和国家十一五科技支撑计划课题期间形成的，这个团队是一个产学研结合的团队，由高校、研究所、农业产业化龙头企业的研发中心等单位的教学、科研和产业技术人员组成。

任何工作都有难题，要取得大成果，攻克某个关键技术问题有难度，但更难的是研究团队建设，包括获得具有所需学科知识背景和研究技能的人才、人才队伍组织并能高效运转和充分发挥人才创新能力的机制。我们的团队能够取得这样的成绩，真的得益于多学科科研人员的交流和协作攻关。

记者：事实证明，你们这个研究团队是很有"战斗力"的一个团队，在理论和技术方面都有新的发展，过去十年发表成果相关的 SCI 收录论文 42 篇，还于 2009 年入选了教育部创新团队，您也在 2011 年入选农业科研杰出人才。近年来，你们的团队开展了哪些研究工作？今后，你们有什么新的思路？

呙于明：目前，我所在团队承担了国家产业技术体系岗位专家和北京市产业技术创新团队岗位专家的研究任务，每人承担 1~2 项国家自然科学基金或北京市自然科学基金面上(重点)项目，同时还承担"十二五"国家科技支撑计划课题任务、农业部专项和国内外横向合作课题等科研任务。研究团队围绕家禽健康、产品品质和饲料高效利用继续开展理论和技术研究，每年发表 10 篇左右 SCI 收录论文。

中国农大开展科学研究的指导思想是"顶天立地"，我们也是一直立足产业需求，创新研究新技术；服务学科发展，探索研究新理论。

记者：谈一谈您的求学经历，为什么选择学农？

呙于明：我进入农业大学是偶然的，但选择从事农业科学研究却成了必然。当年高考，调剂到农学院时，刚开始对这个专业不太感兴趣，老师说我"专业思想不牢固"。但在学习过程中，对我国农业、畜牧业的了解不断加深，慢慢也有了兴趣。尤其是在研究生学习期间更感受到了畜牧业科技、感受到了我国畜牧业对科技的需求，思想观念发生了很大变化，开始觉得这是一片大有作为的广阔天地。

记者：所以在 1991 年完成博士论文研究后，你谢绝英国导师的挽留毅然回国并留校从事教学科研工作？

呙于明：对，我的思想转变得益于我的导师，导师对我的培养和影响很大。在英国留学期间，英方导师指导我从事营养生化研究，理论性和基础性强，让我懂得了如何从事严谨的科学研究、体会到什么是理论创新；在博士毕业后留校工作期间，我的导师和课题组其他老师带领我进行科技开发和成果转化，带领我下基层服务产业和推广技术，让我迅速了解了我国养殖业、了解了养殖业对科技的需求，认识到了科技是第一生产力、认识到科研必须立足于产业。导师们的言传身教对我成长和发展起到了关键作用。

记者：您兼任中国畜牧兽医学会动物营养学分会副理事长兼秘书长、全国新饲料评审委员会副主任、全国饲料添加剂及预混合饲料生产许可证审核专家委员会副主任、全国饲料工业标准化技术委员会委员等很多行业职务，在这方面做了哪些工作？

呙于明：我所参加的这些学术和技术组织均与科技有关，在这些组织任职完全是主管部门领导和业内同行对我的信任和支持，应该说给予了我很多锻炼的机会。

在动物营养学会，我主要组织学术交流和《动物营养学报》工作，动物营养学科是饲料工业的支柱学科，动物营养学会发展得很好，有 1000 多名会员，独立出版学报和会刊。你刚才提及的其他三个委员会都隶属农业部畜牧司（全国饲料工作办公室），我们承担饲料新产品、饲料技术标准和产品生产批文的技术把关。通过参与这些工作,也让我更多地接触和熟悉产业,更好地把握研究方向,更好地为产业发展服务。

记者:您在 2010 年被评为民进北京市委"优秀会员",不久前又荣获"为海淀区建设做出突出贡献的统一战线先进个人"称号。请您谈谈在这方面的情况?

呙于明:我是中国民主促进会会员,目前兼任民进中国农业大学支部主委、民进海淀区委副主委和政协海淀区委常委。在中国共产党的领导下力所能及的从事参政议政工作,通过民主党派渠道参与社会发展调研和社会服务活动。我曾陪同全国人大前副委员长许嘉璐到基层调研新农村建设,受益匪浅。

记者:获得了这些荣誉,又拿到了国家科技大奖,有什么感想?

呙于明:被评为先进和获得奖励都令我高兴和感到荣幸,但那都已属于过去。科技无极限,当一名有责任感的科学家很难,需要不懈努力。

在我从事科研教学的头十年里,我作为参与者获得国家科技奖励;在十年后的今天,我作为主持人获得了国家科技奖励;再过十年后,我希望能帮助年轻的团队成员获得国家科技奖励。

(原载《中国农大校报·新视线》2012 年 4 月 25 日)

李里特：
追赶时光的脚步

□陈卫国

　　身材魁梧，慈眉善目，鼻直口方，如果不是知识分子式的匆促与随和，你不会想到他是留学归来的博士、教授，无怪乎有人称他"农民教授"。

　　十多年前，中国农业大学东校区食品系在金工楼办公，来来去去的人中，常见到有个高个老师，提着满是书的布兜匆匆来去。他就是李里特。现在见到他，还是来去匆匆——如果时间有脚的话，他就像一个追赶时光脚步的人。

关键词：幸运

人生转折关口几次有惊无险，他差点无缘科研之路

　　李里特非常幸运——在人生的转折关口，几次差一点儿没赶上。

　　他是老三届。"文革"期间，他插过队、当过工人。赶上恢复高考，他高中基础好，复习迎考也用功。等到高考成绩出来了：真不错，陕西省渭南地区的第二名。他的目标是理工科名校，按这个成绩很多名校应该没问题——可现实之中，真有问题，不为别的，就因为年龄大。这一年，李里特已经 29 岁。看来，他只能再回工厂。李里特真的心有不甘。

　　转机突然出现了：考虑到十年动乱以后的实际情况，国家教委放开一条口子：年龄偏大但成绩优异的考生，高校可以录取。尽管还有就近走读的限制，李里特还是喜出望外：有书读就行——他的父母在西北农学院工作，家住校园，走读没问题。

　　珍惜难得的机会！李里特在大学里非常用功，成绩也好：主科平均超过 98 分，数学、物理拿满分，很少有意外。多少年以后他回母校，当年的老师对他印象非常深刻，"老师要想考倒你，真难！"他不仅成绩好，其他方面表现也出色，老师、同学，包括他自己都觉得，毕业留校是十拿九稳的事情。

　　临到毕业前，又有意外发生了：留校青年教师也有年龄要求。想留校做科研？此路怕是不通了。去找工作吗？李里特再一次走到人生十字路口。

　　研究生重新招生的信息，让李里特眼前一亮。1981 年全国研究生按专业统一考试，他没有意外地成为全国联考专业第一。他很幸运地被录取为"文革"后首批由国家教委

公派的出国研究生。1982年的春季,李里特踏上了去往日本的旅程,他期待的研究生涯开始了。

关键词:留学

父亲常说起,"不信咱胜不过洋人"。李里特日本留学的成绩总是第一

从某种意义上说,李里特是沿着父亲那一代人的路往前走。李里特的父亲是西北农学院的高才生,在黄土高原上为水利事业奋斗了一生。新中国成立前曾经拿到过美国康奈尔大学研究生院的录取通知,终因没有路费而未成行,生前对他的三个儿子说得最多的一句话是"不信咱胜不过洋人"。

李里特前往的地方是北海道大学。这所学校历史可追溯到日本近代第一所大学——札幌农学校。学校首任校长是美国人克拉克博士。100多年前,这位校长在卸任时曾经对送别师生大声说,"青年人,要胸怀大志!"这句话后来就成为北海道大学的校训。

鲁迅先生回忆藤野先生时说,"他是最使我感激,给我鼓励的。有时我常常想:他的对于我的热心的希望,不倦的教诲,小而言之,是为中国,就是希望中国有新的医学;大而言之,是为学术,就是希望新的医学传到中国去。"李里特后来在一次接受采访中说,自己受鲁迅先生影响颇深,特别对这篇文章有深刻体会——他在日本留学时处处能感受到像藤野先生一样的教授。

让李里特感念类似藤野先生的教授,还有相近的社会背景:在很多人眼里,20世纪80年代的中国还是科技弱国,中国人能学到和掌握多少科技?的确,从黄土高原来到日本,李里特耳闻目睹巨大的差别。两相对比,有新鲜、有钦佩,更让李里特激动的,可能还是父亲的那句话:"不信咱胜不过洋人"。

李里特硕士期间研究方向为小麦干燥和加工品质,博士后期间则学习和研究各类粮谷类食品的加工技术和方法。在这些方面的研究中,北海道大学当时是走在比较前沿的位置。在这所以"开拓精神""重视实学"著称的学校,从不甘落于人后的李里特,以"敏锐""勤奋"和"优异"给老师和同学们留下了很深的印象。一次,在北海道大学教授设计的数学试卷上,他得了漂亮的满分。教授因此而忧虑:"中国学生如果都这么厉害,哪有日本学生的一席之地?"

也是从研究生时候起,李里特开始和一批出色的外国同行建立起并保持着学术上最密切的联系。直到今天,在他的案头、书橱,还有不少日文最新研究资料文献。

关键词:特色

做与别人不同的研究,他不仅喜欢而且更长于创新

1988年,李里特回国,成为当时北京农业工程大学食品系的青年教师。这是我国食品学科发展的第5个年头——1983年前后,北京农大、北京农工大先后由园艺系、农产品加工专业发展形成食品学科。

留学归来的博士，能做出和别人不一样的东西？建立保鲜冷库，可算是他入校以后吃的第一只螃蟹。

20世纪90年代初，河北衡水一家企业找到李里特，希望指导建设利用自然冷源的超千吨保鲜库。而在这之前，日本、加拿大的研究者也只在年均气温6~12℃建成千吨规模的实验库。衡水地处大陆季风气候区，年平均气温13℃，利用自然冷源建个大家伙？有专家直摇头。

生产上用得着，人家又找上门来，李里特就想试试。他在攻读博士期间研究的正是果蔬保鲜贮藏理论，冬天天气一到冰点下，他就骑车去北海，不是游玩，他是奔着冰去的——冷季利用水结冰释放的潜热，维持果蔬不受冻害；暖季再以冰为冷源，提供必要的低温高湿条件——走的是高效实用、节能环保的路线。

查阅资料、设计、计算、修正……前后两年多时间，他都在琢磨这事，从中摸索出分层并行差压送风冻结的新方法。直到保鲜库建成，李里特都没有十足的底气。尽管他对设计的任何一个细节都进行了仔细的推敲和演算，可在温暖半干旱型的华北地区，究竟行不行得通？还得实践说了算。好不容易挨到第二年中秋节后，再进保鲜库一看，头年贮存的冰块还有三分之一没有融化——李里特觉得一身轻松：这个超大冷库，利用冰块实现保鲜，成了！后来报道说，这是世界上第一座，也是唯一一座贮量超千吨的大型利用自然冷源的果蔬贮藏保鲜库。

如果从回国时候算起，李里特在食品加工领域耕耘了20多年，在农产品保鲜贮藏、食品的电磁处理加工技术开发、面食研究、大豆制品研究等多个领域都有涉猎。

在不同的领域中，李里特喜欢做一些很少人甚至没有人做过的研究。电生功能水是另外一个例子。就在设计保鲜库建成的时候，李里特开始对电生功能水发生兴趣。那时候，很多人都对电生功能水有不同看法，李里特瞄准了方向，不为其他看法左右。条件艰苦，他却带着研究组乐在其中。一个饭盒、两个电极，就是最简易的实验制备装置——这项最初不起眼的研究，十多年以后又让人大吃一惊：由此开发了我国首台电生功能水发生装置，首创性地将电生功能水应用于降解果蔬产品中的农药残留，防治植物病害。

再比如对中国传统食品的研究。以往在我国食品加工工艺学教材中，没有一个字写馒头、面条、豆腐加工，技术都没有中国的，更不用说文化了。很多人觉得传统谷面类食品司空见惯，没有太多的技术含量。

李里特却认为，传统食品中，融合着前人智慧；但同时，这些食品的现代化开发也需要创新意识和多学科新技术的综合应用，应该研究、值得研究，也能研究出学问。为此他多年来一直对这些保持着关注和研究的热情，他指导的不少学生都在谷面类食品加工科学与技术方面先后进行过探索——而在不久前教育部组织的食品学科研讨会上，他引领的传统食品现代化、国际化的研究风气，成为讨论的热点之一。

关键词：奖励

研究小小玉米芯，他带领团队拿得两个国家奖

20世纪90年代初，李里特从学术会议上了解到，日本从中国大量进口玉米芯生产高价值的东西，究竟是什么，不得而知。这个消息让从事食品研究的他联想到：难道日本已经掌握了用玉米芯制备低聚木糖的关键技术？

低聚木糖，被人称为"超级益生元"，是迄今为止公认已知的保健功能性最优的功能性低聚糖。木聚糖广泛存在于植物中，而玉米芯含量可以达到40%，它含有丰富的半纤维素是世界公认的木糖醇制备的最理想原料。从20世纪60年代起，低聚木糖的制备就成为世界各国研发的热点，但是一直没有人找到其中的诀窍。80年代中期在日本留学时，李里特就开始关注低聚木糖制造技术的进展。

我国在"八五""九五"期间也曾立项攻关，但关键技术始终没有突破。有信息表明，日本一家公司开始工业化生产，但是这家公司对外严格实行技术保密，决不在任何媒体或公开场合透露技术方面的信息。

日本公司收购我们的东西，回过头来又把产品高价卖给我们。一定要把这项技术掌握在中国人手中！李里特把这个项目作为团队课题，开始了攻关，决心要找到开启"废料"玉米芯里的宝藏。

制备木聚糖，有物理、化学、生物等途径。李里特把方向锁定在酶法。这种方法从技术上来说，关键就是要找到专一性强、活性高的酶，把半纤维素分解成低聚木糖——这就是说，要找到有价值的产酶菌株。

李里特带着团队一有时间就泡在实验室中，没有双休日和节假日。试验，失败；再试验，还是失败；接着试验……枯燥的不断重复的寻找在持续了近五年以后，有了惊喜的发现——"找到了活力高的酶，就等于找到了开启玉米芯宝藏之门的钥匙"，李里特说。在这之后的进一步探索中，他们通过多酶体系，解决了低聚木糖工业化生产的酶解效率、产物组成两大难题，使粗酶液酶活力在原有基础上提高了25倍。

借助这项技术发明，2000年底我国首次实现低聚木糖工业化生产，成为世界上第二个规模生产高纯度产品的国家。李里特团队因此获得2006年国家科技发明二等奖。

酶法制备低聚木糖在技术上取得重要突破。但是探索的过程中，李里特注意到：制备低聚木糖酶成本不菲，而在生产线上较高的温度很大程度上也影响到酶活性。在生物界有没有嗜热真菌帮助解决这样的难题？这一思考有这样的背景：如果低聚木糖酶仅仅用于食品业，效率和成本问题还不太大。研究发现，它作为酶制剂，在饲料工业、制浆造纸工业等方面还有更大的空间。他想，自己已年届50岁，在退休前还是能带领学生再担一些责任的。

这是在生物技术方面的又一次探索。团队还是选择玉米芯为酶的诱导物，从自然界

中寻找合适的菌株。他和他的研究生利用出差、学术会议等机会,从全国各地的垃圾堆、树林等地取回了 1000 多份土样,希望从中有所发现。对土样中的菌株进行分离、筛选、优化、诱导,成为团队几年中的主要工作。

功夫不负有心人。两种菌株进入了他的视线:嗜热拟青霉 J18 和嗜热棉毛菌 CAU44 能够利用天然玉米芯高效生产木聚糖酶,后者摇瓶发酵率达到以往科研报道中微生物产木糖酶的最高值。两种木糖酶都具有很好的温度稳定性和酸碱稳定性。菌株的发现,奠定了嗜热真菌高产耐热低聚木糖酶这一原始性创新的基础。

2012 年 2 月 14 日,李里特再一次来到国家科学技术奖励大会会场。他和江正强教授共同捧回国家科技进步二等奖证书——江正强是他的研究生之一,现在在食品学院工作,2004 年成为这个学院最年轻的教授。

这些年间,江正强也是李里特研究工作的主要助手,特别是在生物工程方面,江老师的研究引起人们越来越多的注意。学生的成长比自己的科研成果更让李里特老师欣慰,"他们一定会比我走得更远"。

年过六旬,李里特还在不停地追赶时光的脚步。除了科学研究上的成果,他还提出了许多新理念:最早倡导"弘扬中华食文化推动传统食品现代化""传统主食工业化是食品工业的主要方向""食育和德育、智育、体育同样是国民素质教育的重要内容""农业现代化的三个基本特征是经营企业化、生产集约化和产品规格化标准化""解决三农问题的关键是把生产型农业转变为经营型农业"……这些理念已经对我国食品领域、农业领域产生了很大的影响。

(原载《中国农大校报·新视线》2012 年 4 月 25 日)

诺贝尔奖得主：
杨振宁在农大

□欧阳永志 朱丹 孙安东

对话学子，年轻人要敢闯敢干

口若悬河，思维敏捷，表达清晰，在近两个小时的报告中，居然没有喝过一口水，没有长时间停顿过讲话……

2012 年 4 月 18 日下午，90 岁老人杨振宁在中国农业大学名家论坛上的状态，让师生们为之肃然起敬。

在这场以"我的学习与研究经历"为主题的演讲中，杨振宁对科学的尊重与热忱，对物理学执着的劲头深深感染了在场师生，赢得了一次次长时间、热烈的掌声。

年轻人要敢闯敢干

谈起科学研究，杨振宁说，科学研究不仅要敢于质疑，还需要猛闯精神。尤其是年轻人要天不怕地不怕，要相信自己的直觉，选好自己的方向，坚持不懈地做下去。"'兴趣——准备——突破'是科研工作必须经过的三部曲。首先要对某一领域有兴趣，兴趣是最好的老师。有了兴趣，才有动力去查阅资料，开展调研，这是准备的过程，然后再找到一个突破口，一举成功。"杨振宁说："外来的信息如果能够融入个人脑子里面的软件之中，就可能会'情有独钟'，有继续发展的可能，像是一粒小种子，如再有好土壤、有阳光、有水，就可能发展成一种偏好，可以使这个人喜欢去钻研某类问题，喜欢向哪些方向去做准备工作，如果再幸运的话，也就可能发展出一个突破口，而最后开花结果。"

要注重与他人合作

杨振宁的研究许多都是和他人一起合作进行的。罗伯特·米尔斯、泰勒、恩芮科·费米、李政道等科学家都与杨振宁有密切的合作，其中，泰勒、费米既是导师，又是合作伙伴。"合作有很多的好处，因为你知道你在讨论一个问题，有时候走不通了，你的想法都走不通了，那个时候假如另外有一个人跟你讨论讨论，问你几个问题，或者想出来一个新的方向，于是你就又起劲了，这是很重要的一个研究的途径。"杨振宁说。

"和同学的讨论是极好的深入学习的机会。"杨振宁说，要善于表达、勇于表达，即使是错误观点。在西南联大时,他与黄昆(半导体物理学家,获2001年度国家最高科学技术奖)、张守廉(电机工程专家)同住一室,他们经常到茶馆叫上一杯茶,讨论一下午物理。有一次对关于量子力学中"测量"的准确意义的争论,他们各自都有观点,一直争论到晚上回到寝室,关了电灯,上了床以后,辩论仍然没有停止。最后三人都从床上爬起来,点亮了蜡烛,翻看沃纳·海森堡的《量子论的物理原理》来调解辩论。杨振宁说:"与黄昆和张守廉的辩论,以及我自己成为教授以后的多年经验,都告诉我,和同学讨论是极好的真正学习的机会。"

要学会渗透性学习

"中国的学生喜欢在书中寻找答案,注重从理论推演现实,外国人喜欢先从现实中去总结理论",杨振宁说,他曾到国内很多高校访问,发现学生教材全是关于"四大力学"的理论,学生研究积极性被局限于其中,"中国大学生太专研于书籍,好思考别人的结论,忽略了一些新现象的出现。"

在国外时,杨振宁建议中国学生去听学校的大讨论,学生不去,理由是听不懂。杨振宁说,外国人即使不太有把握的观点,他们也都会说出来,而中国人只有自己有把握的才会表述或者去钻研,其实"知之为知之,不知为不知,是知也"这句古训不够,还要学会渗透性地学习,敢于表达和创新。

确定目标不轻言放弃

1945年,杨振宁作为清华大学最后一届留美公费生到了芝加哥大学攻读博士。他的研究经历也不是一帆风顺的。

"研究生找题目感到沮丧是极普遍的现象",杨振宁说,1946年初,他成为著名物理学家泰勒的研究生,导师给了一个题目让他写成一篇文章。他花了很长时间,写来写去始终觉得不能完全掌握方法,直到写不下去了,泰勒又给了他另外一个题目去做,最终结果都不理想。

1946年秋天,杨振宁去做核试验物理学家艾里逊教授的研究生,一度也没有起色。1947年,他曾用"Disillusioned"(希望破灭)来描述当时的心情。直到第四个题目得出了几个漂亮的定理,他的研究才又重新出现了转机。

在做这个题目时,杨振宁推导出了几个很漂亮的定理,写了一篇小论文,经过丰富完善后,阐述了享誉全球的"临界指数",后来的延伸研究则获得了诺贝尔奖。杨振宁说,物理中的难题,往往不能一举完全解决,把问题扩大,往往会引导出很好的新发展方向。"一个观点行不通,可以研究其余观点,年轻人不要害怕,如果你做学习研究遇到苦闷的话,是不是可以思考在总方针上做出修正。"

俯身倾听,大师风范感动师生

17时17分,中国农业大学曾宪梓报告厅沸腾了:讲台上,90岁高龄的杨振宁,起身离开座椅,缓步走到台前,弯腰倾听台下女生的提问;讲台下,目睹这一幕的1200多名学子,看呆了,几秒沉静之后,报以雷鸣般的掌声。

名家风范震撼学子

主题报告结束后,同学们迫不及待地举手提问。主持人将第一个机会给了台下席地而坐的一名女生。人太多,工作人员还未来得及将麦克风传递到她手上,她已经急切地开始提问了。谁也没想到的是,上场时被搀扶着走上讲台的杨振宁,缓缓起身,一步一步挪到台前,弯下身子想听清楚这名女生在问什么。

这一举动震惊所有在场的学生。"天哪! 杨老师太让人感动了!"水院李笑秋同学看到这一幕,情不自禁地惊呼,"大师就是大师!"

"真是太震撼了! 名家的品德和风范,让我们受益匪浅。"国际经济与贸易专业大二学生袁野如是说。

开拓视野启迪人生

听了报告,中国农业大学党委书记瞿振元感觉"非常朴实、真切、深刻",他说:"相信杨振宁老先生总结的深刻的人生哲理和科学的学习、研究方法一定会给同学们带来全新的启发和帮助。"

虽然所学专业和杨振宁不同,但很多东西都对自己有所启发。农学院的王同学说,"我们在学习中似乎更多是被动接受。我们可能更需要一个提出问题并找出解决措施的过程,也许会出错,但探索和纠正的过程就是一种提高。"

"我对杨振宁先生讲的'渗透性学习'印象深刻,生活处处可学习,不必拘泥于形式!"经济管理学院大一学生郭斯华说,希望多请名家来学校,以更好地让同学们开拓视野,启迪人生。

科研创新带来启示

杨振宁严谨的科学精神、执着的研究劲头、注重与别人合作等,都让农业信息化专业研究生孙周亭深受启发。他说,在今后的学习和研究中,将会更加尊重身边的同学,加强与同学们的学术沟通与讨论,以弥补自己的不足。

岳安志已经在读博士三年级了,他在过道上听完了报告。"我很受启发,我们要善于与他人讨论交流,要学会从现象去探讨理论,而不能全是结合理论去研究现象。"

"希望杨老所讲述的科研氛围和科研思路,可以影响更多科研新生力量,为推动中国科研的发展尽一份力。"经济管理学院张同学如是说。

(原载《中国农大校报·新视线》2012 年 4 月 25 日)

全国人大代表:
创业博士马瑞强

□王海珍 钟青

2013 年,马瑞强整整三十岁了。古人说,三十而立。他做到了。

这一年,马瑞强当选为第十二届全国人大代表,他的"水果玉米"品种种植项目也开始初见效益。

2015 年全国两会期间,马瑞强把自己种植的玉米带到了会场,引起各方关注,成为"水果玉米"最好的代言人。

回乡创业的博士

带着金丝边眼镜的马瑞强身上还有一股书生气。他是中国农业大学微生物学博士,毕业后,顺利进入一家央企,在北京捧到令人羡慕的"铁饭碗"。可是,上班后不久,他却开始琢磨回乡创业,经过一番慎重考虑,他最终下定决心,回乡种玉米。

他的决定引起了周围人很多不解。尤其是父母,看着自己辛辛苦苦引以为傲的儿子考上大学,鲤鱼跃龙门,没想到,寒窗十余载读完博士后,又要回家当农民;他的领导也对他说,想回去就回去试试,如果做得不顺,可以随时再回来。他却吃了秤砣,铁了心,一心想要在农村干出一番事业来。

"作为一名农民的儿子,我真的是喜欢农业,热爱农业。"马瑞强说,这是自己选择"回乡种地"的最大原因。"此外,农村老龄化、空心化等现象日益严重,农村的很多事情,确实需要有人去做。"除了这份担当,促使其回乡创业的还有一些现实因素,他分析说:"近年来,国家对农业的投入越来越大,农业方面本身的机会也越来越多。"

选择回乡创业,马瑞强也是有底气的。他对农业技术种植及推广经验丰富。马瑞强自2005 年进入中国农业大学读研究生到 2010 年博士毕业,一直在寻找自己的方向,一直在寻找适合农村、反哺家乡的农业项目。2007 年,应中国农业大学国家玉米改良中心要求,他负责北京、内蒙古等地"水果玉米"新品种推广工作,主要从事水果玉米的种植技术指导、销售、物流等方面的工作。在繁忙的推广工作之余,马瑞强开始思考,水果玉米作为一种兼具高度观赏价值和经济效益的农产品,与普通玉米和水果相比,具备含糖量高、口味好、营养价值高且易于吸收等诸多优势,在试点推广地区也都取得了不错的经济社会效益,如果这种优势农产品可以在家乡落地生根,是不是能为广大父老乡亲找到一条新的增收致富之路呢?

作为一名农家子弟,马瑞强深知,内蒙古地广人稀,是国家推广土地流转的试验区,而家乡巴彦淖尔就坐落在有着"塞上粮仓"美誉的河套平原。那里土壤肥沃,农田水利基础设施完备,日照时间长,昼夜温差大,特别有利于高糖作物的种植,拥有甜菜、西瓜等诸多明星产品,肯定也适合水果玉米的种植,如果能将水果玉米在家乡推广种植,并辅之以良好的物流、销售环节,预期回报必然可观。

研究推广水果玉米这个念头一冒出来,强烈的创业欲望使他马上付诸行动。2009 年春,马瑞强在自己家的地里辟出了 7 亩多的试验田,种下了水果玉米,之后一边继续学业,一边远程指导、监控水果玉米的种植和销售,在家人的支持与帮助下,试验取得圆满成功,亩产量及收入均高于普通饲料玉米,当年 40% 的产出被当地的超市和商场购买,其余都销往外地,在市场上广受好评,这进一步激发了马瑞强推广种植水果玉米、让乡亲们和更多的人受益的决心。

2010 年 10 月,马瑞强回到家乡巴彦淖尔市乌拉特中旗,发起成立了"内蒙古乌拉特中旗马瑞强水果玉米专业合作社",开始了艰辛的创业之路。

合作社成立之初,经历了重重考验,基本上创业路上的所能遇到的困难,他都遇到过:资金困难、信息不对称、农民不接受等问题为这次创业蒙上了层层的迷雾,外人的冷眼旁观、家人的怀疑动摇……这是考验自己耐力的时候,马瑞强坚信自己选择的道路。

为了尽快打开局面,马瑞强在巩固合作社已有规模的基础上,自己出资不断加强水果玉米的对外宣传,帮助广大农民认识水果玉米的优势,转变思想观念。也正是这些宣传,为合作社跨越发展带来了新的转机,他的合作社开始发展壮大。

"青年创业很有希望"

如今看来,马瑞强抓住了机会,在短短三年时间内,将他所带回去的技术,落地种植,并取得一定的经济效益和社会效益。可是,这成功背后的辛酸,却并非一言两语能概括完的。

创业路上危机多,还好,一路走过来了。如今的马瑞强,也很少去说:自己蹲在农田里观察苗树生长的状况,坏天气来袭时的担忧,以及一个人扛着重达几十公斤玉米棒来来回回的场景。

"我对共青团还是很有感情的。"马瑞强印象深刻的是,团组织给予他创业的帮扶。2010 年底,经乌加河镇团委推荐,乌中旗团委审核把关后,将马瑞强的合作社基本情况与扶持计划汇报给团市委,市、旗两级团组织从共青团扶持青年就业创业工作和"两新"组织团建的角度出发,决定把合作社列为 2011 年度全市及乌中旗重点创业扶持单位,采取以"一对一"帮扶的方式,解决合作社发展中存在的问题和困难,助推合作社加速发展。很快,合作社实现了由家庭作坊式到规模化、产业化的转变,跨入当地农牧民专业合作社的前列。

站在家后面的小山坡上,看着郁郁葱葱的玉米地,马瑞强更加清楚地认识到,"水果玉米鲜穗销售""水果玉米深加工""水果玉米农家采摘园"的发展路径已然铺就,400 亩、4000 亩、40000 亩的发展前景催人奋进,前路一片光明。

"我现在还是我们镇编外的团委副书记,"马瑞强笑着说,"团组织对我们创业帮助还是很大的。"

得知自己当选全国人大代表是在 2012 年年底。一开始,马瑞强还是有点吃惊,不过,很快吃惊转变为压力,继而压力成为动力。"既然作为一名全国人大代表,就有必要为我们所代表的人民发出声音,"马瑞强说,"我们一个人代表 67 万人呢,如果我不发声,那就相当于 67 万人沉默。"

青年就业一直以来都是备受青年、社会和国家关注的热点话题。2015 年两会期间,马瑞强表示,"青年创业很有希望"。

马瑞强认为,现在亟须解决的是观念问题。国家和社会在政策和氛围上为青年创业营造了很好的条件。客观环境的改善对于青年创业是一个很好的推动,但主要的还是青年自身择业就业的观念。在他眼里,创业也很体面,为社会创造财富的同时,带动更多人就业。

"到农村创业才能出成绩",从博士毕业手捧央企"铁饭碗"到回老家种玉米,马瑞强没有遗憾而是意气风发,他呼唤更多小伙伴搭上这班开往"创业春天"的"列车","现在的政策比我创业的时候还要好。"马瑞强打算继续种玉米,"每亩地挣上 200 块,种上 15 万亩地,这样利润 3000 万,我就可以上市了。"

在谈到现在毕业生扎堆报考公务员的现象时,马瑞强表示,"社会的价值是企业创造的,要通过创业来实现。公务员是社会资源的管理者,并不是财富的创造者,所以,企业才是创造价值的主体。营造社会的创业创新环境,对国家来说是很有希望的事情。"

马瑞强回忆起创业时的艰辛,表示"一个人做一件事有一万个理由,不想做一件事也有一万个理由"。他说,抉择过程中对自己最初想法的坚持很重要,不是只有条件成熟了才能去创业。创业就是一个从无到有的过程。

(原载《中国农大校报·新视线》2015 年 3 月 15 日)

玉米改变的人生：
杨天龙的奋斗

□何志勇

> "要有一颗坚持下去的恒心，无论多大的困难都要坚持下去，相信自己的选择，一直要坚持下去，你才可能成功，因为成功有可能在下一个拐弯的地方，如果你不走，拐不了弯，你永远看不到它。"
>
> ——杨天龙

"我长大了要当科学家，发明一种只用收不用种的庄稼。"1987年的一天，看着大人们劳累的身影，甘肃榆中小山村玉米地旁这个小男孩稚趣的想象，多少博得了庄稼汉们开心一笑。

今天，这个当年天真的男孩，正在用自己所学科学技术和营销理念，帮助家乡的农民朋友们增收致富。

他叫杨天龙，中国农业大学农学院2008届毕业生，他说："我喜欢土地，我喜欢在土地上做一些实实在在的事情。"

他正在做的事情是：种玉米。

一根小小的玉米，正在改变着他的人生，也影响着周围农民朋友的生活。

玉米新经

玉米是我国播种面积最大的粮食作物之一，在西部甘肃也广泛种植。但多年来，在这里的玉米种植却一直面临着投入大，收获少的尴尬境地。

但在2011年7月甘肃榆中三角城乡许家窑社的一场"水果玉米采摘节"上，一根小小的玉米却卖到了8元钱，虽然价格比普通玉米高出三四倍，却依然供不应求，不到两天就被前来采摘的市民买走了上万根。

这场"水果玉米采摘节"的导演就是杨天龙。

杨天龙的"玉米新经"要追溯到2006年，这年寒假，杨天龙从学校带回家一些玉米种子，在自家地头试种。

"甜，很甜，而且这种玉米像水果一样，从玉米秆上掰下来，剥了皮就能生吃。"收获季节,杨天龙异常惊喜:"这个发现,颠覆了我对玉米的看法。"一个创业的火花,在他的脑海里荡起涟漪。

2007年,杨天龙家里的八分地全部种植了这种美味的水果玉米。成熟后,他让堂弟拿一部分到镇子上去卖,十几根玉米竟卖了20多元钱,甚至有一根玉米单价竟然卖出了5元钱。

2008年,杨天龙在榆中县种植3亩水果玉米。不仅赚了钱,还接到了第二年的订单。

杨天龙尝到了水果玉米的甜头。2008年,大学毕业后的杨天龙回到家乡,他决心"写"出一篇玉米大文章。12月,他联系当地农民成立了水果玉米专业合作社,种植100亩高端"中美国玉"水果玉米。第二年,这种水果玉米在兰州市场试销,比普通的鲜食玉米价格高出四五倍依然备受欢迎。

2009年10月,杨天龙与合作伙伴共同注册成立了甘肃中美国玉水果玉米科技开发有限公司。他开始尝试以"公司+农户"的产销模式,发挥专业合作社的优势,带领家乡农户种植水果玉米。

为了把玉米卖出去,公司在全国15个省(自治区、直辖市)联系了近30家合作单位,把水果玉米送进了上海、杭州等东部、沿海地区的大型超市,送到了大都市的餐桌上。

"上市后的鲜食水果玉米有10%出口海外。"杨天龙介绍说,如今,新加坡、马来西亚、日本等国都有订单。

种植水果玉米的农民也尝到了甜头。"每亩毛利近3000元,除去种料、人工等成本,纯利润能达到2000元/亩,比种普通玉米收入多出一倍多。"2011年秋天,榆中县三角城许家窑社村民许大爷家十几亩水果玉米获得了好收成,他乐开了花:"明年我要多种些。"

如今,中美国玉水果玉米在这片肥沃的土壤上已结出了丰硕的果实。从8户农民到1800户,从最初的3亩发展到1.4万多亩,中美国玉水果玉米种植地区从榆中扩展到内蒙古、云南、重庆等全国20多个省(自治区、直辖市),甚至种植到了雪域高原西藏的林芝地区,还走出国门远赴泰国。

爱心之路

"我是可以生吃的玉米"——微笑的玉米棒子上写着这样一句话,翻开宣传彩页,又有一段温馨提示:"每销售一根水果玉米将有0.1元捐助给协进爱心助学会,用于帮助西部贫困中小学生完成学业"。

如果你认为这只是一个促销的噱头,那你就错了。

协进爱心助学会是杨天龙在中国农业大学上大二时成立的一个学生社团,依靠北京各高校大学生力量资助了很多西部的中小学生。毕业后,他继续坚持做这项公益事业,他尝试把商业和公益结合起来:更好地做公益,做有社会责任心的商人。

  2005 年岁末,在班主任严建兵及农学院植物 040 班同学的支持下,杨天龙发起成立协进爱心助学会。在之后的一年时间里,团队成员深入西部数省贫困地区考察调研贫困中小学生的学习生活情况,并进行义务支教、建立农村书屋、募集助学资金。在校期间,有 100 多名贫困中小学生受到协进爱心助学会资助,总受助金额 20 多万元。

  "也许我们的力量还不够强大,也许我们还不能从根本上解决他们的困难。"杨天龙从小在农村长大,他了解农村的疾苦,"我们希望能用实际行动为他们撑起一片天空,给他们继续奋斗的信心和勇气"。

  "今天是学校报名的日子,也是发放守望奖学金的日子。"点击协进爱心助学会网页,2011 年 "第九期守望奖学金发放报告"显示:10 名同学,每人获得了一本课外读物、一个精装笔记本、一支签字笔、一封守望的信以及 1000 元奖学金。

  "志愿者杨天龙"还写下了这样一段文字:"奖学金发放完毕后,有个获奖的同学问我这些资金的来源,我告诉他,这是些很远方的大哥哥大姐姐们给你们的心意,他们甚至没有留下自己姓名。他们希望你们能记住这是远方的一个祝福、一份心意、一份守望。将来,在你们学有所成,能为社会做贡献的时候,能怀着一颗感恩社会的心去回报社会,回报社会上需要帮助的人。"

  杨天龙,2005 年 12 月,在中国农业大学学习期间成立协进爱心助学会。2008 年 6 月,毕业于中国农业大学种子科学与工程专业。同年 12 月,成立榆中国玉金香水果玉米产销专业合作社。2009 年 10 月,成立甘肃中美国玉水果玉米科技开发有限公司。2011 年 2 月,荣获"榆中种养加·榆中吉尼斯——水果玉米种植引领人"称号。2012 年 2 月,荣获"甘肃农村青年致富带头人标兵"称号。

(原载《中国农大校报·新视线》2012 年 3 月 10 日)

廖崴：
找到隐形的翅膀……

□何志勇

2009年9月，年仅13岁的廖崴以563分的成绩考上了中国农业大学，立即引起了社会的关注，一时间"天才少年""神童"的美誉伴随着廖崴单薄的身影出现在各种媒体。

时间不长，廖崴的大学景况，却并不如大多数人想象中那么乐观——"成绩进入年级倒数20""何以'神童'褪色？"——入学刚过半年，媒体却又发出了这样的疑问。

从此，在读者的叹惋声中，"神童"似乎再无消息。2016年岁末，廖崴平静地讲述了这八年过往的时光——

翱翔

刚刚进入中国农业大学，13岁的廖崴就引来一片关注的目光。

2009年9月2日，他穿着墨绿色的短裤和迷彩凉鞋，在父母的陪伴下到学校报到。

这一天，廖崴成了媒体关注的目标。他告诉媒体记者，自己的理想是当科学家。他计划两年修完农大学分，然后考硕士研究生，然后再用两年时间读博士，用三年时间读博士后。

此时，廖崴的喜悦是单纯的，也是发自内心的。

1996年，廖崴出生在贵州省大方县兴隆乡的一个普通乡村家庭。他出生时，父亲在乡农业服务站工作，母亲务农。

廖崴从小就表现出惊人的记忆力，"唐诗，读两三遍就能记住，3岁时就能背几百首唐诗了。"5岁时，父母将他送进了村办小学。在学校，廖崴的成绩一直名列前茅。后来，老师按部就班的教学计划已经远远不能满足他的知识需求。课堂上，廖崴还经常给老师出"难题"，有时让老师都觉得"自愧不如"。由于表现超常，在老师的支持下，他连连跳级。6年的小学课程，他读了两年半。

从小学到高中，每次考试，廖崴的成绩总是在班里名列前茅。在中学期间，廖崴在全省数学竞赛中拿过一等奖，获得过全国数学奥林匹克竞赛三等奖，还连续三年都获得学校颁发的奖学金。

尽管成绩好，但是，小廖崴在学习上花的时间却比别人少，就连上高中时，晚上也从不熬夜学习。说起儿子的学习秘诀，母亲认为主要是儿子"智商高，有天赋"。

因为家庭经济情况并不宽裕，母亲边打工边照顾他。"别看他年纪小，但从小就很懂事。"在母亲的回忆里，廖崴从不向家长要零花钱。来到中国农业大学，第一次在食堂打饭，廖崴不舍得花太多钱，只打了一份菜。"小小年纪，正是长身体的时候。"家里担心他舍不得吃饭，营养跟不上。

而在入学前的那段时间，母亲担心的可不止这些。从接到录取通知书开始犯愁：一年学费要 6000 元，家里根本拿不出这笔钱。

接连几天，母亲带着儿子四处借钱，但筹集到的钱，也是杯水车薪。当母亲愁容满面的时候，廖崴却在一旁说："妈，再借不到钱，干脆我们走路去北京，或者骑自行车去？"在母亲眼里，"他根本就还是个孩子。"

虽然年龄小，这却是廖崴经历的第二次高考，2008 年的时候，12 岁的他已经参加过高考，取得了 400 多分的成绩。时隔一年，13 岁的廖崴以 563 分的成绩考上中国农业大学，就读理学院化学系。

由于家庭经济困难，学校按照国家政策免去了廖崴第一年的所有学杂费。

因为廖崴年龄太小的特殊情况，学校为他的父亲在学校安排教学楼值班的工作，便于他边工作边照顾孩子。

一切似乎都好了起来。

折翅

媒体的热度很快就退去，廖崴从未经历的大学新生活开始了。

入学报到第二天，廖崴与全校 3369 名本科新同学一起，穿越"老校门"，走进体育馆，唱起农大校歌，迎来了自己的大学开学典礼。

"在全国 1000 多万考生中，你们属于最优秀的 1%。"开学典礼上，校长柯炳生寄语每一位新生："我希望，每一个同学都能有一双隐形的翅膀。这双翅膀，就是勤奋和理想。"

勤奋学习、勤奋思考、勤奋实践，这是校长柯炳生希望同学们记住的"三个勤奋"，他还特别提出三点告诫："第一，不要沉迷于网络；第二，不要冲动浮躁；第三，要学会感恩和宽容。"

就在一天前的新生报到现场，童心未泯的廖崴一见到校长柯炳生，就一边伸出手去和他握手，一边说道："幸会，幸会！"校长乐了，一下子把他抱了起来，问道："为什么报考农大？"廖崴一点也不怯场，大声回答："因为农大好呗！"

而开学典礼这天，偌大的体育馆里，身高 1.41 米、体重 34 公斤的廖崴，单薄的身影淹没在人海。

"他年龄太小了，不太会照顾自己……"母亲离开儿子时，有些不放心地哭了。看到妈妈流泪,廖崴说:"你哭什么啊! 这样很丢我的脸哎!"

如今,廖崴才发现八年前,妈妈的担忧并非多余。

"因为年龄比较小, 在生活和情感上和同学之间的差异还是很多, 和他们聊天、说话,都不在一个层次上。"回想大一的生活,廖崴说,那时的状况是:"别人说的东西,我不懂;我说的东西,别人不愿意听。"

"我还像一个小学生,说话也不太注意,也不会考虑别人的感受。"时间久了,廖崴与同学们在交流上就出现了困难。

大学的多彩生活,让廖崴目不暇接。他一下子报名参加了七八个社团,最终却因为"懒",没有一个坚持下来。

在课堂上,廖崴也有些不适应。"上课总不听话,态度不认真,老是爱在课堂上嘻嘻哈哈的,偶尔还会突然跑出教室去。"在老师眼里,廖崴的心性上基本上还是中学生的水平。

"过去,有老师和家长管着我,到了大学突然没有人管了。"廖崴感觉在那段时间"不适应的东西太多了。"

入学时,英语分班摸底测试,廖崴的分数是全年级倒数第一名。

期中考试后,廖崴的无机化学只考了 33 分,名列班上倒数第一名。

"入学时的'风光',自己多少还是有些'受用'的,小孩子嘛,都喜欢被肯定和赞扬。"但后来,这样的反差,让廖崴有些不知所措。极度失落,带来了极不自信。而与同学们的交流也越来越少,他慢慢就转入了网络的虚拟世界——在这里,是自由自在的。

在中学时,廖崴就喜欢玩游戏。过去,在家长和老师的管束中,他可以控制时间,不会去影响正常的学习和生活,但这一次,他坠入了深渊。

一直到大二,廖崴一直沉溺在"自己的世界"里。

转眼间,廖崴在大学里已度过了两年时光,学习成绩一落千丈。媒体对廖崴的关注,"画风"也完全变了——

"成绩?""很差!"

"差到什么程度?""反正排名倒着数!"

"你要问我怎么过的,就是玩呗!"

少不更事,让初进大学校园的廖崴,很快迷失了自我。贪玩,让他在网络游戏里越陷越深,有时泡在学校附近的网吧里,干脆连课也不上,原因就是"听不懂"。

"挂了十几二十科,到了勒令退学的边缘。"两年的大学生活,廖崴从"天空"坠落"深渊"。"没收"笔记本电脑、谈话交心、个别辅导……老师们和家长想尽各种办法,却收效甚微。2011 年 6 月,"恨铁不成钢"的父亲留下一封信后,离开校园:"值此期间,尔所作所为,为父甚是惋惜,虽有和风细雨的劝学和凌言厉色的训斥,然汝不以为然,或良辰熟睡,或静夜网聊,诸多不是……"在信中,父亲难掩失望之情,也期待孩子迷途知返。

现实中的不如意,廖崴沉浸在游戏中似乎得到了慰藉。

转折

廖崴大学生涯的转折发生在 2011 年,让他走出困境的是"转专业"。

2011 年,中国农业大学本科生自由转专业新政策正式出台。此前,学校原有的转专业政策虽然相对比较宽松,每年都可有近 10%的一年级同学成功转专业,但在实际操作中也暴露出了一些问题,如在原专业学习成绩较差的学生无法报名、无法转专业;二年级学生无法转专业;热门专业接收数量少与报名人数多的矛盾等。这些矛盾引起了学校的重视。校长柯炳生的想法是:"让学生学其所长,学其所爱。而兴趣,是创新型人才培养的最基本的基础;每个学生最擅长学的专业,就是对该学生来说最好的专业。"

"学其所爱、学其所长",在这种理念的指导下,中国农业大学教务部门、学院以及教学专家做了一系列细致工作,形成了新的转专业政策。新政策主要有五个方面的变化,其中包括:不再设立转专业报名限制,允许填报多个学院和专业,允许学生有多次转专业机会,加强对学生转专业的引导工作。

大二结束的时候,廖崴几乎所有科目一路挂红,已经到了退学的边缘,新的转专业制度给他打开了另一扇希望之门。

校长柯炳生一直在关注着这个特殊学生的成长,多次通过教务部门了解廖崴的情况。学校教务部门也多次与廖崴及其家长沟通协调。新的转专业制度出台后,有关老师跟廖崴进行了深入谈话,老师们建议说:"退学太可惜了,最好转个专业,可以考虑从大一重新读起,学业上也没有压力,心里也不会有阴影。"

"好多老师都找我谈了话,也找了我的家长交流。"回想起那段难堪的时光,廖崴的眉头稍蹙。

后来,廖崴接受了"转专业"的建议。2011 年 9 月 18 日,他从理学院 2009 级化学 093 班转入信息与电气工程学院 2011 级信电 111 班。

仍然对儿子放不下心的母亲,再一次来到学校开始了新一轮的"陪读"生活。

新的专业,新的生活,似乎让廖崴彻底告别了过去,让经历了两年"混沌"的他也逐渐开始"懂事",终于"顿悟"了!

"觉得再那样下去,自己都有点瞧不起自己了。"廖崴开始有了反思,"既然老师和家长为我做出了那么多努力,我也不能让他们的付出都给毁了。""每一个年轻人心里都有一个'黑客梦'吧。"新的专业也让廖崴产生了浓厚的兴趣,"希望自己成为网络信息世界里叱咤风云的人物。"

在新的专业学习半年后,看到儿子的学习、生活都走上了正常轨道,母亲终于安心离开了。

这一次,"天生贪玩"的廖崴走出了网络游戏的泥沼。

2015 年 6 月,在中国农业大学度过了六个春秋,廖崴终于顺利本科毕业。

未来

"自由转专业政策和老师对我的关心爱护拯救了我",回想在中国农业大学生活学习的八年时光,廖崴坦言:"在即将面临人生崩溃边缘的时候,老师和同学们把我的人生轨迹重新拉了回来!"

"我现在的梦想,没有以前那么强烈",2016年岁末,坐在记者对面的廖崴朝气蓬勃,脸上已经多了几分成熟。此时,他已考上中国农业大学计算机科学与技术专业研究生,他少了些"稚气",少了些"轻狂",坚定的言语中却珍惜着一切。

"第一,尽量掌握自己的兴趣爱好;第二,多交朋友。"这八年时光,也让廖崴有了这样希望与学弟、学妹"引以为戒"的"亲身感受":"如果你不能和周围的人交流好,你就会很空虚,很难过,如果你又对学习没有兴趣,不能自觉地学习,就会很容易误入歧途。"

"当你融入同学们中去,他们会邀请你一起活动,一些学习,你就会变得充实。"

"学校不仅'拯救'了我,还教会了我很多东西。让我在学习上、生活上、情感上,都完成了一次巨大的蜕变!"廖崴说:"15岁以后的我,一直到未来,我对中国农大都会怀有感恩的心!"

廖崴的心里,还一直感激着一个人。

"校长比以前老了些,八年前的校长很年轻,很帅气。"2016年岁末,廖崴与校长柯炳生又一次交谈,这一次廖崴感觉自己没有辜负校长的"白发"和期望,"其实不只是对我,同学们都感觉到校长和学校领导们对大家都非常关心。"

2016年8月,中国农业大学体育馆里,又一批新同学的大学生活正式开始。

校长柯炳生在欢迎新同学的讲话中,又一次向大家介绍了"转专业",他说,学校坚信这样的理念:让每个学生都学其所长、学其所爱,是因材施教的要求,是培养创新型人才的要求,更是以生为本的基本体现。

而这项政策自2011年实行以来,每年有10%~15%的学生转换了专业,转到了自己最喜欢学的或者比较喜欢学的专业。自由转专业政策意味着,在中国农大,每个同学,都能够学到最好的专业!

……

时光回到八年前,廖崴坐在体育馆里,校长正在讲着话——"我希望,每一个同学都能有一双隐形的翅膀。这双隐形的翅膀,将带着你们在成长成才的旅程中飞翔,带着你们飞向成功,飞向幸福,飞向辉煌。"

廖崴感觉自己很幸运——

用了八年时光,在中国农业大学,他找到了那双隐形的翅膀……

(原载《中国农大校报》、微信公众号"CAU新视线"2017年3月11日)

校园记录者

走过十年更奋蹄

□宁秋娅

　　秋叶飘落，遍地金黄，在党的十八大召开之际，我们迎来了中国农业大学新闻网成立十周年这一具有纪念意义的日子。在接受诸多美好祝福的同时，我们更要真诚地向长期爱护、关心、支持新闻网发展的领导、专家，向给予新闻网以厚爱的全体师生、广大校友以及社会各界人士致以诚挚的谢意！

　　忆往昔，峥嵘岁月稠。作为农大人，我见证了新闻网的诞生和发展。我还清楚地记得，2002年9月，新闻网开通时自己的兴奋心情，"手握鼠标器，坐知学校事"。2006年，我由阅读者成为运行管理者，与我的同事们一起，为这个网忙着、累着、快乐着。这段时光留给我的是难忘的记忆：2006年元旦晚会，我年轻的同事们、可爱的大学生记者们在冬天露天广场忙碌着，晚会结束已近凌晨一点，他们中不少晚饭也没顾上吃，食堂师傅送来的热腾腾水饺早已经凉了，当陈章良校长来电话让我转达问候时，大家的心里暖暖的；本科教学水平评估的时候，我和我的团队就像上满弦的陀螺，50岁的郑培爱老师和年轻人一起陪着检查组跑校园、跑场站，没人叫苦叫累；世青赛、奥运会，学校筹办全程都在新闻网上展示，那些新闻专题背后是一群人的接力付出，大家记录着别人的感人故事，自己的故事却隐在别人的故事背后。2008年以来，学校更是大事、喜事不断：2008年学校第二次党代会确立了内涵式发展，加快建设世界一流农业大学目标；2009年胡锦涛总书记来农大视察让我们欣欣鼓舞，《重托·使命》记录了师生的心声；2010年的争先创优活动、2011年的新一轮本科生教育教学改革、2012年习近平同志来校参加全国科普日……当我打开新闻专题，那一幕幕都在眼前浮现。

　　新闻网走过十年，取得了辉煌的成绩，日平均浏览次数达84000多次，吸住了师生的眼球，为学校发展注入了精神，提供了动力，我们的团队伴随新闻网的发展也在不断成长成熟。这支队伍先后获得"学校优秀党支部""北京市第十届思想政治工作优秀单位""北京市纪念建党90周年宣传工作先进集体"等荣誉称号。

　　作为这个团队的班长，我是幸运者，因为有几任校领导的关心、指导，有前任打下的良好基础，更有好的团队和广大师生的支持。校园传媒人的命运从来都是与学校发展紧密联系在一起的——校荣我荣，没有学校的发展就没有个人价值的实现。赶上了国家和学校大发展的好时候，我们的工作才更有内容、更有视野、更有境界。

走过十年，今天已进入全媒体时代，新闻网的吸引力如何能一如既往？走过十年，师生也会有审美疲劳，新闻网的魅力如何能历久弥新？走过十年，人们的思想更加多元，新闻网的思想引领如何更具影响力？……这些都需要我们认真思考总结，更需要不断探索创新。走过十年，又一个新的起点，只有更奋蹄，才能不辱使命，不负众望，才能算一个合格的校园传媒人。

在跨越历史，走向未来的征程中，农大新闻网将继续紧紧围绕学校中心工作，按照十八大要求，"唱响网上主旋律"，进一步开拓进取，做好新闻宣传，为学校"十二五"规划的实施，努力为早日实现"建设世界一流农业大学"的目标作出新的贡献。

（原载《中国农大校报·新视线》2012 年 11 月 10 日）

岁月甘苦也寻常

——关于农大新闻网的"前缘旧梦"

□桂银生

时间如水般匆匆流过，老实说，如果没有中国农业大学新闻中心同志的约稿，我早已将当年"创建"新闻中心和新闻网的经历封存于脑海，并且不再会提起。

不是自己有多么健忘，主要原因还是这个世界变化太快，而互联网——这个人类历史上最伟大的发明之一，更加剧了这个世界的进化进程，并网罗了我们于其中，生活节奏跟着加快，每天要处理的信息量陡然增加，上个月的事情已经宛如过眼云烟，更何况自己已经离开新闻网，离开新闻中心五年多了。这五年来，屁股坐在新的岗位，新的责任，决定着脑袋已经无暇顾及新闻网近几年来如何发展壮大，向着更加规范的校园媒体迈进。

说不了新闻网的"今生"，那就聊聊它"前世"吧，聊聊在那些激情涌动的岁月里曾经的热情与梦想。

一

打开这张鲜绿的学校主页，和另一张淡蓝色的新闻网，一切还保持着十年前制作时的模样。这"两张网"是一个相互依存的整体，如果单说新闻网而不提学校主页，是不完整的。今天看来，在全国众多高校的网站中，这两张网已经不显出色，某些方面甚至有落伍之态，但在数年以前，这两个互嵌的网站，还多少有一些"为天下风气先"的意思。

时间似乎可推至世纪之交，互联网大潮席卷全球，1999年开始的网络经济泡沫的破灭，并没有阻挡网络时代的大潮，没有挡住各行各业纷纷上网占坑的脚步。作为当时正在某研究生院新闻系读书的报刊采编，我无法不把目光投向这个新兴的、对传统媒体具有某种颠覆性的媒体新生儿。那时传统的官方"主流媒体"还没有唱响网络版，但商业新闻媒体已经初具规模。我们为什么不尝试一下建立网上新闻宣传的校园新媒体呢？而那时得益于主持东区党委宣传部（两校区尚未实质合并）的一点点"权力"，说干就能干，找了两个学生帮忙做后台系统，自己负责栏目设计，部内仅有两名的老师搭帮配合，于是，2001年4月，在那个春暖花开的季节，一个被称为"新闻网"的网站雏形就开始了丫丫学步。

当时的网络环境还非常简陋,两校区网络还未互联,学校内都还没有上网看新闻的习惯,可怜的一点网上"读者"多还是左右相邻部门熟悉的同事,他们看这个被称为"新闻网"的东西不是为了获取新闻,更多是看我们到底做了什么。但我们并不在乎,只为寻找一种创造的快乐。当年下半年进行了修改,栏目进一步丰富,贴近网民的阅读习惯,对网络媒体的互动性作了比较深入的挖掘。我们又向学校申请,花了8000多元购进了全校第一台柯达数码相机,即时为新闻网提供图片。这次改版,成为后来正式新闻网的雏形。这一时期,全国绝大多数高校都在建设校报电子版,中国农大校报电子版也在校报编辑部初步建立。但"新闻网"还是一个有些局限在一定范围内,有点自娱自乐性质的非正式媒体,并没有跻身官方认可的宣传"主阵地"。

二

时机突变在2002年4月22日,新一届领导"空降"学校,开始了全校"实质性融合"的大洗牌。"全校一张网"是实质融合的重要举措之一,新闻的发稿量和质量得到学校高层空前的重视,一个面向全校的"正规"新闻网呼之欲出。于是,2002年暑假,两校区宣传部的同志并肩作战,两位学生管理员也加入队伍,以此前建设的试验新闻网为基础,以正规化、专业化新闻媒体的技术标准,对栏目进行新一轮梳理。2002年9月10日,教师节那天,全新的农大新闻网正式亮相。这是新闻网行使学校新闻宣传"主流媒体"使命的开端。

在这张新闻网上,"今日新闻""推荐新闻""专题新闻""媒体农大""要闻回顾""本周十大",以及后来为突出科研的分量而增加的"农大科技"等新闻报道栏目,为新闻的实时报道、策划报道提供了充足的展示空间,网络新闻的时效性和信息量是报纸所无法比肩;而报纸更无法企及的,是网络媒体先天性的"交互"特性,这也是网络媒体改写传统新闻理论的核心点所在。我们利用这一全新特性,设计了"马上评论""新闻话题""网民说话""在线调查"等栏目,力图把师生网民拉入新闻传播的过程中,从而让新闻网内容更加丰富、形式更加活泼,更能贴近师生大众。后来,为了让网民意见得到更充分反映,讨论交流更为深入,又把新闻网和BBS进行了整合,网民看新闻有话即时评论,领导看群众也看,使BBS的主打栏目"农大论坛"一时风头无两。

前面说过,说到新闻网,就不能不提及学校主网站。2003年暑假,征得学校同意,我们对学校主网站进行了重新设计,把新鲜出炉的"今日新闻"直接嵌套在首页的中间黄金地带,把"要闻回顾""本周十大"和"媒体农大"等栏目也嵌在主页上端的显著位置,页面上端的即时滚动和下端的静态信息查询相互映衬。两个网站有机地镶嵌在了一起,新闻网的"好货"直接摆在主网站的桌面上。这在当时的高校网站并不多见。在色彩上,主网站选用鲜绿为基色,体现学校农业、生命、生态的特色,又表达作为大学的青春色彩。后来,绿色果真被确立为学校的标准色,多少说明我们当时的选择还算靠谱。

今天,要搜寻十年前"创业"的记忆,我几乎凭着本能的惯性,打开了新闻网的"新闻搜索"。在十年前设计新闻网时,"搜索"作为网络媒体的新独特性之一,毫无争议地列入新闻网首页的显著位置。事实也证明,这个功能是读者,尤其是各部门使用最多的功能之一,最主要的应用就是,每每需要写工作简报,或者年终的工作总结,首先就要来新闻网搜出本部门发出的全部相关稿件。

现在看来,强调网络新闻的高度时效,新闻表现的图文并茂,只能算是对传统报刊的继承,而突出网络媒体的互动特性,才是新闻网的最大优势所在。只是当时还处于Web1.0时代,2.0的技术还未出现,加上不可避免受到某些政策方面的制约,这种最令人激动的特性,其效果打了不少折扣。但无论怎样看,新闻网受到了师生的肯定,一个明显的变化是,许多人一上班第一件事就是打开新闻网,看看学校的最新动态,看至兴处就即兴到BBS的"农大论坛"中点评几句。新闻网一跃成为学校最主要的新闻宣传媒体,以它自己的方式展现着学校激动人心的发展和变化。同时,新闻网也成为学校的一张名片,支撑它的新闻中心运作模式和管理机制,吸引着众多兄弟高校同行前来考察交流。

三

需要说说新闻网的诞生和成长的环境了。

从广义上说,"新闻事业"不是游离于社会之外的独立事业,它深受社会的形态,尤其是政治环境的左右。具体到农大,可以肯定地说,没有世纪之初学校生机勃勃的发展形势,没有决策层和相关领导的重视和全力支持,新闻网可能永远停留在试验阶段。

新闻媒介史的实践告诉我们,时势成就新闻业。一个舆论环境宽松、社会变革加剧、信息需求旺盛的社会,才是新闻媒体发展的肥沃土壤。农大新闻网也不例外。

我坚定地认为,2002年应该记入中国农业大学发展史册。此前,两校区合并七年,一些没有多少意义、却被一些人莫名其妙看重的校区争议和某种抵触情感心理,使学校发展深受滞锢。2002年4月,新的领导班子临危受命,一场规模空前的全方位改革拉开了大幕,从此改革和发展成为学校各项工作的核心主题。2002年隆重召开的学校"七一"大会不同寻常,会议郑重提出:发展慢了也是落后,要结束争议,"齐心协力,苦干三年,实现学校的历史性变化",初步勾画了学校三年内的发展蓝图;当年召开的"凤山会议"(暑期工作会)全面分析了学校发展面临的形势、机遇和阻碍,正式确立"苦干三年,实现历史性跨越"的发展目标,反响之热烈令人难忘。此后,以"财务"和"校园网"两个统一力促两校区实质性融合,以院系重组、部门合并、科研改革为先导推进管理机制改革,以及2003年提出的人事、财务、后勤、教学和校产"五大改革",使世纪之初的几年成为中国农业大学名副其实的改革年月,校园内燃情涌动,人心齐思发展,精神面貌焕然一新;而在校园建设方面提出的"316工程",三年拔地而起50多万平方米的各式楼宇,则彻底改变了校园的老旧形象,全体师生从学习、工作和生活方面尽享了跨越式发展的辉煌成果。

新闻网是幸运的。它一出生就立足于改革的潮头。学校领导对新闻宣传的价值了然于胸,对网络媒体的独特作用更是青睐有加。校长多次对学生说:"我是网络校长",把网络直通到校内全部楼宇,包括学生宿舍和家属楼;有重大消息,总是第一时间把新闻网记者叫到办公室传达通报,面授报道要点;学生在网上提意见了,常常很快就被校领导看到。学校活跃的发展形势,不断发生的重大事件,为新闻报道提供了丰富的素材,而新闻中心上上下下也不负厚望,新老同志都倾力奔走笔耕,在学校每年重要的工作会、第一次党代会、教代会、新年狂欢晚会、抗击非典、"316工程"、校领导竞聘上岗、五大改革、百年校庆、世界青年橄榄球锦标赛、迎接奥运……一系列重大活动现场,都活跃着新闻中心记者、编辑忙碌的身影。我们还开创性即时推出"重磅"新闻评论、策划年度十大新闻评选、年终新闻盘点等活动,为学校改革大业摇旗呐喊,推波助澜。

领导的重视,部门领导的支持,一线采编人员的辛劳,使新闻网与学校发展如影随形,一跃成为学校最重要的信息舆论场。在教育部主管过全国高等教育、见多识广的瞿振元书记不止一次地说:"农大的新闻宣传走在全国高校的前面。"其实,作为记者能够亲自站在新闻第一线,学校发展的许多重要事件就在眼前发生,能够用笔用镜头记录下了那些激动人心的或令人思考的一幕幕,虽然辛苦,但这对我们本身,也是一段幸运的时光。

四

2005年7月,我离开熟悉的新闻中心,到北京市基层政府机构挂职锻炼;一年后回校,又扎回新闻中心,继续我与新闻网的未了情缘。从2006年6月开始,受宣传部新任领导的指派,根据学校建设发展的新形势,总结分析几年来新闻宣传的得失,对新闻中心业务管理进行了重新梳理,筹划新闻网的改版,直到2007年6月离开新闻中心,在新闻网六年的激情岁月宣告结束。

对于我这样一个从青年走向中年的人,月月年年日子如同一部冗长的连续剧,眼光习惯了紧盯着前方还看不清楚的结局,对身后曾经走过的路却往往无暇回顾和细数。但此时翻看那六年间在做新闻宣传管理工作的同时写下的300余篇新闻报道和评论,记忆的闸门就随之打开,多少次脖子上挂着相机、手拿纸笔跟随领导跑前跑后,出这个楼门钻那个办公室对采访对象又盯又逮,写完一篇"大稿"送领导审阅时的忐忑不安,还有无数个周末假日的无休止加班。还清晰地记得2003暑假连夜和学生赶制学校网站,深夜为躲雷暴雨骑车急回宿舍,连人带车扎进了食堂前面施工队留下的深沟里;还记得为赶新闻,几位从校报转到网络新闻部的"老"大姐腰酸背疼、连呼"吃不消"的样子;还有那几年跨年狂欢夜后发稿至凌晨,出楼时总能见到天边微亮的新年第一缕曙光。当然,收获也是快乐的。不说从校领导到宣传部领导的支持和鼓励,新闻中心同事的认真敬业,学生记者的灵敏好学,单是每年新年之夜,食堂专程送到主楼新闻中心编辑部里那香喷喷冒着热气的一筐小吃、一桶靓汤,就让在那些个冰寒的新年夜倍增温暖。

离了新闻中心,我就是新闻网的普通读者。顾不上仔细研究它的变化,但新闻中心的成长壮大是可以感受到的。学校的改革发展步伐没有止步,各级领导对新闻宣传一如既往地支持,新闻采编条件非以前可比,编辑部亦有多名新闻专业毕业研究生加盟,队伍力量更现勃勃生机。不过随着技术的快速发展,曾经是新兴媒体的网络,出现了以微博和社交媒体为代表的更"新"的形态,历史似乎又一次迎来了一个拐点。天知道在今天这些随网络时代共同成长起来的年轻人手里,又有什么新的奇迹被创造出来。互联网无可抗拒地成为时代潮流,现在回望我们那几年的甘苦悲欢,也许不过是顺时而动,也算不得什么值得炫耀的壮举了。

(原载《中国农大校报·新视线》2012 年 11 月 10 日)

"传奇"，就这样开始
——忆农大新闻网十年前的一点往事
□周茂兴

接到中国农大校报编辑部何志勇老师的电话，为纪念"农大新闻网十周年"向我约稿。这让我的思绪一下子从繁杂的事务中飘出，恍惚回到 2002 年，那个不同寻常的春天。

话说那年的 4 月 22 日下午，校领导班子调整大会在西校区的神内中心举行。当时参会的是处级以上干部、教师代表、民主党派代表、离退休教工代表等百余人，这事儿可是全校万众瞩目的大事，当然得让广大师生员工尽快知道这个重要消息。

不过那时候学校的主要官方新闻媒介还是校报，出报周期当时是每月两期，10 日、20 日各出一期。这样一来，刚好下半月的报纸已经出刊，而下一期要等半个月后，发出来岂不成了"旧闻"？

现在的读者马上会说"上网呀"。是呀，那时候已经开通校园网，但网络应用可没那么普遍，网络新闻在校内还完全是个新事物。校报那时已经有个网络版，而且学校主页新闻区显示的也正是校报上的新闻。不过那时刚开始搞，按照工作流程，主页上发出的新闻是校报排版发刊之后才拷贝过去上网，实际上比校报还慢两拍。即使如此，校报也差不多是校内除信息中心以外"触网"最早的单位之一，你可以想象那时候学校总体的网络应用水平。

但是，校报网络版尽管当时网页美工做得还比较简陋，功能却是健全的，有现成的框架可用，完全可以胜任实时播发新闻的职能，所以完全可以通过校报网络版后台在校园网新闻区发布这条重要消息！

决断就在电光石火之间，想法一旦形成，立刻请示领导；领导果断同意了这个方案。现在回想起来，这可真是一个历史性的决断，因为这正式开启了学校利用网络及时播发官方消息的历史。

接下来的事情则开创了另一个农大人引以为豪的传统。干部大会在下午 5 点左右结束，现场记者、时任校报主编才杰老师按惯例其实可以在散会后就回家了，因为校报半个月以后才发稿，一切都可以慢慢弄。但是她这时已经接到通知，所以在别人散会回家的时候，她却骑自行车匆忙赶回办公室。那时候她还不太会打字，所以那条新闻是由她口述,我来打字,边写边斟酌,很快就完成了。

当晚6时,在会后一小时左右,"瞿振元、陈章良分别出任中国农业大学党委书记、校长"的新闻标题已经跃上了农大网站主页新闻区头条,次日累计点击量已经飙升过万(现在显示的点击量只有两千多是因为新闻网在升级后数据库重新导入,原来的点击量就没了)。

此后的一系列学校改革发展重要信息都通过网络得到迅速发布,全校师生很快养成了每天早上打开电脑看农大新闻的新习惯,发布最新"重大新闻"的农大主页也渐渐成为许多农大人的"主页";甚至一些权威媒体的记者都收藏了农大主页的网址,"每天登陆农大主页查看有什么新消息"。

网络新闻的崛起也改变了农大新闻人的工作形态和管理体制,校报全体编辑、记者乃至宣传部全体同志都成为新闻网记者(后来又发展了学生和教工两支通讯员队伍),各职能部门、各学院在组织重大活动的时候都会记得"邀请一下新闻中心的记者"。

那时学校的领导甚至许多师生在接待来宾或者出访的时候,都常会对各界朋友自豪地说,"我们农大的重大新闻不过夜",后来这成为学校宣传部门的"工作品牌"。农大新闻的发布速度和农大的发展速度一起,先是"驰名京城",然后"驰名全国"。"农大"与"农大人"日益引起社会各界以至海内外朋友的关注。

以上就是这个"传奇"开始的故事。时光荏苒,这十年真是弹指一挥间,农大新闻网其后几经升级改造,已然非昔日"丑小鸭"那般粗陋可比;学校整体信息化水平日益提高,学校新闻网带动各院相继成立自己的新闻中心、建立各院学生记者站。十年前的这点网事与往事,在农大发展史上不过是"沧海一粟",却毕竟开启了农大新闻人的一段崭新篇章。农大新闻人拥有了网络这个新时代利器,更加起草贪黑,更加披星戴月,奋力为农大之雄起鼓与呼,与这块热土上的人们共成长。

(原载《中国农大校报·新视线》2012年11月10日)

一个人的忧与思

□陈卫国

我们的校园新闻网走到今天,已经十年。近 4 万条的新闻上线量,是 3000 多天里交出的成绩单。从数量来说,对于一个校园新闻网,说得上是可观。当然,近 4 万的这个数字,不是中国农业大学新闻网几个人的努力,包括很多单位老师的支持——我们曾经测算,这些老师们的贡献接近 1/3;差不多等量的稿件来自可爱的年轻学生记者团,300 多位同学在这个队伍中接过责任,又传给更年轻的人。从这个意义上,我理解做新闻,就比如办一场宴席,新闻网的几个人只是掌勺者,大家为宴席提供了必需品,有原材料、有半成品,甚至也有成品。出色的宴席,乃是大家集体的成果;新闻网的发展,也可以作如是观。

数说新闻网十年,数字只是一面。不断更新的信息提醒读者的,是校园内的"日日新、又日新"。我在新闻网工作六年多。个人认识,从那时候以来,如果整体从质上考量,这个"可观"还能挤出些水分。如果再引入影响力/效果评价,可能又要打些折扣。尽管把影响力/效果作为衡量指标只是"印象分",无法科学的量化。这么看,是基于两个参照:一是新闻网创立前两年的情形;一是身边高校的状况。把十年分成两段看,质量与影响力变化对比明显。十年前,新闻网引导校园风向,影响力一时无两。而对比其他高校,大家各有自己特色,有的高校值得我们学习的地方真不少,我们也时不时从中比较、借鉴或消化。

分析缺憾,有人的因素,也有媒体发展的原因。当参与新闻网创建的老师们次第离开,年轻人接过担子不敢轻松。得到学校和多方面信任和支持,我们这也尽力想顺着前辈的路走。不论是留下的、还是离开的,当身处这个团队里,绝大多数时候朝着向前的方向努力。实实在在说,因为视野、阅历、能力等还有不足,质量和效果至今还或多或少地困扰着我们。最近十年里,作为新媒体出现的校园互联网,又被线上线下的更新媒体冲击,后者又促动阅读习惯和需求的变化。

因此,在我眼里,新闻网十年,惊叹号开始的:跨越式发展,新闻网是多么重要的动员力量!分号过渡,进入内涵式阶段,新闻网也适应了学校发展需求。把问号留给现在。

新闻网怎么更好发挥作用?或者说,怎样提高质量和影响力?在近一年多来的业务例会上,我们几次讨论,大家有危机感:媒体自身在变、传播规则在变、受众需求也在变。校园新闻网怎样主动适应,转危为机?左右看身边大学,不少新闻网正在改变,从风格到议题,从形式到内容。

而我们也从新闻网自身发展中寻找答案。做"有思想分量""有文化含量""有意思"的新闻,这是几年前中国农业大学领导和宣传部成员座谈时提出的希望,站在现在来想,同样还有指导意义。最近一两年,我们正在改变,一个小步、一个小步。

物理公式: $V_1 = V_0 + at$,我们自己也希望,a 是正值,并且大一点。网事不往,新闻网上的一句话我们都还记得:

发展慢了也是落后。

我们觉得,新闻网也是如此。

——不怕别人强,怕的是他们更努力。

（原载《中国农大校报·新视线》2012 年 11 月 10 日）

在一起，在路上

□郑培爱

农大校园网十岁啦！

在这个值得纪念的日子里，作为一个校园网起始的见证人和整个发展过程的参与者，我有怀念，有感动，有思考。

2002年，对于农大来说，是一个永远铭记史册的年份。那一年的4月，仿佛一夜之间被春风唤醒了一般，从老师到学生，整个校园都涌动着一种激情，渴望巨变的激情。

如何将这种激情凝聚成学校发展的巨大力量？校园网应运而生！时任校长陈章良亲自挂帅督战。当时，除了北大、清华等寥寥几所高校正在尝试中之外，校园网在我国还是一个新生事物。

经过几个月的软实力筹备和硬件建设，学校昭告广大师生员工：9月10日校园网正式上线。

校园网和师生见面了！但没有欢欣鼓舞的大场面，也没有奔走相告的动人情景，因为当时大多数人还不知网络为何物，更不知其所蕴含和承载的巨大能量，甚至还有人质疑新校长是不是在玩时尚？

至今，我还依稀记得校园网初生的模样，两个词足以蔽之：单薄而稚嫩，但在日后学校的发展中却发挥了不可或缺的助推作用。

最让人感到震撼的是：中国农业大学大正是通过校园网以前所未有的广度改变了广大师生员工头脑中的固有观念，以惊人的速度将思想意志统一到跨越式发展的轨道上来。而让人人都能够直接感受得到又看得见的是：校园生活节奏的变化和师生精神面貌的焕然一新。

新生的校园网怎样才能集中广大师生的视线？信息时代的信息载体，毋庸置疑，最重要的是信息。在此之前，农大人获取校园新闻信息的主要渠道是半月一期的农大校报。此时，几位农大报的记者、编辑顺势转身，成了校园网新闻宣传队伍的最初班底。

那是校园网开通后不久的一天，学校召开工作情况通报会。校长首先报告了学校几项重要工作的进展，然后表扬了若干行政管理部门。突然，他话锋一转，非常严肃地说：

"新闻宣传也是生产力,看看校园网上的新闻报道,哪里还有时效性?充其量也是旧闻!"会场立刻变得鸦雀无声。接下来,他更是斩钉截铁地说:"学校要发展,新闻宣传必须先行!从今天开始,新闻报道要做到重大新闻三小时内上网,重要新闻不过夜!"

"学校要发展,新闻宣传必须先行!"原来新闻宣传在学校发展中如此重要?仿佛听到了冲锋的号角,新闻中心的所有同志为之振奋,备受激励,迅速进入"战地"状态。

"重大新闻三小时内上网,重要新闻不过夜!"似军令,似雷霆。从此,新闻中心的同志们个个以深入一线采写新闻为荣,以抢先发稿、多发稿为耀。

说几句我自己吧:高度兴奋,浑身充满了斗志;加班加点,没有怨言;废寝忘食,乐此不疲。眼睛所到之处好像全是新闻,脑子所想几乎都是怎么写好新闻,只要一坐到电脑前就恨时间过得太快……累是真累,苦也真苦,但心里全是自豪,因为我们和校园网在一起,因为我们是学校发展先行队伍里的一员。

校园网开通不久后的一天,学校召开学生代表现场办公会。每当学生代表提出一个问题后,校长就会问:"这个问题由哪个部门负责?"然后对着相关部门负责人:"怎么解决?给我时间表!"三个多小时,当场拍板解决了七八个问题。最后校长指示:"今天的会议要在校园网上做全程实况报道,给全校同学一个交代,也给我们的管理部门一些压力!"

那天晚上,除了新闻通稿之外,还有七八篇现场纪实报道,整个新闻中心又挑灯工作到深夜,看到点击率一个劲猛往上蹿,所有的人都沉浸在亢奋之中,不知疲倦。

就这样,校园网不仅很快聚拢了人气,而且成了很多农大人生活中的一部分,以至于很多人每天开始的第一件事情就是进入校园网,看看学校又出台了什么新政,又颁布了什么改革举措,又发生了什么令人振奋的新闻事件……正如一些师生所言:"否则,一天心里都不踏实。"

同时,农大校园网也引起了众多社会媒体高度而广泛的关注,他们一方面大量转载我们的新闻报道,一方面每天盯着我们的校园网寻找新闻线索。由此中国农大的知名度和影响力也得到了迅速提高和扩大。

2004年以后,校园网开始在全国高校普及开来。而此时,我们的校园网已经初具规模,进入了不断充实和完善阶段。一时间,众多高校的有关领导和负责人纷至沓来,学习取经。而"重大新闻三小时内上网,重要新闻不过夜"的"军令",早已成为首都乃至全国高校网络新闻宣传工作一面猎猎作响的旗帜。

今天,进入校园网,尽管象征着生命和生机的绿色十年间始终没有变,但你从中可以清晰地感受到不同时期的不同脉搏、不同年份的不同气息。

白驹过隙不可追,峥嵘岁月终有痕。回顾校园网十年,可以说是学校发展十年的见证,也可以说是学校发展十年的缩影,而作为一个亲历者、一个校园媒体人,我还想说,它对学校发展十年作了最为详尽的记录,而且是原汁原味,非常的弥足珍贵。

向世界一流农业大学挺进！中国农大在路上，校园网在路上。

十年是一个结点，更是新的起点。

（原载《中国农大校报·新视线》2012 年 11 月 10 日）

道路越走越宽广

□王健梅

掐指一算，中国农业大学新闻网已经年满十岁了！真是岁月如水，总是无言，时光好不禁用！我们这些当年目睹她诞生陪伴她艰难成长的老新闻人，施施然已步入华发早生两鬓如霜的老年行列！忆当年峥嵘岁月，话今朝沧桑巨变，感慨万千！

我很骄傲，作为校园媒体的记者，我有幸成为中国农大发展的历史见证人。引起强烈反响的干部、人事制度改革，尤其是引起广泛关注的校级领导干部竞聘；"316 工程"建设、"985 工程"建设、"211 工程"建设、"文明校园建设"；国际橄榄球大赛；温家宝总理亲临学校……这些大事件、重要事件在新闻网都有清晰的记载，为后人留下了永久可查的历史性资料。

还记得当初新闻网的辉煌，点击量与日俱增。农大人每天若不到校园网上"逛逛"，总会感觉少点什么。同时，农大新闻网也吸引了众多关心农业和农大发展的校外网友，通过这个便捷的渠道来了解农大。曾几何时，农大新闻网即使与北大清华的校园网相比也毫不逊色。它一贯秉承的真实、及时的原则背后，付出的是农大新闻人艰辛的劳动和默默的奉献。

所幸今日的中国农大新闻网已经愈加成熟，羽翼丰满。在它周围，网罗了一大批充满朝气有巨大工作热情的青年才俊。江山代有才人出，各领风骚数几年。我一点也不怀疑，农大新闻网，道路越走越宽广。

也许，下一站，是另一个辉煌。

（原载《中国农大校报·新视线》2012 年 11 月 10 日）

我和那群孩子

□潘彩清

　　最近的好消息特别多。一个多月前,过去记者团的老团长生孩子了。这个毛头小子如今升级当了爹,我也有了一种当奶奶的得意。往前是陆陆续续收到孩子们婚礼的请柬,今天是一个老团员打电话告诉我买房了,距离学校也不太远。

　　当年记者团的那群孩子们,如今个个都让我自豪。我时常接到他们的电话,他们也时常来看我,在家里点我做的几个菜,就像过去他们在学校当学生记者时一样。他们管我叫"潘妈",也不知道这个称呼当时是怎么来的,反正叫着叫着就叫开了。闺女慢慢发现,她凭空多出来好些个哥哥姐姐,觉得特别高兴。我也很高兴,也很温暖、幸福。担任记者团的指导老师也就几年的工夫,我觉得自己的感情世界因此而格外充实。

　　说起来也是十年以前的事情了。

　　十年前的那群孩子从全国各地来到农大,北京的大舞台给了他们一个精彩的世界,却敌不过远离父母的伤感和孤寂。他们把记者团当成一个家,团结、勇敢,彼此依恋,互相学习,共同进步。有了什么烦心事、小秘密,他们都爱跟我说,也许他们觉得我没有老师的威严?也许他们觉得我有知心姐姐的魔力?我总是尽可能地帮助他们,给他们一些笑对人生、乐观处事的建议。我自诩还有两下厨艺,便常常邀请他们来家里做客。一来二去的,团里的孩子都知道"潘妈做饭好吃",便隔三岔五地找我打牙祭。

　　有一年正月十五,学校开学在即,孩子们从老家回来,一时还没从春节的慵懒和家庭的温馨中回过味儿来。那天晚上,我请了几个孩子来家里玩儿,大家吃完饭后,一起出门看烟花,热热闹闹过了一个元宵节。圆月下,烟火中,我觉得自己特别幸福,孩子们没有因为远离家乡而伤感,他们在潘妈这里找到了家的感觉。那一年的暑期社会实践活动中,第一次安排记者团的学生随行,为的是及时报道实践活动情况。出发前一天,我把他们叫到记者团的办公室,叮咛嘱咐自然少不了,最重要的是把我亲手包的饺子拿给他们吃。临行前的平安饺子(北方习俗"上车饺子下车面"),不为别的,就为出门在外的儿女能一路平安,一切顺利,好让潘妈放心。

　　如今他们大都很让我放心,成家、立业、孕育下一代。他们经常在电话里,报告着自己的各种好消息。也曾经，他们把尚未"过门"的"另一半"带到我家里来，说要让我把关后再确定。可是真心的，就像一个看女婿百般好的丈母娘，我总是觉得这"另一半"就和那群孩子一样好。他们的成长让我觉得自己真是老了；但同时，和他们一起成长也让我觉得自己始终年轻。

　　总有人问我是如何管理记者团的，总有人让我介绍介绍管理记者团的经验。我总觉得，这里并没有什么管理之道，因为他们足够优秀，因为他们都在以自己的方式成长，而现在也确实成为农大的一张张名片。这其实仅仅是我对孩子们的一份感情。我给了他们一种家的感觉，而记者团给了我一群可爱的孩子。

（原载《中国农大校报·新视线》2012 年 11 月 10 日）

我的老师、挚友和事业

□闻静超

当校园中的景致从黄叶变成白雪，农大新闻网迎来了她"人生"中的第一个十年的节点。而在我七年的大学、工作和研究生阶段，她一直伴随我，如师如友，更是我所热爱的事业。

记得 2005 年入学时，我还不知大学到底是什么，应该怎么过。虽然茫然，我却清晰地怀着记者梦。说起记者梦，就要联系到 1999 年北约轰炸南联盟大使馆时，我在报纸上看到新华社记者朱颖、许杏虎，光明日报记者邵云环面临生命威胁依然坚守新闻一线的事迹，一直心怀钦佩。在高中时，也曾经参加学校的学生报纸报道学校的百年校庆。

进入大学后，我最先加入的是学院新闻中心。那时，农大新闻网在我们这些学院小记者的眼中，是如此权威并高不可攀。2006 年 9 月，我的一篇稿子被推荐到学校新闻网，学院记者团的师兄便兴高采烈地给我报喜，我也因此激动了好几天。在学生记者最初的道路上，新闻网俨然成了引路老师的角色，每当遇到陌生的采访报道，我就按照师兄所教的"在新闻网上搜索一下同类新闻，看看校记者是怎么写的。"虽然进入校记者团后，校新闻中心的老师并不提倡这种学习方法，但是对于一个对新闻一无所知的小记者来说，这无疑是一种捷径。也正是从新闻网上，我熟悉了学校的新闻采写套路，并更加了解了我的母校——中国农业大学。

2006 年 10 月，我通过笔试和面试走进校记者团，从此迈开了记者路上真正的第一步。新闻网成为我们施展才华的平台。也因为她，我们的生活变得精彩并富有激情。那些难忘的时刻，成为大学阶段最美的定格。

入团后不久，我和师姐接到任务：寻访松林宫。起因是听闻松林宫即将改造，而这里为数不少的古树便面临着被砍伐的命运。于是，我们开始探访它的历史以及保护价值。走进松林宫，呈现在我们眼前的不是松叶堆叠、苍松成海，而是垃圾成堆、枯木惨淡，仿佛能隐约听到它们的声声啜泣、句句呼喊。我第一次感到了记者的责任，那就是呼吁学校和师生来关注并改变它们的命运。杜甫说，"文章合为时而著，诗歌合为事而作"。这篇文章的意义不正在于此吗？后来，我们多方采访，在学校新闻网上发出一篇深度报道，引发了师生对松林宫的关注与保护。

2008 年 8 月,举世瞩目的北京奥运会开幕,中国农大体育馆承办了摔跤比赛。因为新闻网的推荐,我得以进入场馆做志愿者。但实际上,我是偏内向型的性格,在采访过程中,往往因为"不敢跨出和采访对象交流的第一步"而头疼不已。可是,要发表稿子,就必须要主动与人交流。

还记得中国选手王娇在 72 公斤比赛中夺冠时,我们和国内外记者一同参加新闻发布会。会后,王娇被众媒体的记者围住谈感想。我的内心则开始了纠结:"该不该提问呢?""周围那么多'大牌'记者,他们问的问题肯定比我更有水平……""王娇会回答我的问题吗?"可是,我意识到这是一个绝佳的采访机会,再想到要在新闻网上发稿,我的口中便冲出一句:"王娇,你觉得农大的场馆组织,对今天的夺冠有帮助吗?"没想到,王娇听到这个问题,舍弃了其他记者问的问题,真诚地回答说:"当然有帮助!场馆组织周到,观众也很热情,将我的状态调整得很好。去年我也是在这里拿了世青赛的冠军,农大是我的福地!"

听到这句话,我几乎要喜极而泣,当时已是晚上十点多钟,我们连夜将稿子赶出发给新闻中心老师,第二天,新闻"奥运冠军王娇:农大是我的福地"出现在新闻网的要闻栏目中。这件事对我来讲,重要的不在于是否抓到了重要的新闻,而是新闻网对我无形的督促,让我突破了自己的瓶颈,开启了勇敢和主动。

在过去的几年中,新闻网的存在始终带给我无限的惊喜。在学校的许多大事上,我始终能够以记者的名义身在现场。2007 年教学评估、2008 年奥运会、2009 年胡锦涛总书记来农大、2009 年国庆 60 周年、2010 年首届世界武搏会、2012 年科普日……仿佛新闻网是一位具有神奇魅力的挚友,让我们紧紧地围绕在她周围,跟随她逐渐丰富自己的经历。2009 年,我以工作保研的名义留在新闻网工作,此时我已经将她当作自己的事业。有一次和同事谈论理想时,我不假思索地说出一句话,让她很惊讶:"让我留在网络编辑部做一辈子的记者吧。"

然而,有一件小事却打击了我。有一天,我对一个朋友说,明天要赶在上班之前将一篇稿子编发。她不经意的一句话让我的心凉了半截:"其实稿子晚点发也没关系,反正也没那么重要,我都不怎么看新闻网。"当时,我什么也没说,可是内心翻腾得厉害。

我想起许多个夜晚,为了遵循秉承重大新闻不过夜的原则,我们彻夜不眠;想起许多次活动,我们不能像普通观众一样为节目拍手叫好,因为我们应时时构思如何编排文章;想起许多次业务讨论,我们深刻地自省,稿子为什么没写出新意,为什么没有经过当事人的把关,为什么写错了字……虽然新闻网发展几年至今,依然不够完美,然而,我特别想让读者们知道并理解,我们的记者、编辑以及领导们,都十分努力、尽心地在工作,为了消息能够第一时间传递给读者,为了能够与学校的发展速度相匹配,也为了忠于我们热爱的事业。

如今,新闻网十岁了。我既欣喜,又期待。我欣喜她即将开启新的征程,有了前十年的积累,她一定能够越发展越好;我期待着新闻网的新篇章,虽然我已离开工作岗位成为一名研究生,但我的回忆永远留在那个梦开始的地方……

（原载《中国农大校报·新视线》2012 年 11 月 10 日）

同行 hang 同行 xing

□舒全登

最近在一次读书会上再次见到了白岩松,蓦然发现距离上一次现场聆听他的校园演讲已近十年。而这也正是我们中国农大新闻网从无到有、蓬勃发展的十年。

初加入时,我们还只是校报记者团,投稿形式刚刚从手抄的方格纸向存入塑料软盘的打字转变。似乎不经意地,新闻网开始上线并逐步成为我们主要的发稿"阵地",而我也在一年后的 2003 年初被委以记者团团长的重任。

一次,代表记者团向前来学校作报告的"白哥"(白岩松当时自称)索要一份题词,他欣然为我们写下了四个字:同行(hang)同行(xing)。

时光荏苒。当年的"白哥"仍然是当之无愧的央视一哥,而那时稚嫩乃至有些羞涩的学生如我也在一步步成长。让我最感欣慰的是:作为非科班出身的新闻人,这么些年我都坚持了下来。

且不说我是如何从一名农业方向的理科生一步步走向财经新闻领域,这中间有太多的机缘巧合,单是在大学从事学生记者的两年所获得的感悟,也顿让我觉得似有千言万语。

直到加入记者团,我的文章才第一次变成铅字,虽然只是校报上一则联合报道的"豆腐块",当时还是署的"全登"那样一个非正式名称,于我却有着里程碑式的意义。对文字的兴趣是从小就有的,然而,课业的繁重加之乡村条件所限,我仅有的"发表"便是那些常常被语文老师当作范文在课堂上诵读的考试作文。好歹就这么开始了这"激动人心的新闻事业"(学生记者团广告语)。事情并没有因为曾写过几篇不错的作文而变得简单。客观准确的新闻要求,政治正确的大局意识,以及惜墨如金的报纸版面,都会让一篇文章不得不改了又改,费力采集的新闻通常最后只有两三段得以幸存。甚至不可避免地,会觉得编辑老师有着太多的苛责。

委屈也在所难免。但慢慢就发现,自己报道的范围能越来越广了,刊发的稿件也越来越长了。对这份"工作"开始乐此不疲,时常为挖掘出一则有意思的新闻而惊喜,也会因错过一种更好的表述而懊恼。大学生记者团两年"服役"结束之后往回看,更是自豪于自己曾以手中的笔见证了学校的发展。

一分耕耘,一分收获。于我,收获是在大四刚开始的时候,便被一家外国农业出版机构录用,自此开始了"痛并快乐着"的职业化新闻之路。

数年的实践让我更加确信:真正的新闻是一个需要理想支撑的行业。而其中的坚持可以追溯到校园——如果你喜欢,就努力去做。有苦有累,也无所谓。新闻如此,其他亦然。

仍清楚地记得白岩松十年前那次演讲的开场白:其实每次来到高校,看见同学们的热情时,我都有一种敬畏感,后来终于想通了,在座和"在站"的各位之所以给我这么高的热情,很重要的一个原因是你们在我们身上看到了自己希望将来所走的路——并不是要当主持人,而是也许在毕业十五年后,你们也来到自己的师弟师妹们的面前,讲讲你们的故事。所以每个人在看我们的时候,其实是在看你们自己的未来。

是的,每个人都会给这个国家留下一个属于你自己的故事,每个人都是从一个小小的梦想一步一步地走过来的。如果我们恰好同行(hang),且让我们携手同行(xing)。

(原载《中国农大校报·新视线》2012 年 11 月 10 日)

落花逝水殇流年

□何非

　　七八年前,也曾用这个题目写过一篇文章,只不过发在了当时热门的校园 BBS 上。那时还小,却自以为经历了许多,便老气横秋地洋洋洒洒千余字,连陈卫国老师都说,太早拟定的题目,会抑制文笔的舒展。现在想起来,他的话真是字字珠玑啊。如今的我,也会时常翻看当年的文字,轻轻叹笑一下自己当年的轻狂。遥遥不知今后十年的我,会是一个怎样的存在。

　　十年前,初来乍到。那时候的北京、那时候的学校,看上去荒荒凉凉的,却也是今天一般的热火朝天。原本喜好写作、可连作文也写不好的我,入学的第一年硬着头皮历尽千辛万苦地选拔加入了新闻中心大学生记者团,也和师兄师姐们一同组建了食品学院自己的新闻中心。那个时候,时光在指尖游走,人在外面漂泊。采访、拍摄、撰稿、发表却成了我学业之外最为热衷的"事业"。35 万像素的数码相机,现在说起来可能连一般的家用电脑摄像头都比不了;存稿存照片专门花 670 元钱买的 64M 爱国者优盘,我一直用到了今天,中关村大叔当时推销的话语还在耳边一直留转:"670 元啊,多便宜啊,1M 只要 10元钱啊,1K 只要 1 分钱啊!"我至今承认,那对当时妄想拆了硬盘当优盘的我,是一个极大的诱惑。

　　那些年,收获了许多。忘不了桂银生老师的新闻采访与写作的课程,让我这个文笔不顺的家伙到后来修炼到了奋笔如飞,便是后来转向科研论文的写作也让我收益颇丰;忘不了侯玉峰老师的摄影课和曲越老师的悉心指导,让我这个半吊子摄影菜鸟到后来也成了个光影爱好者,常常背着大小单反旁轴横相机窜天下。那些年,认识了很多人。忘不了和我一起坐在主楼走廊地板上谈天说地的团长黄书河,忘不了爱和我一起在二食堂吃烤肉吹牛皮的团长张哲,忘不了接我们班带着牙套蹦来跳去的小团长罗桦,还有那个把团里全部人都"文笔素描"一遍的"小蛋黄"黄晓丹。那些年,经历了很多。忘不了我的一篇"予之小记"在校园 BBS 上惹起的轩然大波,忘不了记者团一行人去十渡旅行对我带来的深刻影响和改变,忘不了记者团工作让我得来的那些阅历、那些报道、那些曾经太多的人与事。那些年,我们在一起,辛苦加班,努力成长,是一辈子都望不掉的友情与回忆。

还有,第一个月 18 元钱的稿费,一个字一分钱的得来不易,让我对换来的 3 包骆驼香烟尤为珍爱,整整过了三个月,舍不得吸(注:吸烟有害健康)。还有,对烟台张裕社会实践小组的随队采访,让我认识了葡萄酒,让我看到了新天地,成为我奋斗一生的事业。

多年之后,因为科研论文奖励申领的事情联系侯玉峰老师:"那个当年穿着白毛衣的大男孩,已经是能发 SCI 论文的研究生了";多年之后,因为外宾接待的工作偶遇曲越老师和李扬老师:"那个当年围着大围巾的小弟弟,已经是可以介绍学院的小老师了"。是啊,那么多年,我的生活一直和我们的新闻中心记者团紧密相关。从本科生、硕士研究生、博士研究生到老师,十年的时间,伴随着学校的发展、新闻中心记者团的壮大,我也一同的成长与发展。目睹了日新月异的变化,还有那一年一度的落花,日日不歇的逝水,何不殇一壶烈酒赞一句流年!那是我们的青春,我们的生活,我们的梦想,我们点点滴滴的爱与暖。很多次,因为工作去主楼,我还是会拜访一下记者团和诸位老师,说一声,我回来了;很多次,因为工作见领导,我还是会跟宁秋娅老师道一句,我是咱们记者团的"娘家人"。

落花逝水殇流年,那些落花,那些逝水,那些殇,那些流年……那都是我人生中最可珍贵的纪念与回忆。

(原载《中国农大校报·新视线》2012 年 11 月 10 日)

一个平台　两种成全

□李文

2003 年，我从陕西考入中国农业大学经济管理学院，第二年即进入大学生记者团，为当时成立不久的农大新闻网供稿。近两年的"学生记者"经历，让我的职业道路拐了个弯，脱离了原来的经济学专业，走进了"媒体人"行列。

那时的农大新闻网，在我的印象中，就是绿色的校园网主页中部，那一列不断向上滚动的标题。

那里展示的是学校的重要动态，而点一下"新闻网"按钮，才能看到记者团其他的新闻稿。

"这些东西，跟我们有什么关系呢？"当我为记者团的事情忙得不亦乐乎时，有同学这么问过我。

当时，我也迷茫。也许只是对"码字"这件事，有种本能的喜欢吧，再加上一点对陌生人、陌生事物的好奇。

当时的我没有想到，这一点喜欢和好奇，为我按部就班的日子打开了一扇窗，并指给我另一种人生的可能——到考研、找工作时，我才意识到这一点——当时的我，看到的是那些滚动标题的背后，有一群人和我一样喜欢咬文嚼字，并致力于从冗长无聊的会议、信息繁杂的讲座中，寻找"有意义"，或者"有意思"的一点点东西。

对于那时的我来说，发现"同类"，并一同工作，这种乐趣不亚于和喜爱的文字打交道。所以，那两年中，位于农大东校区主楼二层的记者团办公室，成了我在宿舍之外的另一个"根据地"，有事无事都过去晃晃，聊天、上网都成。

这种日子持续到大三，一个舍友在一个偶然的情境中突然发作，"你从来都只忙自己的事！"我震动、震惊，遂很快加入了宿舍通宵 K 歌、班级出游聚餐等集体行动，心怀"犯罪感"地找到其中乐趣，并很快随大家进入"考研还是找工作"等"常规性"困惑中。

困惑消散的日子，就是我的考研生涯开始之时。现在已经忘记了是什么力量让我最终决定要报考中国传媒大学新闻学的硕士研究生——那可是"双跨"（跨学校、跨专业）——能追溯的，就是最初的喜欢和好奇，对文字工作的喜欢，对广阔社会的好奇，汇成一句:去做记者吧,真正的记者!

之后的考研、工作有波折,有收获,一言难尽——虽说难尽,还是忍不住讲点"重要"的:考研复习时,在同一间教室遇到了后来的男朋友、现在的准老公,嘿嘿;读研时,经同学介绍,进入《南方都市报》北京站实习4个月,随后冥冥中被其"引诱"进入广州一报社工作,今年如愿进入"南方系"。

我的经历当然是"非典型"的,专业课程成绩不佳、兴趣缺失,当然是我一步步走入"岐路"的重要背景。现在的我仍会常常被问道,"你学经济怎么会来做这么苦逼的记者?"——类似的疑问从决定跨专业考研就已出现——现在的我,才真正意识到,在大部分纸媒工作,真的不如好的经济管理类职业赚钱,并且辛苦、工作节奏快、生活不规律、单兵作战多、职业限制多,没有强大的体力和心理承受力,会很艰难。

虽说艰难,但仍很庆幸、从无后悔。对职业道路的最初启蒙者——农大新闻网、农大学生记者团的老师、团友们,更不是一声感谢就能表达:一个平台,成全的是一个年轻人的模糊理想,成全的是一种全新的人生可能。

(原载《中国农大校报·新视线》2012 年 11 月 10 日)

那一段喜乐年华

□赵慧敏

　　刚进入学校新闻中心大学生记者团的时候,我还是个羞涩的大男孩,安静、内向,任何时候都会小心翼翼,甚至还会时不时得脸红;一年后的换届总结大会上,即将告别的我,在几十人前挥着手即兴发言,为新入团的学弟学妹们加油鼓劲。

　　这是我在中国农业大学大学生记者团最深刻的记忆,也是我最难忘的校园生活。毕业数载,当时很多的细节已然模糊,但在农大新闻网当学生记者的那段喜乐年华仍是我脑海中最闪亮的印记。前几日接到何志勇老师的电话,才惊喜得知,农大新闻网即将迎来十周年纪念,而新闻中心学生记者团马上就要十五岁了!匆匆数年,恍若黄粱一梦,因了这个喜讯,往昔的点点滴滴在记忆中重新鲜活起来,依稀又听到了那时的欢声笑语。

　　加入记者团的那天正逢 2004 级新生入学,九月的校园洋溢着"迎新"特有的热情与喜悦。在记者团主楼的"基地"刚刚认了个门,我就跟着欧阳大哥奔向了热闹的迎新现场,在那匆匆的脚步中,开始了自己"新闻写作与摄影"的第一课,也开始了自己与学生记者团这段难舍的情缘。而欧阳那天关于摄影场景捕捉、重要信息最先表达的论述,至今我仍时有运用,屡试不爽。

　　甫一登场的我还难掩最初的青涩,瞪大了眼睛在迎新现场往来徘徊,畏畏缩缩就是不敢发问,变成了火热迎新现场中安静的旁观者;观察许久、形诸笔端,一个多小时后,方才将所见所闻汇成一篇千字文——《志愿者:"用自己的热情服务,展现农大人的风采"》,经过"前辈"的简单修改,居然就发布在了校园新闻网上!

　　其实早在大学生活之初,我就在大学生记者团的招新启事前开始憧憬,但因久久难觅一篇"得意之作",遗憾地与之失之交臂,亏了老友刘爽的引荐,让我在混混沌沌一年之后,重新迈入了记者团的大门——这个多姿多彩的世界。

　　随着一篇篇青涩的文字化为校园新闻,展示在农大新闻网上,被老师同学点击阅读,心中"去发现、去了解、去展现"的火苗也越燃越旺,一发不可收拾。顿觉校园天高地广,处处皆有新闻,领导同学校工,人人皆可闪光。于是或应约座谈,拜访书记校长,倾听学校发展大计;或时时留心,关注校园生活,展现普通学子的喜乐年华;或主动出击,追踪后勤基建进展,记录校园日新月异的变化……

在一次次的采访、倾听中,对农大的了解越多,对学校的热爱也更浓,自己也慢慢变得积极主动,自信大方起来。

最难忘的,当然是有幸参与百年校庆的报道,与几代农大人共同分享学校发展的喜悦。远赴重庆、邢台旧址寻踪,探寻老一辈农大人建校强农的足迹;人民大会堂百年盛典,记录下新老农大校友的欢欣喜悦;学术分论坛,展望着各学科快速发展的新篇章……那段日子,大家像蝴蝶般穿梭在各个活动现场与新闻中心之间,将一份份喜讯、一个个花絮呈现在老师同学面前,虽然辛苦,但心里比任何时候都甜。

工作后诸事繁杂,又辗转数地,少与昔日师友联络,但时常还想起当时大家一起熬夜写稿,结伴出游的点点滴滴。还会想起扬帆(李扬老师)的古灵精怪,何志勇老师的黑色幽默,欧阳老师的仗义豪爽……还有同届小伙伴之间的互帮互助、互敬互爱,都是那段喜乐年华最珍贵的回忆。我会将他们一一封存,留待农大新闻网下一个十年,大学生记者团下个十五载纪念时,再重新品味……

(原载《中国农大校报·新视线》2012 年 11 月 10 日)

在新闻中心全新开始

□凌莲莲

每每回忆起我的大学生活，在中国农业大学新闻中心工作和学习的那段时光总是令我无法忘怀，那是我人生中非常珍贵的记忆。

转眼间十年已经过去了。还记得 2002 年的夏天，我离开家乡，从一个清静、偏僻的小村庄，怀揣着我的"记者梦"，来到了这个时尚、繁华的大城市求学。然而那时的我常常觉得很孤独，除了学习，不知道该干点什么，似乎与这个城市和学校有些格格不入。我对自己的梦想产生怀疑，甚至产生了退缩的念头，我有时候会想，我们这群从泥土地里走出来的孩子，要是留在家乡的话，或许能多一些骄傲，少一点落差。

被这种失落和迷茫的情绪笼罩着，直到我无意间看到了学校新闻中心招聘学生记者的启事。看着新闻网上一篇篇学生记者的报道，我羡慕极了。令我感到更幸运的是，加入新闻中心后，我的大学生活发生了根本性转变，充实、自信、快乐的感觉开始伴随着我。

有很多人夸我是个"高产"的学生记者，是个很积极的人。我听到这样的话时，心里很幸福。经历了消沉的日子之后，能获得这样的称赞，有种"重生"的感觉。

我清晰记得 2003 年 11 月 6 日晚上，北京下起了入冬后的第一场大雪。那天著名电视台主持人白岩松来到西校区报告厅作报告。晚上十点多钟，我听完报告后，急切地走出礼堂，赶当晚的稿子。比起新报告厅的温暖，新闻中心的房间显得特别冷。凌晨一点多，稿子才完成，一想到要在这么冷的夜晚吵醒宿管员，我心里很过意不去，我决定留在新闻中心。第二天早上，我踩着积雪，流着鼻涕，瑟瑟发抖地回到了宿舍。然而，当看着自己的文章点击量过万，那种成就感瞬间把感冒带来的一切病痛都淹没了。

借助外出采访的机会和新闻中心老师的介绍，我也接触了不少报社，开始有机会走出校门，在社会媒体实习锻炼。在报社实习过程中，我经常是上完夜班，短暂休息几个小时后，接着上白班。有时为了将文章排好版，午餐成了晚餐。在黑龙江零下 30℃的天气里，我可以连续工作十几个小时；我也可以只身一人去偏远的小城市做批评报道。那时候，最幸福的事是看到自己的文字变成铅字，最害怕的事是稿子写不好，挨编辑批评。幸运的是，报社的领导常常夸我，说我勤劳、自信、很有韧劲。

丰富的实践经历并没有影响我的课程学习,反而强化了我对所学专业的理解,使我的学习效果更加明显。在校期间,我获得了很多荣誉:"校长奖学金""曦之教育专项奖学金""优秀学生干部""北京市优秀毕业生"等,我想如果没有新闻中心对我的锻炼和呵护,我是无法取得这些成绩的,甚至可能还在消沉地过日子。那么多的老师和同学,给了我人生成长中最有力的鼓励和支持。这种激励一直延续到了现在,无论在工作,还是在生活中,我都带着充实、快乐、自信的情绪投入其中,我真的是一个很幸福的人。

　　新闻中心给予我的,远比我想获得的要多得多。

（原载《中国农大校报·新视线》2012 年 11 月 10 日）

我的那些年

□高嵩

离开北京前，我又回到中国农业大学新闻中心办公室。正准备出门的孙老大(孙宏老师)告诉我，学校放暑假，潘彩清老师没在。见她一面是我临走的最后愿望，却因时间紧迫，仓促落空。

七年前，也在这间办公室，潘老师安慰哭丧着脸的我。那天我被甩了，潘老师说没事没事，走，咱一块儿吃饭去，男儿有泪不轻弹。如今想来，那些年自己够二，也够运气——因为有记者团和潘老师为伴。

五花八门的专业，同一个梦想，记者团这个集体就此诞生，把烦恼、颓废、怀旧和忧愁抛于脑后，有的只是热血、活力、付出和勇敢。

那些年，名家论坛、橄榄球赛、元旦跨年，大伙儿统统冲在新闻最前线；那些年，五色土 BBS"小编之家"比如今的微博更八卦更热闹；那些年，潘老师做的菜百吃不厌，孙老大的 KTV 唱功各种给力。

那些年，其实也就两年，我承认称之为光辉岁月多少有些幼稚。但正因如此，那些年才变成印象中掷地有声的记忆，影响我未来的职业规划甚至人生之旅。

上周末，新单位的编辑部主任说你小子可以啊，上手挺快，不愧在报社有过工作经验。其实要论新闻采写，那都是在大学记者团打下的底子。从最普通的消息稿，到突发事件、人物特写，再到主题报道、深度调查，各种新闻题材，当年在记者团都先后尝试，碰壁，再尝试，其乐无穷。另一大收获，自然是跟着潘老师学摄影。会议报道怎么取景，体育比赛如何抓拍，文艺表演怎样构图，那种手把手地实践教学，亲朋般的悉心关照，此后工作道路上再未有过。

我尘封已久的 163 邮箱草稿箱里，始终留着自己发在农大新闻网上的第一篇稿，2003 年 4 月 9 日，围绕"非典"采写的校医院相关报道。现在点开新闻网，也依旧能搜到当年发表过的文章。一篇篇翻看，自己忍不住会笑，文笔青涩甚至难掩幼稚。然而这点滴积累，让我越发坚定了日后做新闻的职业方向。说得通俗点，干新闻这行需要敏感与冲动。然而随着年龄及社会经历增加，理想难免被现实问题左右。我没能例外。幸运的是，我自诩不曾彻底丢弃那深藏心底的新闻理想。因为当年在记者团培养出的"新闻冲动"，至今流淌于身躯血脉里。

由于个人原因，今年换了工作，从报纸改行做了广播，工作地点也不再是北京。临行前回到新闻中心办公室想见一面潘老师，最终唯有在电话里匆匆道别。

其实毕业这么久，心里总会留个位置给记者团。那些年的采访照、跟潘老师以及各位同僚的合影，是我在空虚寂寞时最好的排解器。那些年，青涩幼稚在所难免，但正因如此，我才能拥有这份掷地有声的记忆。

（原载《中国农大校报·新视线》2012 年 11 月 10 日）

农大新闻网十周年琐忆——
那些年，我们一起用过的笔名
□何志勇

一

2005 年 5 月，中国农业大学百年校庆前夕，我来到这所百年学府，成为学校新闻中心的一员。

我见到的第一位同事也是后来我的领导，是当时的新闻中心副主任桂银生老师，这是在正式面试前的一次约谈。好像是正在迎接百年校庆，大家都很忙，桂老师让我在办公室等待，"没事可以翻翻我们的校报，了解了解学校。"

报纸上的内容现在都印象模糊了，但记得当时想大体了解一下未来的同事，以为"文如其人，人如其名"，所以特别留意了每一篇文章的作者，却发现都是笔名：艾子、扬帆、老木、思锐、流沙、愚记……

当晚，回到家里还特地上农大新闻网看了看，也都是这些名字，还多了些：田地、土人、一农、小舟……

正式进入新闻中心网络编辑部工作岗位后，我也"入乡随俗"，准备为自己取一个笔名。取名字不是件容易的事，想了半天也没有头绪，但马上就有文章要在新闻网发布了，情急之下，仿照田地、流沙，取了个"河山"。

"河山"这个名字从此也见诸新闻网、校报。记得在这年年底，采写"农大 108"玉米培育者、国家科技进步一等奖获奖者许启凤教授的文章在新闻网发布后，意外地接到了张东军副校长(现任党委常务副书记——本书编者注)的电话，让我去他的办公室一趟。

当我怀着忐忑不安的心情来到张东军副校长的办公室时，他似乎看出了我的紧张："河山，坐，坐，找你来没有别的事，就是一起探讨探讨文章。"原来，他对文章中的一段描述表示肯定，并询问为什么有这样的构思：

许启凤的家乡是"陶都"宜兴，这里盛产的紫砂陶通体黑沉，朴实无华，但一个小小的茶具却容得"满怀风月尽付茶杯"。从一捧泥土到"容五湖三江之水"的紫砂陶壶，却要经历筛澄水滤，经年窖藏，竹刀细刻，烈火炙炼，直至磨光上蜡的水与火、风与霜的磨砺。

如同那一捧日后成为紫砂陶的泥土，许启凤经历着时光的历练……

我向张东军副校长汇报了自己的思路：在此之前已有很多文章报道过许启凤教授的事迹，如何写出新意？只有更深入地去了解他。当发现许启凤教授的经历和精神，正如同其家乡的紫砂陶从泥土到陶器的制作过程。于是，有感而发，写出了这段文字。

从张东军副校长办公室出来时，很是轻松，突然间发现很多人在网上关注"河山"了。

二

在学校新闻中心工作一段时间后，也认识了其他同事，那一堆笔名的"真神"也一一对上了号。

艾子，这个名字在学校的知名度很高，其实是校报常务副主编郑培爱老师。后来，我询问过好几次，为什么取这个笔名，但一直也没有弄得太明白。但知道这个名字是郑老师从学生时代就开始用的，在她旅居日本的几年中，也以"艾子"之名在国内和日本的报纸发表了很多文章。去年，她把这些文字结集，出了一本书《在回望中感悟幸福》——这就是从事文字工作的好处，记录了历史，也记录了自己的成长，留下了岁月的印迹。

思锐，是在很长一段时间被学生们亲切地喊为"潘妈"的潘彩清老师。潘老师热心快肠，在学校熟人很多，但凡联系不上采访对象，找她一定能解决问题。潘老师还很好学，她的办公桌上常有新闻业务书籍，甚至还有很专业的《农业科技新闻写作》。她在很多活动中，都去策划组织学生记者跑新闻，又快又好。有几年五一劳动节期间，还组织了"劳动者之歌"的专题，效果特别好。

流沙，是一位办事认真严谨的老"知青"——刘令娥老师，她现在是我国驻墨西哥大使夫人。有一次，就我们俩在办公室，聊了一下午，才知道她当年曾在延安"插队"。后来，她考入西北大学新闻系，毕业后曾在延安市委党校任教。20世纪70年代末来到了北京农业大学宣传部。在我的印象中，刘老师是那种很优雅的女性。最近上网，看到"大使夫人刘令娥为中墨友好捐赠纪念牌揭幕"的消息，照片上的她还是几年前的样子，一点也没有老。

还有前面提到的桂老师，他的笔名是"老木"，是公认的"笔杆子"。刚来农大时，看到了很多他的文字，从中感觉到了点点滴滴社会媒体人特有的激情，让我想起那句"铁肩担道义，妙笔著文章"。那时，他还是新闻中心副主任，管着我们这些老少记者，他常常强调新闻的可读性，常常会"叫嚷"："不要把文章标题写成会议标语"；常常会"骂人"："这写的是什么破烂玩意儿？"

接替桂老师的是"田地"——陈卫国，北京大学中文系硕士研究生，他的为人与他的笔名一样朴实、耿直。他的文笔也很了得，有一次，我无意中看到了他写的一小段文字，好像是以网络新闻部为素材，写了一段"编辑部江湖故事"，言辞精妙。很多时候，我都劝他在业余时间写些小品文,因为我觉得这样的好笔头,不写点什么,实在太可惜了。那时候,他也动了笔。但桂老师一走,他接掌新闻中心,天天忙得不得了,没有了写东西的时间。

想一想,就像田地的"编辑部江湖",那时大家都很年轻,新闻中心像一个欢乐的小江湖。

扬帆,是李扬,他是英语专业毕业的,专业八级,但他十分钻研好学。我刚来农大时,他是东校区学生记者团的指导老师,自己开发了一个学生记者稿件编辑管理软件,学生采写、老师编辑、上网发布,功能十分强大,学生可以看到老师的修改过程,也很方便统计稿费。李扬后来去了电视台,又为电视台开发了一个电视新闻编辑管理软件,一直到现在还在使用。

愚记,是大名鼎鼎的曲越。那时,学校的活动特别多,只有他和郭忠老师两位摄影记者,他们经常是四处"赶场",忙得不行。有一段时间,他天天要参加各种活动,甚至有时候就餐时间也要为来宾留下一些影像资料,我们私下里调侃过他的窘境:"别人坐着,你站着;别人吃着,你看着;别人聊着,你候着"。其实,这样的状态,新闻中心很多同事都经历了,说笑之后,还是一如既往地认真工作。曲越也和李扬一样,他的摄影也是自学成材,但现在真的是炉火纯青,好几次我在网上、报纸上看到有摄影比赛,我都跑去鼓动他参赛,但他却比我淡定得多,没有参赛的意思。不过有一天,我突然发现,他已经成为中国新闻摄影家协会会员了。

那时,大家都很年轻,师生年龄相差无几,在新闻网里用笔名,在五色土 BBS 上也有"昵称",田地、欧阳、扬帆分别有一个昵称:鼹鼠、田鼠、土拨鼠,他们就是开心快乐的"一窝鼠"。

三

新闻中心的"笔名之风"起源很早,新闻网刚启动之时,文字记者无一例外都用笔名。

岑溪,是有名的才杰老师,我来农大时,她早已调到《草业学报》去了,在过去的新闻网、校报上看她的作品,文字中透着干练、精悍。但我们一直没有见过面,我一直以为"才杰"是位先生,过了很久才得知这位前辈是位"才女"。

林青,看上去不像笔名,以为是真名,但其主人的真名是王健梅。王老师离开农大多年,我也未曾谋面,但在网上看到过她的文章,文笔也很好。我在为《名师颂》撰写文章采访国家级教学名师刘庆昌之前,在准备采访在《科学》杂志发表论文的夏国良教授之前,都是先看王老师过去的报道,然后有备而去,采访很成功。

雨水,是现在《植病学报》的于金枝老师。虽然同在一个校园里,却没有见过面,但她过去的文字,我却读过,有新闻的味道。有一次,党委书记瞿振元等校领导与"两课"教学部门负责人研究探讨"两课"教学问题,按照一般"机关式"的报道逻辑,标题肯定是"校领导与'两课'教学负责人研究'两课'教学",诸如此类,四平八稳,但她的标题却是:"瞿振元书记要求:'两课'教学要与时俱进",明确得多。还有几篇报道:"'学院航母'农学院正式成立/瞄准'国内第一'发展优势学科""经济管理学院宣布成立/志在办成农大'特区'",这样有气势的标题,现在很少见;"肯于做小事,人情味十足——师生眼中的农大校长""古书今用,我校图书馆数字化建设见成效",看到这样很亲切的标题,读下去也是亲切的文字,这也是值得学习借鉴的地方。

其实,老木、艾子是和岑溪、林青、雨水一拨的"老人",现在只有艾子还坚守在新闻中心,成了年轻人的榜样。那时新闻网上还会出现其他笔名:一农,是时任宣传部部长钱学军老师,现在是党政办公室主任;小舟,是后来的宣传部副部长周茂兴老师,现在去了教育部工作;土人,是时任校长秘书曲瑛德老师,他是新闻网"资深"通讯员,现在是农学院分党委书记……他们都是新闻网初创时期的亲历者。那时人手少,为了"虚张声势",一个人还有好几个笔名:现在很多人已经不知道谁是"甲乙",谁是"笑轩"了——就是老木和小舟。

四

浏览 2002 年前的新闻网,有很多不规范的地方,内容时有杂乱,署名规格不一,文章自编自发。到了 2005 年,我来到农大时所看到的新闻网,已经大有改观,走上了正轨。

2006 年,学校中层干部调整,宁秋娅老师挂帅宣传部,她进一步加强新闻网的制度建设,进一步完善新闻网发稿、编辑流程,聘请了宣传顾问和新闻监督员,提出新闻"实名制",要求大家增强责任意识。从此新闻网的记者们一别过去的"笔名时代",开始实名面对广大读者。

这两年,新闻中心陆续招了一批名校毕业的专业型年轻人,又增添了新的活力。

农大新闻网上,笔名已成为历史,实名却增强了大家的责任意识,写好稿、编好稿成为编辑记者们的自觉和责任。

不过,那些年,我们一起用过的笔名,却记录了中国农业大学快速发展的历史,见证了农大新闻网不断前进的步伐。

我们创造了一段属于农大新闻网的历史。

或许,我们还将创造农大新闻网又一段新的历史。

(原载《中国农大校报·新视线》2012 年 11 月 10 日)

美文与悦读

风风雨雨话党章

□赵竹村

《中国共产党章程》,简称党章,是随着党的创建而初创,伴随着党的事业发展而不断发展和成熟的党内生活最高法规。

1920 年秋,上海共产主义小组、北京共产主义小组等党的最早组织相继成立后,就开展关于建党问题的讨论,以及研究制定党的纲领等工作。1921 年 7 月,党的第一次全国代表大会召开,通过了中国共产党第一个纲领,第一条内容就是:"我们的党定名为'中国共产党'"。1922 年 7 月,党的第二次全国代表大会通过的党章包括党员、组织、会议、纪律、经费、附则 6 章,共计 29 条内容,已经成为一部比较完整的章程。

九十多年来,党在创建与发展过程中书写党章、完善党章,是自觉运用马克思主义理论指导党的自身建设的生动实践,对于党的事业走向成功发挥了重要作用。可以说,党章与党的发展壮大相伴,见证了党的历史上的风风雨雨。今天,我们要倍加珍惜、自觉学习贯彻党章,从中汲取干事创业的精神力量。

建设一个为人民服务的党

我们学习党章,首先要从马克思主义党的学说的理论高度领悟党章内容,更好地理解和把握党章的微言大义。马克思主义党的学说,即"党学",包括毛泽东建党学说,是一门与马克思主义哲学、政治经济学、科学社会主义不可分割,同时又相对独立的科学。它始终与无产阶级政党的建设实践密切联系,科学回答为什么要建党、建设一个什么样的党、怎样建设好这个党的问题,为历史上党章的起草与修改提供了直接的理论指导。

"党学"的核心是建设一个为人民服务的党。1934 年 1 月 17 日,毛泽东同志在《关心群众生活,注意工作方法》的讲话中提出:"我们应该深刻地注意群众生活的问题,从土地、劳动问题,到柴米油盐问题。""要使广大群众认识我们是代表他们的利益的,是和他们呼吸相通的。"1941 年 11 月 21 日,毛泽东同志《在陕甘宁边区参议会的演说》中强调:"共产党是为民族、为人民谋利益的政党"。1944 年 9 月 8 日,毛泽东同志在《为人民服务》的震撼人心的讲演中代表共产党人郑重承诺:"我们这个队伍是为着解放人民的,是彻底地为人民的利益工作的。"从 1945 年 6 月党的第七次全国代表大会通过的党章起，全心全意为人民服务的要求就写入党章的总纲，直至今日成为党不变的宗旨。

曾经沧桑，不忘初心。在新的历史时期，习近平总书记指出："人民对美好生活的向往，就是我们的奋斗目标。""要始终把人民放在心中最高的位置，牢记责任重于泰山，时刻把人民群众的安危冷暖放在心上，兢兢业业、夙夜在公，始终与人民心心相印、与人民同甘共苦、与人民团结奋斗。"我们党把全面从严治党纳入"四个全面"战略布局，强调"革命理想高于天"，"打铁还需自身硬。"我们要在学习党章中切实坚定理想信念，始终保持为民情怀，不断增强共产党员的责任担当。

党章背后的几个小故事

一个为群众奋斗的党必须要"到群众中去"。历史上，我们党关于党章的第一个实质性的决议，就是 1922 年 7 月党的第二次全国代表大会通过的《关于共产党的组织章程决议案》。这个决议首次吹响了"到群众中去"的号角："我们既然不是讲学的知识者，也不是空想的革命家，我们便不必到大学校、到研究会、到图书馆去，我们既然是为无产群众奋斗的政党，我们便要到'群众中去'，要组成一个大的'群众党'。"各地党组织积极开展工农运动，不断加强了与基层群众的联系。在北京党的活动中，邓中夏同志直接帮助农大学生杨开智、乐天宇等成立社会主义研究小组，要求大家每天都去学校附近的农村，深入到农民中谈心、做工作。在农大学生党组织的带动下，北京郊区较早地建立起了农村党支部。这堪称我们学校党的历史上最早的"红色 1+1"活动。

"支部建在连上"，抓基层打基础。1927 年 6 月，我们党在党章中明确规定："支部是党的基本组织，各工厂，各铁路，各矿山，各农村，各兵营，各学校，各街道及其各机关内或附近，凡有党员三人以上均得成立支部"，"支部是党与群众直接发生关系的组织"。1927 年 9 月，毛泽东同志领导秋收起义部队进行三湾改编，创造性地提出"支部建在连上"，连有支部、班有小组，保证了红军历经艰难奋战而不溃散。1928 年 11 月 25 日，毛泽东同志在《井冈山的斗争》中指出："两年前，我们在国民党军中的组织，完全没有抓住士兵，即在叶挺部也还是每团只有一个支部，故经不起严峻的考验。现在红军中党员和非党员约为一与三之比，即平均四个人中有一个党员。"支部坚持"政治化""实际化"，每月有计划地召开各种会议，解决实际问题，指导实际工作；每个党员必须担负一项社会工作，完成党交给的任务；支部和党员群众对于上级机关的指示，要经过详尽的讨论，了解指示的意义，细化执行的办法。这些做法时至今日仍带给我们启迪与借鉴。

"为提高党员标准而斗争。"新中国成立后，党的历史方位发生了根本变化。1956 年 9 月 16 日，邓小平同志在党的八大上强调："中国共产党已经是执政的党，已经在全部国家工作中居于领导地位。"此时，党员总人数已比七大时增加了 8 倍多，比新中国成立时增加了 2 倍。一个人入党，不再像革命战争时期那样冒着生命的危险，反而容易滋生各种功利的思想。如何切实严格对党员的要求,经受住执政的新考验,是新中国成立后党的建设面临的新问题。为此,刘少奇同志强调"为更高的共产党员的条件而斗争",邓小平同志强调"为提高党员标准而斗争"。1956 年 9 月 26 日,党的第八次全国代表大会通过的党章,将党员义务由原来 4 条增加到 10 条,明确规定一年的预备期、入党前谈话、预备党员的教育与考察等要求,以及取消了原来有关缩短"候补期"的规定。

党章中蕴含的大道理

长期实践证明,党章所阐明的党的性质、党的指导思想、党的纲领、党的组织原则、党员标准、党的纪律、党的意识等,对于各级组织和全体党员干事创业具有"指南针"、"教科书"般的现实意义。我们学党章,要不断汲取党章总纲、条文字里行间蕴含的历史经验与智慧,把党章转化为行动的指南。

正确认识和把握两个"先锋队"之间的关系。2002 年 11 月 14 日,党的第十六次全国代表大会通过的党章,在总纲中开宗明义地指出:"中国共产党是中国工人阶级的先锋队,同时是中国人民和中华民族的先锋队"。对此,人们通常称为两个"先锋队"。历史上,我们党担当着两个"先锋队"的使命,然而,在党章中将两个"先锋队"性质明确规定下来,尚属首次。有的对此产生模糊认识,甚至把民族先锋队与所谓的"全民党"想当然地画上等号。其实,这两个"先锋队"之间并非简单并列的关系,党的性质的核心要义是"中国工人阶级的先锋队",只有永葆工人阶级先锋队性质,党才能担负得起民族先锋队的使命。改革开放的任务越是繁重,我们党越要坚持四项基本原则,越要补足共产党人精神上的"钙",保持马克思主义执政党的先进性、纯洁性。

正确认识和把握最高纲领与最低纲领之间的关系。从党的第一部党章起,就把实现共产主义作为党的最高理想和最终目标。这是党矢志不渝的最高纲领。特别是,从党的第二次全国代表大会起,党章始终坚持最高纲领与最低纲领的统一,不断明确每一个历史阶段的具体奋斗目标,为着实现更高目标而迈出坚实的步伐。2012 年 11 月 14 日,党的第十八次全国代表大会通过的新党章,对于社会主义初级阶段的奋斗目标,明确了"两个一百年"的时间表、路线图和五位一体的总布局。当前,我们正处于奋战"十三五"开局之年,要到建党一百年时,全面建成小康社会。无论何时,我们都不能淡漠远大理想,只顾低头走路不看路,更不能有梦想、不务实,必须切实把仰望星空与埋头苦干统一起来。

正确认识和把握党员义务与党员权利之间的关系。从 1945 年 6 月 11 日党的第七次全国代表大会通过的党章起,就对党员义务、党员权利有了明确的规定。此后,党章内容的历次修改,都坚持义务权利有先有后相互衔接,使党员的条件具体化,既对党员提出更高要求,又为发扬党内民主、发挥党员积极性提供法规保障。这也是党章成熟的标志之一。今天的新党章规定党员必须履行 8 项义务,同时享有 8 项权利,充分反映了党员意识的时代特征。比如，党员必须履行认真学习和努力提高为人民服务的本领的义务，相应地享有接受党的教育和培训的权利。在实际工作学习生活中，决不能把义务和权利割裂开来甚至对立起来。我们只有全面落实党章规定的义务与权利，才能成为一名合格党员。

（原载微信公众号"CAU 新视线"2016 年 5 月 13 日）

离开的时候，
校长送你三首诗……

□柯炳生

编者按：不久前，高等教育出版社出版了中国农业大学校长柯炳生，也就是同学们心目中"柯帅"的文集《你的青春我的白发》。

柯炳生在这本书里感叹说：大学校园，是青春的海洋。涌动的青春，一潮潮进来，一潮潮离去……而在这青春身影的变换中，我增添白发……我爱大学，我爱大学里的青春。你的青春，就是我的梦想……我梦想你们每一个人的青春之花，都能够在这里绽放得无比绚烂；我梦想你们每一个人的青春之梦，都能从这里开始构建……

在这本书里，还收录了前几年柯炳生在不同场合"献给青春筑梦者和青春助梦者"的几首诗，今天，我们将其中的三首诗送给即将离开的毕业生，也送给全体农大人，让我们为了理想，一起筑梦，一起助梦！

农大新年的钟声

这是一座沉静的大钟，无视春虫夏鸟的奉迎。
365 个日日夜夜，听任南来北往的喧腾。

这是一座苍劲的大钟，把从容送给雨雪冰冻。
365 个日日夜夜，用厚重笑对东风西风。

它用朴实无华的素面，映衬着青春校园的草绿花红。
它把全身化作一只耳朵，倾听着千百学子的书声心声。

经过了 365 天的守候，这一座大钟要在今夜启动！
经过了 365 天的沉默，这一座大钟要在今夜轰鸣！

让我们一起来敲起这希望的大钟，敲走严冬，敲来春风！

让我们一起来敲起这奋斗的大钟，敲向胜利，敲响成功！

——2008 年 12 月 31 日，柯炳生校长出席迎新年敲钟活动时，现场朗诵了这首诗，表达了对未来的希望。

校长心语

学校百年校庆的时候，校友捐赠了一口大钟，安放在学生食堂的小广场上。这口大钟，每年敲响一次，就是在元旦前夕的午夜 12 点。陈章良先生任校长时，每年都出席这个敲钟活动，并且给学生唱歌。好像那几年流行校长给学生唱歌。我要出席敲钟活动，但是，又不会唱歌。想了想，就写了这首诗，以应对学生的起哄。实际情况正如所料，于是就在现场朗诵了。

次日，校园网要全文刊载。我觉得后边最后两段太口号化了，现场念的时候，是符合当时的气氛。写出文字来，就不那么顺眼。我想，最后两段也许可以改成："然后，它就在今夜轰鸣，抒发出不畏敲打的本性；然后，它就向世界宣告，送旧迎新才是它的使命。"

你我的校园，共同的家

体育馆，很大，
装满了两万学子的欢笑，
却装不下四万父母的牵挂。

科研楼，不高，
可那楼顶上的六个大字，①
是需要你我共同守护的灯塔。

这里，有你的理想之梦，
这里，有我的希望之花，
这里，是你我的校园，共同的家。

这个家需要我们的共同装点：
用我的秋叶冬雪，
用你的春草夏花。

---

① 2002—2018 年，中国农业大学东校区主楼和国际会议中心的楼顶、西校区主楼和科研楼（现园艺楼）的楼顶，树立了"中国农业大学"标志。

尽管，你终将是校园的过客，
然而，校园却是你永远的家，
你的快乐，是我永远的贺卡。

我知道，在你未来的回忆中，
一定会想起这个校园这个家，
想起你的青春，我的白发……

——2009 年 12 月 31 日，主题为"爱国报国 青春奉献"的新年晚会在中国农业大学体育场馆激情上演。面对数千学子，柯炳生校长朗诵了这首诗歌，表达了一位校长对学校朴素的情、一位师长对学生深挚的爱。

校长心语

这一年，元旦活动添加了一项内容：学生文艺晚会，在学校的奥运体育馆中举行。全校领导出席，并在演出前集体上台给全校师生拜年。

轮到我致辞时，先问了声新年好。然后就说：在书记后边讲话，总是一个巨大的挑战。书记把所有的话都说了，包括感谢、祝贺、祝福、表扬、夸奖……我已经没有词可说了。我知道，中国农大的同学们，同不少其他高校的同学一样，有着一个雄心壮志，这就是要把校长们一个个培养成歌唱家……我呢，基础不好，不会唱歌，就给你们念首诗吧。

那条未选择的路

金色的林中伸出两条分路，
挡住了我长途跋涉的脚步；
可惜我只能选择其中的一条，
我久久地极目远望，踌躇。

一条路经受着时光的磨损，
远远地埋入密林的深处；
另一条路似乎更为荒寂，
萋萋芳草已侵上了它的面目。

两条路洒满同样的朝露，
金色的落叶上没有一个脚步。
唉，以后再走第一条路吧！
虽说是路路相通，但只怕我再也难回此处！

很久很久以后，我将带着叹息，

讲述起这林中的两条分路：

我选择了那条人迹更少之路，

这导致了我迥然不同的归宿。

——2009 年 4 月 11 日，柯炳生校长在中国农业大学第五届研究生代表大会上作题为"职业理想与就业选择"的讲话，他说："关于人生选择，有一首著名的诗，题目是 *The Road Not Taken*（那条未选择的路），是美国诗人罗伯特·弗罗斯特（Robert Frost）的名篇。我 27 年前第一次读到时，便很受触动。10 年前再读，感受更深。昨天，前任研究生会主席韩非同学邀请我给同学们作一首诗。我作不出更好的诗，却想到了这首诗。这里把我对这首诗的翻译读给大家。"

校长心语

同学们，人生是一个不断努力和选择的过程。努力的重要性，是不言而喻的。而有些选择的重要性，可能比努力更重要。职业理想与就业方面的选择，就是这样关系重大的选择。而选择，总是艰难的。越是意义重大的选择，越是艰难。因为，选择，就意味着放弃；选择了选择的，就是放弃了没有被选择的。所有的选择，都是有代价的。在经济学上，这叫机会成本——你放弃了另一个选择所可能带来的机会，就是所做的那个选择的成本。在人生的道路上，面对两条以上的路，你无法患得患失，瞻前顾后，迟疑不决，徘徊不前，而是必须及时做出选择。在很多情况下，成功之路，不是世俗之路，不是平坦大道，而是人迹较少的荒路，或是杂草丛生的小径。这时的选择，就需要果断和勇气。

同学们，我真诚地希望着，面临着你们的职业理想和就业机会，你们会有智慧，会有抱负，会有勇气，会有远见，做出正确的选择。我真诚地希望着，在很久很久以后，当你们回忆起在这个校园里的生活时，回忆起今天的职业理想与就业机会选择时，你们能够无怨无悔，能够心满意足，能够深感幸福。

（原载微信公众号"CAU 新视线"2016 年 6 月 20 日）

曾德超先生

□徐晓村

曾德超先生于六月二十三日辞世，享年九十四岁，出席遗体告别仪式的多是他的学生，也都七八十岁了。有为数不多的年轻学生，不知是出于仰慕还是确曾受教，也参加了。我想，知道他的年轻人大约很少了。

与文科的学者相比，自然科学的学者身后往往更为寂寞。舞文弄墨，对文科学生来说是本色当行。老师的学问高名气大，学生常常就事无巨细地写出来。读者对于这样的人物也好奇，一些逸事往往也因此流布广远，且被津津乐道。即以声名赫赫的西南联大为例，回忆的文章大多是文科学生写的，所记便也多是文科教授们的治学为人乃至言行举止，不了解内情的人会误以为是一群文科教授在西南联大。这对理工科学者似乎不公平，但也无可奈何。因为像汤佩松那样能写出一本精彩的回忆录的科学家终归是少数。学文科的人认为文章乃"经国之大业，不朽之盛事"。搞自然科学的却未必看得上。就是能写的，也不愿为此费心劳力。

曾先生就对舞文弄墨颇不以为然。闲谈中说及，以为贾岛在"推""敲"上费尽心力实在没有意义，不如去做点实事。

曾先生是农家子弟，后来读中央大学机械系，抗战胜利后赴美留学，应该和吴冠中、吴文俊、李政道、何炳棣他们是一批的。不过他所学的专业却是并不时髦的农业工程。这一选择很有可能出于自愿。因为晚年谈及成长经历，说是自幼看到农民穷苦，遂产生科学救国的思想，而从事农业则是受梁漱溟、晏阳初、费孝通等人的影响。

中国知识分子不爱国的很少，但曾先生他们那一辈人对国家的感情更热烈也更纯粹。其表现是，考虑国家需要多，考虑个人命运少。例如"文革"期间，以曾先生的身份大约是难逃厄运的，却从未听他谈及个人遭受的冲击，说得较多的是学校的实验农场弄没了。这种情况并非只限于曾先生一人。杨绛在文章中说过，"文革"期间，她与钱钟书已沦为"五七战士"，曾问钱，是否后悔新中国成立前夕没有出国？钱回答，今天叫我选择，也还是那样。"苟利国家生死以，岂因福祸避趋之"，这在他们，是一生履践的信条。

曾先生一生勤奋，真可谓孜孜不倦。据说年轻时常工作到办公楼锁门，要跳窗出来。

史无前例期间处境艰难,导致心脏病发作,却在病床上算出了一种犁的曲线。晚年脑血管大约已经有了问题,影响到思维,一件事常说不到底,讲到一半会从头说起。据家人说常发脾气,因为总是表示要做什么工作,倘家人劝阻,便会发怒。不能工作,这对他来说便是大苦。

曾先生口不臧否人物,偶有涉及,也是对上下钻营、追名逐利之辈的不以为然。在他个人,对于名利看得是很淡的。新中国成立前夕,他在西北,联合国(战后救济总署)资助的一笔钱落在他手里,是黄金。兵荒马乱,他怕丢了,便整天带在身上。听说解放军到了西安,专程赶去将黄金上缴。

他大约不知道享受为何物。他喜欢喝点酒,大多时候是到楼下的小铺买一小瓶二锅头。理由是喝不出酒的好坏。有一次闲谈,他说从未吃过老北京的小吃,其时他已经在北京定居近六十年,可见对这种事情并不在意。

曾先生以九十四岁辞世,按常理说这可算是高寿,只是觉得这样的人物今后怕是难得一见了。倘若其行迹也一样被后人忘记,实在可惜。

(原载《中国农大校报·新视线》2012 年 10 月 25 日)

思想筑就世界

□瞿振元

　　思想筑就世界。培育拔尖创新人才，不仅是高等教育自身发展的需要，也是外部社会变化发展的客观要求。创新人才不仅有知识，还要有文化，文化是"根植于内心的修养，无须提醒的自觉，以约束为前提的自由，为别人着想的善良"。"有文化"的人，当以知识为基础，但须内化为"修养、自觉、自由和善良"。周山涛教授、刘一口教授、蔡同一教授就是这样的人，因此也就自然被学生和晚辈们景仰、尊重和爱戴。

　　人生就是灵魂的修行，精神的塑造，文化的传承。老师们的言传身教就是一种精神的传递，会深植在一代代学生们的心底，成为学生和晚辈们自觉的修养和人生的执着，成为一个团队、一所大学的文化，成了灵魂。

　　当年，周山涛教授克服了重重困难，从无到有，凭借着自己深厚的学识，创建了我国第一个果蔬贮藏与加工学科，从而开辟出一条崭新的道路。刘一和教授、蔡同一教授的先后加入，更是如虎添翼。三位先生秉承着共同的追求，构建着共同的目标，描摹着共同的理想。在无数个日夜更迭中，为学科的建设和发展铺建了道路，让后来人能够循着他们的足迹前行。

　　教书育人，是一件神圣的事情。每一位在农大讲台上传道授业解惑的老师，其身后都有着良多的故事，而这些故事都与奉献有关。他们无私地将青春挥洒在这三尺讲台上，他们无悔于这样的奉献。农大一直以"解民生之多艰，育天下之英才"为校训。而三位老先生也用自己的实际行动，实践了这一校训。

　　2009年5月2日，胡锦涛总书记视察中国农业大学时，提出了"加快建设世界一流大学步伐"。2011年4月24日，胡锦涛总书记在清华大学百年校庆大会上明确指出：全面提高高等教育质量，必须大力提升人才培养水平，必须大力推进文化传承创新。面对总书记的要求，我想，无论你身处农大的哪一岗位，只要你在农大，你就能够感受到身上的责任感与使命感。

　　培育有文化的一代新人，要运用"文化育人"的教育理念。正如胡锦涛总书记讲话中所指出的那样，"要积极发挥文化育人作用，加强社会主义核心价值体系建设，掌握前人积累的文化成果,扬弃旧义,创立新知,并传播到社会、延续至后代,不断培育崇尚科学、追求真理的思想观念,推动社会主义先进文化建设。"事实上,这就是教育的本质。

胡小松以学生的身份为三位老师继《树》之后又出版了《路》一书,让我感受到农大人在推进文化传承创新中的执着。

本文是作者为《路》(胡小松主编,中国青年出版社2012年出版)一书作的序,有删节。

(原载《中国农大校报·新视线》2012年4月25日)

一壶普洱 心纳万物

□徐晓村

　　现在书店里卖的与茶有关的书很多，说明随着中国人生活的日渐小康，生活的情趣也在日益提高。喝茶的人多了，想喝出点意思来的人也多了，喝茶不仅仅是为了止渴，也不仅仅是品尝滋味，而是上升为一种精神的享受，我想这大约就是茶书需求量大的主要原因。由这种现象也可以看出人的文化素质的提高。

　　仅就我个人交往所及，有不少熟人原本是不大喝茶的，但几年之后，却突然变成了喝茶的高手，对茶的了解竟然到了细致入微的地步，而且沉浸其中，自得其乐。推而广之，可以想见，这些年里，一定有很多人由茶的外行变成了内行。喝茶在古代就是文人雅事，现代人热衷于喝茶，多半是因为压力沉重，心绪浮躁，一杯清茗在手，会让人感到神定气闲，宁静安适。安贫乐道说不上，真正会喝茶的人一定不会穷奢极欲，献身于追名逐利。

　　虽然普及性的茶书很多，真正写好并不容易。我在书店也曾浏览过，说得对不对倒在其次，主要问题是只有知识的堆积，缺少个人的体验，本来是写给大众看的，读起来却像高头讲章，既无个性，也不亲切。我一直喜欢如朋友闲谈一样的茶书，既增加了知识，也不觉得枯燥烦累。可惜这样的茶书太少，究其原因，可能是专家写这类书太像教科书，而非专家又不肯写。

　　童云女士的专业并非茶学或茶文化学，却在几年的时间里变成了一个茶的内行。这期间她大约下了很大的功夫，读书、实地考察、结交茶界的朋友，当然更多的是认真喝茶。有人会问：喝茶也需要认真吗？当然需要。不仔细品味，再好的茶也喝不出味道来。这倒让我想起一件事情来，前些天去吃饭，是泉州菜，有一个炸五香。我吃了只是觉得好吃，一个以前的学生却能分辨出里面放了哪些原料，这等本领实在让我佩服。童云在喝茶上大概也有这种本领，可以到评茶会上去当专家。只是不知道有没有人请。

　　她前两年出版了一本《茶之趣》，听说销量很不错。这回她又和张宗群女士合写了《一壶普洱》，风格一仍其旧，让人不知不觉间就把书看完了。

　　两位作者都是云南人，喜欢普洱茶很自然。过去喝普洱的人主要集中在中国西南地区和香港，现在北方也有不少人爱喝普洱茶。普洱茶和北方人喝惯了的绿茶、花茶相比无论色香味差别都很大，怎么突然喜欢上了呢？除了商业上的宣传，是不是还有别的原因，我说不清楚。也许是包装的缘故。过去北方人很容易以为普洱茶是比较低级的茶。普洱茶的包装大都很简朴，华丽的不多。其实普洱茶是很好的茶，皇帝爱喝，贾府里的老太太也爱喝。但是真正能品味出不同产地、不同年份的普洱茶之间的区别究竟有多少人可不好说。我也喝普洱茶，却从来喝不出好坏来，所以对书中描写的对普洱茶滋味那种细入毫芒的感觉实在钦佩。

中国古人喝茶有四个要素，即茶、茶具、环境、同饮人数，现在这种精致的讲究已经很少见了。我们的生活因缺少诗意而日见粗糙。客来敬茶的传统还有，但茶具、环境则过于粗陋，即便是在茶馆或茶楼，也是闹哄哄的。人们到那里去的目的似乎是打牌，而不是喝茶。而童云这样的女性却在自己的日常生活中自然而然地接续了我们古老的传统，书中那些对自己喝茶过程与心境的描写，显示了一种对精致的生活趣味的追求，加以女性的敏感与细腻，造成了个人的饮茶艺术，较之于商业化的生造的其实并无精神内涵的所谓茶艺，这种个人的饮茶艺术的灵魂是通过茶表达了对诗化生活的理解与追求，却也正因其不故作高雅而难能可贵。之所以能如此，盖出于对茶的真正热爱，这种热爱正是出于对日见功利的世俗生活的不满与抵抗。也许多年之后，这本书会成为了解二十一世纪初期中国茶文化状况的重要材料，而且是比那些统计数字更鲜活更有生命力的，因为它有人的灵魂对现实生活的感应。

本文是作者为《一壶普洱》（童云、张宗群著，中国农业大学出版社 2011 年出版）一书作的序。

（原载《中国农大校报·新视线》2012 年 4 月 25 日）

三个女人三本书

□吴宝利

  我的书桌上有三本书,而且是三本属于不同类型的三个女人的书:一本是民国女子林徽因的传记,是白落梅写的《你若安好,便是晴天》;另一本是红遍大江南北的文化学者于丹写的《趣品人生》;还有一本是我几乎天天见面的同事、中国农大校报编辑郑培爱写的《在回望中感悟幸福》。

  三本书作者境遇迥异,书写内容亦迥异。放在书桌上,时而翻翻这本,时而翻翻那本,虚实交汇,形象互转,让人有种随意穿越的意味,有种向往、体味和思忖的串联。

  对民国女子林徽因,当然是无限向往的意味,那一挥手而不带走一片云彩的廊桥所演绎的梦幻,给我以关于浪漫、优雅、风华,以及成功的所有注释。

  于丹这位矢志传播先贤智慧的当红学者,通过茶、酒、琴、山水等要素,让人们营造趣味的氛围,以期建立人与自然、人与社会、人与自身共通和谐的人生。

  而更为质朴而实在的是郑培爱的《在回望中感悟幸福》,一本关于异国文化、子女培养与大学生教育的人生日志。

  当我们从诗意回归平实,那个由爱情闻名,矗立在西子湖畔还能从镂空的人像望穿无限浪漫的纪念碑碑文中,看到了一个真实的著名建筑学家、共和国国徽的设计者对所爱事业的无限执着。但现实中她女儿留下的记忆却是因长期累病缠身而极易暴躁的纤弱母亲的工作狂的形象。

  那个常年徜徉于"经""史""子""集",像孔子一样宣扬先秦智慧的学者于丹在生活中亦是一个从来不知东南西北的路盲,"幼稚"得必须由同行学生牵引过马路而经常被用来戏弄的师长。来中国农大作演讲,接受学生赠送的一只毛绒狗熊时欣喜若狂的细节,折射出的是她内心的童趣未泯和简单可爱。

  而从郑培爱简朴的文字中同样看出的是热情与执着,且因为熟悉更感到立体和饱满:一个伴夫远渡东瀛求学的妻子,因文化差异而产生的文化自觉,一个母亲对女儿精心培养而产生的心灵胶着与决断,一个"好为人师"的老师乐于和大学生平等交流的思考和探索。由此让我更多地看到了一个在生活中平静、平和、平淡却永远保持美好向往的鲜活形象。

现实中,我们更愿意崇拜远去了的却可能是虚无的英雄,这是向往因距离而产生的神秘。其实,美无处不在,智慧亦随处可得,只是得用些心思。关注身边的人和事意义更大,读其书,看其人,与之辨析,唾手可得,一件幸事,何乐不为?

　　　　　　　　　　　　　　　（原载《中国农大校报·新视线》2012 年 4 月 25 日）

幸福路

□童云

当我走在从办公室到图书馆的这条步行道的时候,幸福感就会油然而生——还有谁能像我一样工作是编辑图书、业余爱好是读书?

首先,是作为图书责任编辑,我可以尽情地到图书馆查阅相关图书,参考其开本、版式、印装方式、内容,从而使得自己编辑的图书成为同等图书产品中的上品。日子久了,用同事的话来说就是:童云,你编辑的图书版式总是其他书的模板!

其次,就是作为一名读者,我可以快乐地到图书馆借来自己想看的图书,认真地读,遇到一本好书,一次没读过瘾,还可以在图书馆的网站主页"我的图书馆"中自行续借。就这样,来来回回的,走在这条一年四季洋溢着银杏树不同味道的步行道上,从图书馆抱回一摞摞的图书,不久又走上这条路,换回一摞摞我爱着的图书……

这条幸福路,一走就是近 20 年。身在高校,享有大学图书馆丰厚的图书资源,是多少爱书人梦寐以求的事情。大师季羡林先生说过,天下第一好事,还是读书。那么,对于我这名终日与书打交道的"小资"而言,便是一个难得的福分了。

读书,读好书。据调查,我国每年推向市场的图书近 40 万种,那么,如何才能在有限的时间内读到自己心仪的图书呢。专家说了,一是大众普适的经典,二是适合你喜好的经典。

做学生的时候,为了学业,读了不少的专业书,当然,间或也会借阅一些 I 类,也就是文学类的图书;再后来,就是工作。为了一个图书选题,自己会把图书馆内的同类图书如数抱回到办公室认真研读;再再后来,研读着研读着,方向性越来越明确,每次进到图书馆就会径直走到 TS 类。这里,除了有自己的专业方向食品类图书之外,还有特种食品——茶类图书。

一个偶然的机会,在一位做时尚类杂志朋友的友情提示下,我认识到了自认为很平淡的个人爱好——品茶——其实在朋友眼中已小成规模,于是开始正式涉足茶文化领域,由最初的无意识,到现在的有意识,图书馆里的茶书均被自己借了一过又一过,茶书中的诸如茶圣陆羽《茶经》这样的经典著作自然是不满足于借阅的,于是悉数购买放入自己的书柜中。读着前人的作品，记下自己的感悟，于是就产生了为知性白领而写就的茶文化图书《茶之趣》；再然后，开始边看茶书，边照着其中的方法去体会茶中的各种滋味，特别是因为自己是云南人，作为马帮的后代，不由得对云南普洱茶多了更多的敬畏，于是在探索中，完成了《一壶普洱》这本专门向读者介绍云南普洱茶的茶书。当然，后来还产生了颇有读者缘的《中国茶叶的那些事儿》和《帮你成为泡茶高手》等电子书。

还记得当自己第一次在图书馆里看到自己的作品《茶之趣》也陈列在架的时候，强忍着激动的心情，自拍了一张与书的合影。想那才女张爱玲，当自己的作品上市后，也情不自禁地跑到书摊上，装作读者的模样，问老板：这书好看吗？好卖吗？然后再掏出钱包，买上一本，兴高采烈地离开。想来，任何一名作家，特别是女作家，在最初的时候，都会经历这种雀跃。后来，再看到《一壶普洱》陈列在架的时候，自己就已经淡定得多了。

说到这里，就产生了一个读书目的的问题。读书的目的不外乎两种，一是工作需要，二是消磨时间。而我恰恰两个目的均可以方便地达到。工作上，需要我参考大量的图书，以期为自己的作者推出更适合市场需要的图书；工作之余，自己一向以读书消磨时间。只是这个消磨，一来二去的，便有了一些小成绩。用我老师徐晓村的话来说就是，你就在茶这个领域好好地玩吧，玩着玩着就玩出别样的乐趣来了！这应该是业余时间上由漫无目的的借由阅读打磨时光到有目的的阅读的一个收获。

当我一次次地从图书馆兴致勃勃地抱回一摞摞书的时候，心情就会无比的雀跃。但这也还存在差距，据调查，北京大学图书馆的借书冠军是一年130多本，而我目前才达到50多本。这个简单的数字说明还有很多好书等待着我的"访问"。但，就仅只是这个小小的读书量，就已经获得了这么多的回报。感谢前人，也感谢我的编辑同行们，使我能够站在你们铺就的图书路上，去走得更远。

人世间，从来有一批爱书如命的人，我愿意成为其中的一员，在这条幸福路上永远地走下去。

（原载《中国农大校报·新视线》2016 年 5 月 20 日）

那年,我们刚刚相识……

□王珠珠

《我们刚刚相识》,这部作品惟妙惟肖地描写了 20 世纪 80 年代中后期的大学生生活。他们是恢复高考以来,我国培养的大学生中承上启下的一代。改革开放的教育发展,使他们接受了较为完整的中小学教育,他们的知识学习过程是相对系统和规范的;由于当时教育资源的严重短缺,这代大学生都经历了"千军万马过独木桥"的选拔,头顶着"天之骄子"的光环;特别是身处改革开放巨变的历史大潮之中,他们目睹了解放生产力带来的翻天覆地的变化,亲身体验了改革的重要性和艰巨性,从而表现出对国家发展、民族振兴以及个人成长成才的极度关注。如今,这一代大学生已经成为中华民族振兴的中坚力量。此时此刻,读这部小说,于我说来,不仅是回忆过去,分享对那个时代的共鸣,也是从一个侧面更好地思考教育、学校和人才培养这一永恒命题,以及当今所面临的国际化、信息化背景下人才培养的特定要求和意义。

小说的主人公张子轩怀着对故土麦香的眷恋和对大学新生活的憧憬,懵懵懂懂地来到了首都,来到了他梦想过多少次的大学,来到了他一直生活了四年的北楼 218 宿舍,结识了同班的六位室友,还有性格各异的男女同学……于是,故事从此展开:学习、爱情、班级、师生、社团……小说与所有大学生题材的故事走了一个套路,却写出了那个年代大学生成长的独特背景和历程。

张子轩和他的同学们不同于 77 届、78 届的师哥师姐们,虽然都从不同的城乡走来,却无一不是"出了家门进校门";不同于后来的"80 后""90 后"大学生,"离得开家门断不了遥控";走进了大学,对于张子轩他们来说,就是真正地迈出了独立人生的第一步。小说中描写的 218 宿舍,大家刚刚相识,就已急切地要排出老大、老二、老三、老四……的场景,就是他们这一代大学生独特的写照。他们对亲情的需要、感受和表达也是独特的。正如小说中描述的那样,他们不大会彼此谦让,直接而少于世故的语言交流,有时让人忍俊不禁。小说中老五、老六为争个谁大谁小,最后妥协的理由竟然是,"人家都把从娘肚子里出来的日子改了,你还不让让人家……"然而,这种率真、个性又不妨碍他们彼此间的真诚关心和在意,小说中有多处这样的描写。老三和老五彼此闹了别扭,几天互相不说话。憨厚的老大看在眼里,急在心上,决定利用自己在北京的家和善良的双亲,来化解兄弟间的矛盾。去老大家一次一个都不能少的美餐,听老大父亲的一席亲切谈话,两兄弟自然举杯相互致歉。老七下了半天决心舍弃了垂涎的红烧排骨,买一份土豆烧肉,自己还没吃,俩哥们却先各挑一块放进嘴里,急得老七大喊"我有肝炎……"仅剩下的最后一支烟,几个号称没烟抽画不出设计图纸的哥们,生要一人一口,轮着来……讲情意讲到不讲礼仪不讲卫生的地步,其亲密无间也真是空前绝后的。

张子轩和他的同学们入校时几乎都没有恋爱过,却像所有这个年龄的青年人一样,对世界上的另一半心驰神往。他们会为班上竟然有 10 位女生而窃喜,会因羡慕送信同学可以更多地接触女同学而酸酸地调侃,会在送信的同时想方设法去打探外校寄来厚厚书信的那一位,是不是女同学的男朋友……子轩和他的同学们的初恋就是这样,在怯生生中开始。尽管结局各有不同,但都是那么真诚、热烈而甜蜜。他们的爱,不仅温暖着一对对正在恋爱着的人们,同时也温暖着他们周围的同学。因为一对对恋人的一举步一投足,正是他们这代大学生真实的性教育课,除此之外,他们就只能在图书馆撕去只言片语式表述男女的文章,只能在《青年知识手册》中偷偷摸摸地看"夫妻性生活如何美满"。这代学生的至纯,像一对对童男童女,反映的是时代打下的特殊印迹。

张子轩和他的同学们似乎一进大学就不是只对学习感兴趣,争当班干部、报名社团、竞选学生会、组织舞会、演出联谊、参加农村社会调查,做改善校园环境的对比研究……其中催还校舍、拍摄电视剧,经历明星没来演出的激辩、为中国足球队第一次冲出亚洲而狂欢……都能找到北农工大(北京农业工程大学——编者注)那个年代学生真实生活的原型。读这部小说的前半部分,我心里一直在想"没有正面写学习的吗?"看到第二十二章,作者终于细致地描写了"钢筋砼结构"课,写了深受学生喜爱的孟老师,写了孟老师的谆谆教导"施工质量何等重要啊!真是关系到人民生命财产安全的大事。"小说结尾与此相呼应,找到象征幸福的五瓣丁香花的子轩,眼前出现的是:在塔吊林立的建筑工地,自己和一帮同学戴着安全帽,正对着设计图"指点江山"。这一代学生的学习生活是多彩的,正式的课程和专业学习之外,丰富的校园生活以及对社会改革的关注和参与,构成了他们珍贵的非正式学习经历。这些正是他们如今在祖国建设的方方面面做出贡献的基因。

我不能确定,张子轩是不是有作者的"影子",但我确定,作者就是那位活跃在北农工大挚友社、广播台、学生会,有事会找到我直言的"排骨"(张子轩的外号)。晓亭毕业后不久,我也离开了学校,没有机会更多地来往。没想到他电话邀请我写序,让我们以这种形式做了一次深入的长谈。晓亭做了一件了不起的事,不仅是不负同舍兄弟的嘱托,更是记述了北农工大一代大学生的心路历程,折射了他们大学生活的那个时代。

我不知道有没有社会学角度研究,为什么在北农工大,在那个并不完美的校园里,成长出的不仅仅是一批批工程师,还有那么多的"文人"或者说有相当文采的人。他们,或专业或业余地写诗、写歌、写小说……甚至他们的作品被广泛地传颂。我深信,他们的华彩,是母校华丽乐章中一串串动听的音符,也是他们幸福工作、学习和生活中不可或缺的美妙旋律。

我期望,有更多的人读到这部小说,更深入地了解这样一代大学生,了解培养了他们那一代大学生的学校。如果你是与我一样,属于他们的师哥师姐,请到书中来,体验一下当年忙于学业而忽略了的校园一草一木;如果你是与晓亭他们年龄相仿的朋友,你会在小说里找到你和你的情愫;如果你是"80后""90后"大学生,请你畅想一下,子轩和他的同学们所经历的年代。小说中那些校园中的不完美,大多已经不复存在。但是,他们为改变而努力所经历的那么多成长磨砺,都是值得所有人品味的。我愿永远从书中体验那种亦师亦友的滋味,恰如我们——刚刚相识!

本文是作者为《我们刚刚相识》(王晓亭著,中国农业大学出版社 2016 年出版)一书作的序。

(原载《中国农大校报》、微信公众号"CAU 新视线"2017 年 3 月 25 日)

拿出你的洪荒之力……

□柯炳生

对于绝大部分新同学来说,你们的研究生生活从今天(2016 年 8 月 24 日,中国农业大学开学典礼——编者注)开始。但是你们中间,有 28 位同学,在两个月前就已经开始研究生的生活了。这就是参与中国农业大学科技小院项目的同学们。

科技小院,是资源与环境学院老师们创立的一种特殊的研究生培养方式,其融人才培养、科技创新和技术推广于一体。这种科技小院于 2009 年首次设立,现在全国已经有80 多个了。2016 年,我校纳入小院培养模式的研究生有 28 位,他们从 7 月初开始,在科技小院的发源地河北省曲周县进行了为期一个月的培训。8 月 16 日,28 位同学进行了培训总结汇报会,我听了他们的汇报之后,印象深刻,感受很多。他们全部都住在村里的小院里,吃住在农家,饭菜简单,厕所简陋,没有空调,无法洗澡,还有与苍蝇、蚊子、金龟子的"人虫大战",仅是适应这些生活条件,已经很不容易。他们还干农活,学习田间试验技术,自主制定问卷,进行农户访谈,对农民进行技术培训,对农村孩子进行暑期补习,与村民一起举行联欢会,观察分析农村的各种问题,写三农调研报告,写培训日志,并且集体撰写了《我和科技小院的故事》[①]一本书……短短的一个月,他们做了那么多的事,收获了很多很多,说了很多个"第一次"。从他们的讲述中,我不仅看到了他们在吃苦精神、"三农"情怀、各种能力等方面的很多收获,更重要的是感受到了他们的精神风貌。他们是那样的充满激情,那样的阳光幽默,那样的自信满满!

科技小院的培养模式,可以说已经取得了巨大的成功,不仅获得了教育部的高度认可,更重要的是获得了用人单位的高度认可。这次汇报会上,一个重要的农业上市公司的负责人也到会,这个公司不久前刚刚以重金聘用了科技小院培养出来的首批学生之一。这位负责人现场表态,只要是科技小院的毕业生,他们公司都要,并且给予的薪酬待遇要比其他毕业生高出 50%!这不是信口开河,会后这位负责人解释了令人信服的具体

---

① 自 2013—2019 年,《我和科技小院的故事》系列丛书已先后在科学出版社、中国农业大学出版社、人民日报出版社、金城出版社出版 7 辑。

原因。他的表态,当然博得了现场学生们的热烈掌声。

听了科技小院新同学们的培训汇报,我就在想一个问题,这个问题的重要意义,是超越了科技小院的。这就是:一个月的培训,让这些同学们取得了如此之多的重要收获,除了小院这种培养模式较好之外,还有一个非常重要的基础性原因——同学们本身具有很好的内在的基础素养与潜能。能够考上中国农业大学的研究生,都是优秀的本科毕业生。在人文情怀、各种能力、吃苦精神等方面,都已经具有了很好的潜在基础。但是,你们的自我认知可能还很不够,你们还不知道,你们自己到底有多么的优秀。科技小院的培训和培养,提供了一个平台,一个环境,在半被迫、半主动之间,你们的精神得到焕发,你们的潜能得到激发,你们的素养得到提炼,你们所有的优秀品质都得到升华,聚变出光芒。

于是,我就想,科技小院的作用,就应该是大学教育的作用。而在座的每一位同学,都与小院培训班的同学一样,是一块璞玉,是一座金矿。学校的作用,就是要把你们内在的玉质发现发掘出来,把你们身上的金子提炼锻造出来。每一个专业的具体特点不同,硕士研究生和博士研究生的工作要求也不同,具体的培养方式也不会都一样,不可能都是小院的模式。但是,你们所有人的潜质都是相同的,都是精英之才;而学校的使命也是共同的,就是要帮助你们成为精英之才!

学校的使命,是让你们做天下之英才,而你们的使命,是解民生之多艰。这样的使命感和责任感,需要我们共勉。所有的使命感和责任感,都是以自信自强为基础。同学们,你们都是百里挑一、千里挑一的精英之才,你们的潜能潜质,不是只能当吃瓜群众的。所以,希望你们像科技小院里出来的同学一样,拿出你们的洪荒之力,去凝练精英潜质,践行家国情怀。

本文是《变形记——我和科技小院的故事(第六辑)》(臧佳丽、刘家欢等著,人民日报出版社 2016 年出版)一书的序言,节选自作者在 2016 年中国农业大学研究生开学典礼上的讲话。

(原载《中国农大校报》、微信公众号"CAU 新视线"2017 年 4 月 10 日)

会计是一面镜子……

□徐经长

葛长银副教授大学和我读的是同一所学校同一个专业，早我一年毕业，是我的师兄。大学时期，长银兄曾任龙湖诗社社长、校武术队队员，才华横溢，风光无限；我偶尔在操场边看过他表演的长拳，在龙子湖畔吟诵过他的诗篇，感叹他的多才多艺。1986年大学毕业后他选择北上京城，任教于中国农业大学会计系，自此很长时间我们彼此都没有联系。1994年秋我考入中国人民大学会计系读博士研究生，同一座城市，同一个专业，又都在大学任教或学习，自然续上了前缘。

诗人的浪漫、武者的侠气一直都在他的骨子里，但这并不妨碍他踏踏实实地做事，更不妨碍他在专业上的孜孜追求。每每和他交谈，我都能深刻感受到他对会计实践性的极大关切和不懈探寻，而他也一直在通过多种方式实现着自己的这一理想和抱负，呈现在读者面前的这本《企业财税会计》就是其最新的成果之一，这本书的最大特点就是它的实践性。

会计是一面镜子，透过这面镜子，我们要能够清晰地看出一个企业的财务状况、经营成果和现金流量，这就决定了和其他学科相比，会计学科的突出特点是实践性。那么，大学会计教育的课堂教学怎么体现它的实践性呢？从当今会计教育的现状看，大致有两个维度值得关注：一是开设会计实验类课程，让学生上机操作，真实体验从原始数据到生成财务报表的整个会计循环过程；二是充实财务会计学等各主干课程中的实务性内容，使其更贴近实际，更有现场感和带入感。上述两个维度中，后者更难，特别是在如何将业务处理和财务处理相结合、如何将财务处理和税务处理相结合等环节上，一直鲜有创新性教材出现。长银兄的这本《企业财税会计》可谓填补了这方面的空白，是一次大胆的尝试，读后令人耳目一新。我甚至觉得，他在这个维度上的创新可能会倒逼第一个维度上的创新，进而引发会计实验类课程的变革。

全书从企业的"生命周期"和经营流程出发，由七章构成，即：企业创建阶段的财税处理、资产的财税处理、成本费用的财税处理、销售业务的财税处理、经营成果的财税处理、财税报表编制和企业终止的财税处理。其中，每一章又各具特色，例如，资产的财税处理就依据资产从购进到退出的"个体生命过程"，完整地讲述了其全过程的财税处理方法，这比起以往教材将购进和退出隔离开来、将财务处理和税务处理分开讲解，更有助于读者的理解和掌握。此外，这本教材还运用了大量鲜活的案例，这些案例几乎是从当前企业业务中原汁原味移植过来的，因生动而富有乐趣。综观全书，财务处理和税务处理的高度融合贯穿始终，带入感和操作性都很强，非常贴近企业业务处理的实际情况。写这样一本书，没有对中国会计教育的责任和担当，没有对企业会计实践和税务实践的长期关注，无疑是难以做到的。这不由让我想起了大学时期的长银兄，能够把常人眼中的景致写得妙趣横生，能够把一套长拳打得出神入化，没有一番真功夫是不行的。

阳春四月，柳绿花红，正是人们踏青赏花的季节，却也是大学老师们在校园里最忙碌的季节，迎来送往的主要工作都要在这个季节完成，谓之"双抢"。在抢收抢种的季节里，找个空当略抒专业上的感想，续叙学生时代的情谊，别让友谊的小船说翻就翻了。

本文是作者为《企业财税会计》（葛长银著，高等教育出版社2016年6月出版）一书作的序。

（原载《中国农大校报》、微信公众号"CAU新视线"2017年4月10日）

阡陌众行　砥砺奋进

□姜沛民

党的十八届五中全会提出，2020年要确保实现全面建成小康社会的奋斗目标，为进一步实现第二个百年奋斗目标、实现中华民族伟大复兴的中国梦奠定更为坚实的基础。2015年底，习近平总书记在中央扶贫开发工作会议上指出，要实现全面建成小康社会，最艰巨的任务就是扶贫攻坚，标志性指标就是农村贫困人口全部脱贫。百年大计，教育为本；扶贫攻坚，教育为先。由此，在党和国家的战略部署下，如何消除贫困，如何改善民生，如何扎根农村、情系乡土乡亲，如何点聚成线、实现精准扶贫，高等院校责无旁贷，农业院校一马当先，农科学子更是使命在肩。

中国农业大学作为我国现代高等农业教育的起源地，有着面向农村、面向农业、面向农民，凝聚人才、智慧与科技的特色与优势；更有着"解民生之多艰、育天下之英才"，服务国家"三农"事业发展的不懈追求。多年来，学校肩负促进农村繁荣、农业发展、农民富裕的重要责任，积极构建第一课堂与第二课堂的衔接桥梁，开拓大学生思想政治教育新途径，积极探索组织育人和实践育人的新途径。

2015年10月，由中国农业大学农学院发起，倡导成立了"全国农学院协同发展联盟"。联盟的首项任务便是团结凝聚全国农学院形成一个聚焦全国贫困县脱贫摘帽、助力扶贫攻坚为主要目标的师生联合体，汇聚了一支心中有阳光、脚下有力量的庞大队伍。2016年，联盟启动实施了"全国农科学子联合实践行动"，以"走进乡土乡村，助力精准扶贫"为主题，通过帮学支教、支农增收，精准帮扶、持续帮扶等，切实解决农村地区贫困问题，并将在"十三五"期间连续五年持续实施该行动计划。这体现了全国农科高校师生勇于担当、甘于奉献、教育济民、支农报国的拳拳赤子之心，更吹响了全国农科学子积极投身和助力国家脱贫攻坚战略部署的冲锋号角。联盟院校以开放共享之心，凝聚校际协同合作之力，心系家国天下、忧患贫苦苍生，勇挑助力党和国家脱贫攻坚、精准扶贫战略的重任。联合行动以实践育人之基，拓展大学生思想政治教育之第二课堂，搭建走进乡土乡村、心系乡音乡愁、情牵乡亲乡民的长期可持续的社会实践平台。农科学子以支农报国之情，行勤学力行、知行合一之事，在深入农村、服务人民的过程中磨砺意志、增长才干。

《不忘初心 砥砺前行——走进乡土乡村 助力精准扶贫》系列丛书是对"全国农科学子联合实践行动"的纪实，也是走进乡土农村、揭开贫地面纱、讲述扶贫故事、指导高校特别是农科院校师生助贫实践工作的参考用书。我殷切期望在党的十九大精神指引下，能够凝聚更多农林高校和其他高等院校，协同发力、持续发力、精准发力，紧密围绕立德树人的根本任务，聚焦精准扶贫主题，为国家脱贫攻坚工程献才智、做实事、创实效。我也更加祝愿和期待此系列丛书能够触动和激励更多青年人，积极投身于解决国家"三农"问题这一生动而伟大的实践中，成为可堪大用、能担重任的栋梁之材！期望参与这项伟大事业的莘莘学子能够自觉将个人的成长与祖国和人民的需要紧密联系起来，把个人的发展与社会的发展建设紧密结合起来，将个人的成长梦、成才梦融入中华民族伟大复兴的中国梦之中。

本文是作者为《不忘初心 砥砺前行——走进乡土乡村 助力精准扶贫》系列丛书（丛书首册《阡陌众行——全国农科学子联合实践行动纪实录》，全国农学院协同发展联盟组编、曲瑛德主编，中国农业大学出版社 2017 年出版）作的序。

（原载《中国农大校报》、微信公众号"CAU 新视线"2017 年 11 月 10 日）

七年相伴
唯有感谢

后记

　　《一纸新视线——中国农大校报·新视线作品精选》终于要和读者朋友们见面了。在这里要对所有在《中国农大校报·新视线》创办过程中和这本书出版过程中给予关心、支持和帮助的老师、朋友们表示衷心感谢！

　　《中国农大校报·新视线》创办于 2012 年 3 月，得到了中国农业大学党委常务副书记张东军、副书记宁秋娅两位领导的大力支持。彼时，张东军副书记分管宣传工作，他和时任党委宣传部部长、《中国农大校报》主编宁秋娅不仅坚持参加每月两次的校报编前会，还亲自为校报撰写稿件。两位领导工作严肃认真，对新闻宣传业务工作指导专业、精确，常常对新闻策划、报道内容、稿件写作等提出一些具体的修改意见和编排建议。有时，与校报工作人员之间有不同意见，两位领导都仔细倾听，耐心分析，力求以理服人，最后达成共识；当然，偶尔也有些看法会出现严重分歧，但后来的事实证明，他们的意见是正确的。两位领导的支持和对《中国农大校报·新视线》的充分肯定，是这些年新视线编辑部克服人少、事杂诸多困难，坚持前行的巨大动力。在编辑《中国农大新闻网成立十周年特刊》和《中国农业大学名家论坛十周年专刊》时，校报编辑请爱好书法的张东军副书记题写题头，为了表达对校报工作的支持，他欣然提笔；宁秋娅部长也应邀在百忙之中分别为两份特刊撰写了言辞恳切的《刊首语》——这些都为《中国农大校报·新视线》增色添彩。

　　《中国农大校报·新视线》创办过程中，因工作调整，党委副书记秦世成、副校长钱学军曾先后分管宣传工作，他们对校报的工作也高度重视，多次给予具体指导。

　　《中国农大校报·新视线》还得到了中国农业大学原党委书记瞿振元和校长柯炳生的

关注和关心，在编辑《中国农大新闻网成立十周年特刊》和《中国农业大学名家论坛十周年专刊》时，他们都应邀"按照编辑的要求"题写简短的贺词。瞿振元书记还在"北京高校宣传部长论坛"等不同场合多次推荐《中国农大校报·新视线》；柯炳生校长则多次亲自为《中国农大校报·新视线》策划选题，指示学校有关部门为校报记者采访提供便利条件。

进入新时代，新形势下，党和国家对新闻宣传工作提出了新要求。习近平总书记在全国宣传思想工作会议上提出新形势下宣传思想工作使命任务："举旗帜、聚民心、育新人、兴文化、展形象"。学校现任党委书记姜沛民、校长孙其信对学校新闻宣传工作提出了新的、更高的要求，《中国农大校报·新视线》编辑部也在积极按照要求，努力提高"脚力、眼力、脑力、笔力"，不断增强"传播力、引导力、影响力、公信力"，讲好农大故事，服务发展大局。

这些年来，《中国农大校报·新视线》和微信公众号"CAU新视线"的探索发展得到了原人文与发展学院媒体传播系主任徐晓村老师的关注和支持，他不仅为校报赐稿，还为报纸、公众号的栏目设置、新闻策划、内容编排等具体事项提出了很多专业性的建议。

《中国农大校报·新视线》创办过程中，采编人员十分有限，虽然是"一个人的编辑部"，但在大家的帮助下，认真坚持"三审三校"的工作流程。在主编进行审稿，责任编辑进行编辑加工、安排排版校对的同时，原党委宣传部副部长、新闻中心副主任陈卫国义务承担审校工作，党委宣传部闻静超、岳庆宇、刘铮等老师先后承担校对工作，他们严谨、认真、细致的工作为报纸正常出版奠定了基础。

在报纸发行工作中，党委宣传部郭忠、潘彩清老师带领每一届勤工俭学的同学们辛勤劳动，风雨无阻，保证每一期带着油墨清香的报纸及时出现在广大师生的面前。

这些年，原党委宣传部部长、《中国农大校报》主编陈明海，原《中国农大校报》常务副主编郑培爱老师等也都给予了《中国农大校报·新视线》极大的支持。

在《一纸新视线——中国农大校报·新视线作品精选》的编辑出版过程中，学校党委研究室主任赵竹村老师对部分内容进行了审读，并提出了合理的修改意见；为了保证这本书顺利出版，中国农业大学出版社责任编辑童云老师和她的同事们加班加点，挑灯夜战——他们字字珠玑地细致推敲，为这本书提供了质量保证。

《一纸新视线——中国农大校报·新视线作品精选》付梓问世之际，要感谢的人太多，当然最要感谢的是这七年陪伴《中国农大校报·新视线》和微信公众号"CAU新视线"一路走来的读者和"粉丝"们——

七年相伴，唯有感谢！

本书编者
2019年9月28日